建筑给排水设计和消防工程

江 鹏 著

吉林科学技术出版社

图书在版编目（CIP）数据

建筑给排水设计和消防工程 / 江鹏著． —— 长春：
吉林科学技术出版社，2024.3
ISBN 978-7-5744-1241-5

Ⅰ．①建… Ⅱ．①江… Ⅲ．①建筑工程－给排水系统
－工程设计－高等职业教育－教材②建筑物－消防－高等
职业教育－教材 Ⅳ．① TU991 ② TU998.1

中国国家版本馆 CIP 数据核字 (2024) 第 069123 号

建筑给排水设计和消防工程

著　　　　江　鹏
出 版 人　宛　霞
责任编辑　吕东伦
封面设计　树人教育
制 　 版　树人教育
幅面尺寸　185mm×260mm
开 　 本　16
字 　 数　400 千字
印 　 张　19.5
印 　 数　1~1500 册
版 　 次　2024 年 3 月第 1 版
印 　 次　2024 年 12 月第 1 次印刷

出 　 版　吉林科学技术出版社
发 　 行　吉林科学技术出版社
地 　 址　长春市福祉大路5788 号出版大厦A 座
邮 　 编　130118
发行部电话/传真　0431-81629529 81629530 81629531
　　　　　　　　　 81629532 81629533 81629534
储运部电话　0431-86059116
编辑部电话　0431-81629510
印 　 刷　廊坊市印艺阁数字科技有限公司

书 　 号　ISBN 978-7-5744-1241-5
定 　 价　98.00元

前　言

　　建筑给排水设计和消防工程是建筑工程中至关重要的组成部分，直接关系到建筑物的安全、舒适和可持续使用。在建筑领域，给排水系统和消防系统是保障建筑物正常运行的关键要素，其设计和施工质量直接关系到人们的生活质量和财产安全。

　　随着社会的发展和城市化进程的加速，建筑结构日益复杂，功能日益多样化，给排水和消防系统的设计要求也变得越来越复杂和严格。因此，深入研究和不断创新建筑给排水设计和消防工程的理论和实践，对于提高建筑工程质量、确保人们生命财产安全具有重要意义。

　　建筑给排水系统是建筑工程中一个极为重要的组成部分，它直接关系到建筑物内外水的供应和排放。一个科学合理的给排水系统不仅能够确保居民生活用水的方便，还能有效地防止水体污染，维护环境卫生。同时，在建筑物的设计和施工中，合理的给排水系统也可以降低建筑物的运行成本，提高其使用寿命。在建筑给排水设计中，需要考虑的因素包括但不限于建筑物的结构、用途、人口密度、用水需求、地理位置等。通过科学的分析和设计，可以使建筑物的给排水系统更加安全、经济、环保。

　　消防工程是建筑工程中的重要组成部分，其主要任务是保障建筑物内的人员和财产安全。随着建筑结构的不断发展和建筑物的日益复杂，消防工程的重要性日益凸显。消防工程的设计不仅仅包括建筑物内部的灭火系统，还包括人员疏散通道、消防器材的配置、建筑材料的阻燃性能等方面。一个合理的消防工程设计能够在火灾发生时迅速控制火势，确保人员及时疏散，最大程度地减少财产损失和人员伤亡。

　　由于笔者水平有限，本书难免存在不妥甚至谬误之处，敬请广大学界同仁与读者朋友批评指正。

目　录

第一章　建筑结构概述 ································ 001

　第一节　建筑类型与结构 ···························· 001

　第二节　建筑用途及空间分布 ························ 012

　第三节　设计荷载考虑 ······························ 024

　第四节　环境因素 ·································· 033

　第五节　地质条件 ·································· 042

第二章　给水系统设计 ································ 053

　第一节　给水系统概述 ······························ 053

　第二节　市政水源接入 ······························ 066

　第三节　建筑内部供水布局 ·························· 074

　第四节　水质要求与处理 ···························· 083

第三章　排水系统设计 ································ 093

　第一节　排水系统概述 ······························ 093

　第二节　建筑内部排水布局 ·························· 103

　第三节　排水管道材料选择 ·························· 112

　第四节　排水设备与附属设施 ························ 122

第四章　消防设施概述 ································ 131

　第一节　消防系统分类 ······························ 131

　第二节　消防设备选型 ······························ 141

　第三节　消防水源与水压 ···························· 151

　第四节　防火分区划分 ······························ 159

  第五节 紧急疏散通道规划 ················· 168

第五章 灭火系统设计 ·············· 176

  第一节 灭火系统种类 ················· 176

  第二节 灭火剂选择 ··················· 186

  第三节 系统布局与管道设计 ··········· 194

  第四节 灭火设备配备 ················· 202

  第五节 报警系统与监控 ··············· 210

第六章 建筑给排水与消防工程材料 ········ 221

  第二节 建筑给排水材料 ··············· 221

  第三节 消防设备材料 ················· 231

  第四节 材料性能与规格 ··············· 239

第七章 运维与维护 ················ 246

  第一节 设备维护计划 ················· 246

  第二节 紧急维修程序 ················· 254

  第三节 维护人员培训 ················· 261

第八章 可持续性设计 ··············· 271

  第一节 可持续性原则 ················· 271

  第二节 水资源可持续利用 ············· 279

  第三节 节能与减排措施 ··············· 287

  第四节 绿色屋顶与雨水收集 ··········· 296

参考文献 ······················· 305

第一章　建筑结构概述

第一节　建筑类型与结构

一、建筑类型分类

建筑类型分类是建筑领域中的基础性内容，它涉及到建筑的结构、用途、形式等多个方面。深入探讨建筑类型的分类有助于建筑师、设计师和工程师更好地理解和应用相应的设计原则，提高建筑的实用性和美感。下面将从建筑的结构、用途和形式等多个维度，详细介绍建筑类型的丰富内容。

（一）结构类型

1. 钢结构建筑

钢结构建筑以钢材为主要结构材料，具有高强度、刚度好的特点。它常用于高层建筑、大跨度建筑和特殊形式的建筑，例如体育馆、桥梁等。钢结构建筑的设计需要考虑抗震性能、焊接工艺等因素。

2. 混凝土结构建筑

混凝土结构建筑以混凝土为主要结构材料，具有良好的耐久性和耐火性，广泛用于住宅、商业建筑和基础设施工程。混凝土结构的设计需要考虑混凝土配合比、施工工艺和裂缝控制等问题。

3. 木结构建筑

木结构建筑以木材为主要结构材料，常用于住宅、度假别墅等。木结构建筑具有轻质、施工便利等优势，但在抗震和防火性能上需要特别注意。

4. 复合结构建筑

复合结构建筑采用多种不同的结构材料，如混凝土、钢结构、玻璃等，以发挥各材料的优势，常用于大型商业综合体、文化场馆等。

（二）用途及空间分布

1. 住宅建筑

住宅建筑是人们居住的场所，包括单户住宅、公寓楼、别墅等。在设计上需要考虑居住者的舒适性、私密性和社区配套设施。

2. 商业建筑

商业建筑包括购物中心、办公楼、酒店等，设计上需考虑商业氛围、空间灵活性和顾客体验。

3. 工业建筑

工业建筑主要用于生产和制造，如工厂、仓库等。设计上需考虑生产流程、设备布局和安全性。

4. 文化建筑

文化建筑包括博物馆、图书馆、剧院等，设计上需注重空间展示、观众体验和文化内涵。

5. 教育建筑

教育建筑包括学校、大学等，设计上需考虑教学环境、功能布局和学生活动空间。

（三）设计荷载考虑

1. 常规设计荷载

常规设计荷载包括自重、雪荷载、风荷载等，设计时需要合理计算这些荷载，以确保结构的稳定性和安全性。

2. 动力荷载

动力荷载包括地震荷载和振动荷载，特别是在地震多发地区，建筑设计需要根据地震烈度合理配置结构。

3. 特殊设计荷载

特殊设计荷载包括荷载的突变、集中荷载等，设计师需要充分考虑这些荷载对结构的影响，进行合理的构造设计。

（四）环境因素

1. 气候条件

气候条件对建筑的设计有着重要的影响，如炎热的气候需要考虑通风与降温设计，寒冷的气候需要考虑保温设计。

2. 地理位置

地理位置涉及到建筑的地基设计和地质条件，不同地区的地质特点需要在建筑设计中得到充分考虑。

3. 周边环境

周边环境包括周边建筑、道路、绿化等，这些因素将直接影响到建筑的景观设计和与周边环境的协调性。

（五）地质条件

1. 地基土质

地基土质直接关系到建筑的承载力和稳定性，设计时需要进行详细的地质勘察和分析。

2. 地下水位

地下水位的高低将影响到建筑的基础设计和防水措施，尤其是在低洼地区。

3. 地震风险

地震风险是地质条件中的重要一环，建筑的地震抗力设计需要充分考虑地震波动的频率和幅度。

二、结构类型概述

（一）钢结构

1. 钢结构的优势

钢结构以其高强度、轻质、可塑性好等优势而在建筑领域得到广泛应用。其强度使其适用于大跨度建筑和高层建筑，而良好的可塑性则使其能够承受地震和风荷载。

2. 钢结构的应用领域

钢结构广泛应用于体育场馆、桥梁、高层建筑、机场等工程，其应用领域的不断扩大使得钢结构在建筑设计中的地位日益重要。

3. 钢结构的设计原则

在钢结构的设计中，需考虑荷载的分布、连接节点的设计和抗震性能等因素。合理的设计原则将直接影响到钢结构的安全性和稳定性。

4. 钢结构施工技术

钢结构的施工涉及到焊接、起吊、连接等技术，其施工过程需要高超的技术水平和质量控制。

5. 钢结构的维护与检修

在钢结构的使用过程中，定期的维护与检修对于确保其性能和寿命至关重要。这包括防腐、涂层的修复、连接点的检查等。

（二）混凝土结构

1. 混凝土结构的特点

混凝土结构以其耐久性、耐火性和成本效益等特点成为建筑结构的重要选择。其适用于各类建筑，尤其是住宅和商业建筑。

2. 混凝土结构的构造形式

混凝土结构的构造形式包括框架结构、框剪结构、框筒结构等，每种形式都有其适用的场景和设计原则。

3. 高强混凝土的应用

高强混凝土的应用使得建筑的结构更为轻巧，同时在抗震和抗风能力上有了更高的水平，广泛用于高层建筑。

4. 预应力混凝土技术

预应力混凝土技术通过在混凝土中引入预应力，提高了结构的承载能力，常用于桥梁和大跨度建筑。

5. 混凝土结构的设计与施工

混凝土结构的设计需要考虑混凝土的配合比、模板的设计等因素，而施工则需要关注浇筑、养护等工艺。

（三）木结构

1. 木结构的优势

木结构以其环保、可再生、施工便利等优势而在住宅建筑领域得到广泛应用。木结构建筑有着自然的温暖感，适用于追求生态和自然风格的建筑。

2. 木结构的局限性

木结构在承重能力和抗火性能上相较于钢结构和混凝土结构有一定局限性。因此，在设计时需要谨慎考虑其在大跨度、高层建筑中的应用。

3. 木结构的设计原则

木结构的设计需要充分考虑木材的强度、湿度变化对结构的影响等因素。合理的设计原则是确保结构的安全性和稳定性。

4. 木结构的建筑风格

木结构建筑常与自然风格相结合，具有独特的建筑风格。在设计中，可以通过木材的选择、搭配以及建筑形式的创新，打造出丰富多彩的木结构建筑。

5.木结构的维护与保养

木结构的维护主要包括防腐处理、定期的木材检查和修复等。在湿润环境中，需要特别注意木结构的防潮措施。

（四）复合结构

1.复合结构的构成

复合结构将不同材料组合在一起，发挥各种材料的优势。例如，混凝土与钢材、玻璃等的组合，可以形成既有混凝土结构的稳定性，又有钢结构的抗震性的复合结构。

2.复合结构的设计原则

复合结构的设计需要考虑不同材料的膨胀系数、强度等差异，确保各材料之间的协调性。合理的设计原则可以充分发挥各种材料的优势。

3.复合结构的应用领域

复合结构广泛应用于大型综合体、高层建筑等工程，其在提高结构整体性能、优化空间布局等方面发挥了重要作用。

4.复合结构的施工技术

在复合结构的施工过程中，需要考虑不同材料的连接方式、施工工艺等因素，确保施工的质量和效率。

5.复合结构的维护与管理

复合结构在维护与管理时，需要分别考虑不同材料的特性，进行定期检查和维护。此外，对于复合结构的管理也需要有针对性地制订计划。

本章从不同的结构类型出发，全面概述了钢结构、混凝土结构、木结构和复合结构的优势、应用领域、设计原则、施工技术以及维护与管理等方面。不同的结构类型在建筑领域中各具特色，建筑师和设计师在实际工程中应根据具体情况选择合适的结构类型，以确保建筑的稳定性、安全性和持久性。在未来，随着技术的发展和工程实践的积累，各种结构类型将更好地相互融合，为建筑行业的发展注入新的活力。

三、结构选择的考虑因素

结构选择是建筑设计中至关重要的决策之一，直接关系到建筑的稳定性、安全性、经济性以及整体设计效果。在进行结构选择时，设计师需要充分考虑多个因素，包括从材料的选择到整体建筑风格的融合，以确保最终的结构方案既满足技术要求，又符合设计理念。

（一）建筑类型

1.结构与建筑类型的关系

不同的建筑类型对结构的要求存在差异。例如，高层住宅可能更注重抗震性能，而文化建筑可能更注重空间的艺术感和观赏性。设计师需要在考虑建筑的功能和用途的基础上，选择最适合的结构类型。

2.结构与建筑风格的协调

建筑风格与结构类型之间的协调关系对于创造出令人满意的设计效果至关重要。例如，古典建筑通常采用砖木结构，而现代建筑可能更倾向于钢筋混凝土或钢结构。设计师需要在保证结构安全的前提下，注重与整体建筑风格的协调。

（二）地理条件

1.地质条件的影响

不同地区的地质条件会直接影响到结构的选取。例如，地震多发区需要更强的抗震设计，湿润地区需要考虑防潮措施，而土地不稳定的地区可能需要进行特殊的地基处理。

2.气候条件的考虑

气候条件对结构的耐久性和保温性能有着直接影响。寒冷地区需要考虑保温隔热的问题，炎热地区需要防晒和通风设计，湿润地区需要考虑防潮和防腐等。

3.地理位置的特殊性

地理位置的特殊性，如高海拔地区、沿海地区等，可能需要特殊的结构设计。高海拔地区需要考虑低气压对结构的影响，而沿海地区需要防腐蚀和抗风设计。

（三）经济性

1.初期投资成本

不同结构类型的建造成本存在着差异。例如，钢结构的制造和安装成本相对较高，而混凝土结构相对较为经济。设计师需要在保证结构质量的前提下，充分考虑业主的经济能力。

2.运营成本

结构的运营成本包括维护、修复和能耗等多个方面。木结构可能需要更频繁的防腐处理，而混凝土结构在长期运营中可能需要更少的维护成本。设计师需要在经济性方面做出全面考虑，以确保建筑的全寿命周期的经济效益。

（四）技术可行性

1. 技术水平与可行性

结构类型的选择需要符合当地的技术水平和建筑法规。某些新型结构可能在技术水平上尚未得到广泛应用，设计师需要评估其在实际项目中的可行性。

2. 施工难度

不同结构类型的施工难度各异。例如，混凝土结构可能需要更多的现场浇筑和养护时间，而钢结构可能更注重制造和现场的精准安装。设计师需要在施工可行性方面进行全面评估。

（五）可维护性

1. 结构的可维护性

不同结构类型在使用过程中的可维护性差异较大。设计师需要考虑结构材料的老化速度、易损性以及维护难度等因素，确保建筑在使用过程中能够保持良好的状态。

2. 维护成本

结构的维护成本直接关系到建筑的全寿命周期成本。一些高度耐久的结构可能在维护方面有优势，而一些需要定期检修和更换的结构可能会带来较高的维护成本。

（六）环保考虑

1. 结构材料的环保性能

在当前注重可持续发展的背景下，结构材料的环保性能成为了结构选择的一个重要考虑因素。设计师需要评估结构材料的生产过程、使用寿命和可回收性等特性。

2. 节能设计

结构选择也与建筑的节能性能直接相关。例如，木结构因其保温性能较好，可能在节能设计方面有一定的优势。设计师需要充分考虑建筑的节能需求，选择符合标准的结构类型。

（七）抗灾性能

1. 抗震性能

在地震多发地区，结构的抗震性能是至关重要的考虑因素。设计师需要根据地震烈度等因素，选择合适的结构类型，确保在地震发生时能够为建筑提供足够的安全性。

2. 抗风性能

对于沿海地区或经常受到强风袭击的地区，建筑的抗风性能同样需要被充分考虑。

钢结构和混凝土结构通常具有较好的抗风性能。

结构选择的考虑因素涵盖了多个方面，需要设计师在设计过程中全面思考，权衡各种因素，以确保最终的结构方案既满足技术要求，又符合经济性和可维护性的要求。不同的项目和建筑类型可能需要根据实际情况做出不同的选择，结构选择的合理性将直接影响到建筑的质量和性能。随着建筑技术的不断发展，未来的结构选择将更加注重全寿命周期的综合考虑，追求更为科学和可持续的建筑结构。

四、高层建筑结构特点

（一）结构形式

1.钢筋混凝土框架结构

高层建筑常采用钢筋混凝土框架结构，该结构形式具有稳定性好、承载能力高的特点。这种框架结构能够有效抵抗水平荷载，适用于高层建筑的垂直承载系统。

2.钢结构

钢结构在高层建筑中也得到了广泛应用，其轻量化和高度可塑性使得设计师能够创造出更为灵活的建筑形式。高层建筑中的钢结构通常包括框架结构、桁架结构等。

3.混合结构

为了充分发挥不同材料的优势，高层建筑中常采用混合结构，即将钢结构和混凝土结构相结合。这样的结构形式既能满足建筑的稳定性需求，又能提高建筑的整体性能。

（二）抗风抗震性能

1.抗风设计

高层建筑由于其纵向高度，容易受到强风的影响。因此，抗风设计是高层建筑结构设计中的重要环节。结构工程师需要考虑建筑在强风条件下的稳定性和风荷载分布，采取相应的设计措施。

2.抗震设计

地震是高层建筑最常见的自然灾害之一。在地震多发区，高层建筑的抗震设计显得尤为重要。结构工程师需要根据地震烈度、地质条件等因素，采取合适的抗震措施，确保建筑在地震时具有足够的稳定性。

3.风与震的协同设计

高层建筑的结构设计中，通常需要进行风与震的协同设计。即在结构设计中综合考虑风荷载和地震荷载，确保结构在各种极端天气和地质条件下都能够保持稳定。

（三）地基处理

1. 地基加固

高层建筑的结构需要有稳固的地基支撑。在一些地质条件较差的地区，可能需要进行地基加固，采用加固桩、搅拌桩等方式，以提高地基的承载能力。

2. 基础形式选择

高层建筑的基础形式选择涉及到建筑的整体稳定性。通常采用的基础形式包括桩基础、扩底基础等，设计师需要根据实际情况选择合适的基础形式。

（四）建筑材料选择

1. 高强度材料

由于高层建筑需要承受较大的荷载，建筑材料的强度成为一个关键考虑因素。高强度混凝土、高强度钢等材料通常在高层建筑中得到广泛应用。

2. 轻质材料

考虑到建筑的整体重量，一些轻质材料如轻质混凝土、钢结构等也常被用于高层建筑中，以减轻建筑自身荷载。

3. 耐久性材料

高层建筑通常具有更长的使用寿命，因此建筑材料的耐久性成为考虑因素之一。抗氧化的钢材、耐久性强的混凝土等材料在高层建筑中得到更多的应用。

（五）建筑设计与形式美学

1. 建筑设计的创新

高层建筑常常是城市的标志性建筑，因此其设计通常要求具有创新性。建筑设计师需要在结构设计中融入创意元素，使得高层建筑在外观上更为吸引人。

2. 建筑形式美学

高层建筑的形式美学是设计中需要考虑的重要因素之一。不同的结构形式、外观设计会给人不同的视觉冲击，建筑师需要在结构的稳定性和建筑形式美学之间找到平衡点。

（六）管理与维护

1. 施工管理

高层建筑的施工需要更为严格的管理，涉及到工程进度、质量控制等方面。施工管理的不善可能导致工程质量问题。

2. 设备与系统维护

高层建筑通常包含多种设备和系统，如电梯、空调、消防系统等。这些设备的维护对于建筑的正常运行至关重要。定期检修和维护管理是高层建筑管理的一项重要工作。

高层建筑结构的设计涉及到多个方面的考虑因素，包括结构形式、抗风抗震性能、建筑材料选择、地基处理等。设计师需要在这些方面找到平衡点，确保高层建筑在建筑工程中具有足够的稳定性、安全性和美学性。在未来，随着建筑技术的不断发展和创新，高层建筑的结构设计将迎来更多可能性，同时为城市的建设注入更多的活力。

五、新兴建筑结构技术

（一）数字化建模与信息化设计

1. 建筑信息模型（BIM）

建筑信息模型（BIM）是一种基于数字化建模的综合性设计和管理方法。通过BIM，建筑师、结构工程师和其他相关专业人员可以在一个虚拟的三维模型中协同工作。这不仅提高了沟通效率，还减少了设计错误和冲突，使得整个建筑生命周期的管理更为高效。

2. 智能建筑系统

数字化建模的发展也推动了智能建筑系统的兴起。智能建筑系统通过传感器、自动化控制系统等技术，实现建筑内部环境的实时监测和调控。这不仅提高了建筑的能源利用效率，还提供了更加舒适和可持续的居住环境。

3. 数据驱动设计

随着大数据技术的发展，建筑设计中的数据驱动设计逐渐成为可能。通过对历史数据、环境数据和用户行为数据的分析，设计师可以更加科学地制订建筑方案，以满足不同场景下的需求。

（二）可持续建筑材料

1. 高性能混凝土

高性能混凝土具有更高的抗压强度、更好的耐久性和抗裂性能。采用高性能混凝土可以减少建筑材料的使用量，提高建筑的整体性能。

2. 高强度玻璃

高强度玻璃不仅能够在建筑外观设计上提供更大的创意空间，而且具有更好的隔热性能。这有助于降低建筑的能源消耗，提高建筑的可持续性。

3. 绿色屋顶

绿色屋顶采用植被覆盖的设计，有助于减少城市热岛效应，提高建筑的隔热性能。同时，绿色屋顶还可以净化空气、吸收雨水，是一种环保可持续的建筑材料选择。

（三）3D 打印建筑

1.3D 打印混凝土

3D 打印混凝土技术允许建筑师将复杂的结构设计转化为实际的建筑元素。这种技术不仅能够减少建筑材料的浪费，还可以加速建筑的施工过程。

2.3D 打印金属

除了混凝土，3D 打印金属也被广泛应用于建筑结构的制造。通过 3D 打印金属，建筑结构可以更加精细和轻量化，同时还提高了建筑的整体强度。

3.3D 打印生态材料

在可持续建筑的发展趋势下，研究人员也在探索使用生态材料进行 3D 打印。例如，可打印的生物材料可以在建筑中实现更加自然、环保的设计。

（四）智能化建筑系统

1. 人工智能在建筑设计中的应用

人工智能技术的应用，使得建筑设计能够更加智能化。通过学习和分析大量的设计数据，人工智能可以提供更为创新和符合实际需求的设计方案。

2. 智能化结构监测

智能传感器的广泛应用使得建筑结构的监测变得更加智能化。通过实时监测建筑结构的变化，可以提前发现潜在问题，采取相应的维护措施。

3. 智能化施工

智能化施工系统通过自动化和机器学习等技术，提高了建筑施工的效率。机器人施工、无人机监测等技术的应用使得施工过程更加智能、安全。

（五）柔性结构与可逆建筑

1. 柔性结构设计

柔性结构设计强调结构的变形和适应性。这种设计理念可以使建筑更好地适应不同的气候和环境条件，提高建筑的生态适应性。

2. 可逆建筑设计

可逆建筑设计注重建筑材料的可再生性和可回收性。建筑元素的设计考虑到可以在建筑寿命结束后更容易被拆解和回收利用，降低了建筑的环境影响。

（六）超高层建筑技术

1. 悬挂系统

悬挂系统是超高层建筑中常用的技术，通过悬挂在建筑上方的支撑系统来支持建筑的重量。这种技术有效地解决了超高层建筑自身重量对基础的挑战。

2. 空中花园和空中连廊

为了提高超高层建筑的舒适性和人居感，设计师常常在高层建筑中引入空中花园和空中连廊。这不仅为居住者提供了户外休闲空间，也使得建筑更具观赏性。

3. 高效电梯系统

超高层建筑的垂直交通是一个重要的考虑因素。高效的电梯系统可以有效缩短居住者和工作人员的行走时间，提高建筑的整体运行效率。

第二节　建筑用途及空间分布

一、建筑用途综述

（一）住宅建筑

1. 单户住宅

单户住宅是为一户家庭设计的独立住宅。在设计过程中，需要考虑到家庭成员的需求，包括卧室的数量、起居空间的大小、厨房和卫生间的布局等。此外，采光、通风和私密性也是设计中需要关注的重要方面。

2. 多户住宅

多户住宅包括公寓、住宅楼等形式，一栋建筑内可以容纳多个独立住户。在设计多户住宅时，需要考虑到每个住户的独立性和隐私，同时要合理利用公共空间，提高建筑的整体居住质量。

3. 别墅

别墅通常是独立在自己的土地上，拥有更多私密空间和豪华设施的住宅。在别墅的设计中，除了注重居住功能外，还要强调建筑与自然环境的融合，突显个性化和奢华感。

（二）商业建筑

1. 商业综合体

商业综合体集合了购物、娱乐、餐饮等多种商业业态，是城市中的商业中心。在设计中，需要考虑商铺的布局、人流引导、公共区域设计等，以创造愉悦的购物和娱乐环境。

2. 商业办公楼

商业办公楼是为公司提供办公场所的建筑。在设计时需要考虑到办公空间的布局、通风采光、设备配置等，以提高员工的工作效率和舒适度。

3. 酒店

酒店建筑旨在提供临时住宿和服务。在设计中，需要兼顾客房的布局、公共空间的设计、服务设施的配置，以创造出舒适、便利的住宿环境。

（三）工业建筑

1. 工厂

工厂建筑是用于生产和制造的建筑。在设计时，需要考虑到生产线的布局、设备的配置、原材料和成品的储存等，以提高生产效率和安全性。

2. 仓储建筑

仓储建筑用于存储和管理物品，包括原材料、半成品和成品。在设计中，需要考虑到货物的分类和存放方式，采取合适的货架和物流系统，以提高仓储效率。

3. 物流中心

物流中心是用于货物集散、转运和配送的建筑。在设计时需要考虑到交通便利性、货物处理效率以及与各种运输工具的衔接，以确保物流运作的顺畅。

（四）文化建筑

1. 图书馆

图书馆建筑是为收藏、保存和借阅图书等文献资料而设计的。在设计图书馆时，需要充分考虑到书库的布局、阅览空间的设计、信息技术设备的配置等，以提供舒适的学习环境。

2. 博物馆

博物馆是用于陈列和展示文物、艺术品等的建筑。在设计中，需要考虑到展览空间的灯光、温湿度控制、展品的陈列方式等，以营造出具有教育性和观赏性的空间。

3. 演艺场馆

演艺场馆包括剧院、音乐厅、体育馆等，用于举办各种文艺演出和体育赛事。在设计时需要考虑到观众席的布局、舞台设备的配置、声光效果等，以提供观众良好的观赏体验。

（五）教育建筑

1. 学校

学校建筑是为教育和培养学生而设计的。在设计中，需要考虑到教室的布局、实验室设备、图书馆和体育设施等，以为学生提供全面的学科发展和课外活动。

2. 大学

大学建筑不仅包括教学楼，还包括实验室、图书馆、学生宿舍等多个功能。在设计大学建筑时，需要兼顾到不同学科的需求，创造出具有学术氛围和社交空间的校园环境。

3. 研究机构

研究机构的建筑是为科研人员提供研究和实验场所的。在设计中，需要考虑到实验室的设备配置、研究团队的协作空间、科研成果的展示等，以促进科研工作的开展。

（六）医疗建筑

1. 医院

医院建筑是为提供医疗服务而设计的。在设计中，需要考虑到诊疗区域的布局、手术室和病房的设备配置、医疗设施的通风和卫生条件等，以提供患者安全、舒适的就医环境。

2. 诊所

诊所建筑通常规模较小，专注于提供基本的医疗服务。在设计中需要充分考虑到就诊区域的布局、医疗设备的简洁易用等，以提供高效的医疗服务。

3. 养老院

养老院建筑是为提供老年人居住和护理服务而设计的。在设计中，需要考虑到老人的日常活动需求、医疗护理设施的配置、社交和娱乐空间等，以为老年人提供舒适、安全的居住环境。

建筑的用途多种多样，不同类型的建筑在设计和建造时都有着特定的考虑因素。住宅建筑需要关注居住者的生活需求，商业建筑要追求经济效益和消费者体验，工业建筑要考虑生产流程和设备布局，文化建筑注重展示和文化传承，教育建筑追求学科发展和学生培养，医疗建筑着眼于提供高效、安全的医疗服务。在未来，随着社会的不断发展和人们对建筑需求的不断变化，建筑用途的多样性将继续推动建筑领域的创新与进步。

二、功能分区划分

（一）功能分区划分的原则

1. 使用功能一致性原则

功能分区应考虑到各区域的使用功能，使得相邻区域的功能一致性较强。例如，在住宅建筑中，起居区域和卧室区域的划分应符合家庭生活的习惯，保证生活功能的便捷性。

2. 空间流线原则

功能分区应考虑到人们在建筑内的活动轨迹，合理规划空间流线，确保各个功能区域之间的流通畅通。例如，在商业建筑中，购物区、休息区、服务区的布局需要考虑顾客的便利性和体验感。

3. 空间的灵活性原则

功能分区划分应考虑到空间的灵活性，以适应不同时间和需求的变化。例如，办公室空间可以设置可移动的隔断，以满足不同团队合作和独立工作的需求。

4. 空间效益原则

在有限的建筑空间内，需要最大限度地发挥各个功能区域的效益。合理的功能分区划分应确保每个区域的使用率最大化，避免空间浪费。

（二）住宅建筑的功能分区

1. 起居区域

起居区域通常包括客厅、餐厅和厨房等功能区域。在设计中，需要考虑到家庭成员的日常生活习惯，提供宜人的休闲和社交空间。

2. 卧室区域

卧室区域是私密的休息空间，包括主卧、次卧等。在设计中，需要注重卧室的隐私性和舒适性，同时还要考虑到采光和通风的要求。

3. 卫生间区域

卫生间是生活空间中的必要区域，其布局需要符合使用便捷、清洁卫生的原则。合理规划卫生间位置，能够减少管道布局的复杂性。

4. 储物区域

为了提高空间利用效率，储物区域的设计应兼顾美观和实用性。例如，可以设计嵌入式的储物柜，或在楼梯下方设计储物空间。

（三）商业建筑的功能分区

1.营业区

营业区是商业建筑中用于展示商品和提供服务的核心区域。在设计中，需要考虑到商品陈列的合理性、购物流线的顺畅性，以提升顾客的购物体验。

2.休息区

休息区是为顾客提供休憩和社交空间的区域。在设计中，可以考虑舒适的座椅布局、自然采光，创造宜人的休息环境。

3.服务区

服务区包括收银台、售后服务等功能。在设计中，需要考虑到服务流程的顺畅性和服务人员的工作条件，以提高服务效率。

4.后台区域

后台区域是商业建筑中用于储存商品、管理库存和进行办公工作的区域。在设计中，需要合理规划储藏空间、办公区域，确保后勤工作的高效进行。

（四）工业建筑的功能分区

1.生产区

生产区是工业建筑中用于生产和制造的核心区域。在设计中，需要考虑到生产线的布局、设备的配置，以提高生产效率和产品质量。

2.储存区

储存区是用于存放原材料、半成品和成品的区域。在设计中，需要考虑到货物的分类和存放方式，采取合适的货架和物流系统，以提高仓储效率。

3.办公区

办公区是工业建筑中用于管理和行政工作的区域。在设计中，需要考虑到员工的工作环境，为员工提供舒适的办公空间，以提高工作效率。

4.检验区

检验区是工业建筑中用于检验和质检的区域。在设计中，需要考虑到检验设备的布局和使用条件，确保产品质量符合标准。

（五）文化建筑的功能分区

1.展览区

展览区是文化建筑中用于陈列和展示文物、艺术品等的核心区域。在设计中，需要考虑到展览空间的灯光、温湿度控制、展品的陈列方式等，以提供给观众良好的观赏体验。

2. 学习区

学习区是文化建筑中用于提供学术研究和学习的区域。在设计中，需要考虑到阅览空间的布局、学术资源的整合，以提供学术交流和学习的场所。

3. 演出区

演出区是文化建筑中用于举办各类演出和活动的区域。在设计中，需要考虑到观众席的布局、舞台设备的配置、声光效果等，以提供给观众良好的观赏体验。

（五）教育建筑的功能分区

1. 教室区

教室区是教育建筑中用于教学的核心区域。在设计中，需要考虑到教室的布局、座椅配置、多媒体设备的设置，以提高教学效果。

2. 实验区

实验区是用于进行科学实验和实践教学的区域。在设计中，需要考虑到实验室的设备配置、通风和安全条件，以确保实验工作的进行。

3. 图书馆区

图书馆区是用于提供图书借阅和学术研究的区域。在设计中，需要考虑到图书的分类和陈列、阅览空间的舒适性，以提供给学生良好的学习环境。

4. 体育区

体育区是用于进行体育锻炼和体育教学的区域。在设计中，需要考虑到运动场地的布局、体育设备的配置，以提供给学生良好的体育锻炼场所。

（七）医疗建筑的功能分区

1. 诊疗区

诊疗区是医疗建筑中用于医生诊疗和患者就诊的核心区域。在设计中，需要考虑到诊室的布局、医疗设备的配置，以提供医疗服务的便捷性和高效性。

2. 手术区

手术区是医疗建筑中用于进行手术和医疗操作的区域。在设计中，需要考虑到手术室的设备配置、通风和洁净条件，以确保手术的安全和顺利进行。

3. 住院区

住院区是医疗建筑中提供患者住宿和护理的区域。在设计中，需要考虑到病房的布局、医护人员的工作条件，以提供给患者良好的住院环境。

4. 医技区

医技区是医疗建筑中进行各类医技检查和治疗的区域。在设计中，需要考虑到医技设备的布局和使用条件，以提供准确的医学诊断和治疗服务。

三、空间利用效率考虑

（一）空间分配与布局

1. 多功能空间设计

多功能空间的设计允许一个区域在不同时间或不同情境下拥有多种用途。例如，在办公楼中，一个多功能会议室可以在会议结束后转化为培训室或休息区，以最大化利用空间。

2. 开放式布局

开放式布局通常采用少量的固定隔断，提供更灵活的空间。这种设计适用于办公空间、商业空间等，可以根据需要进行调整，提高空间的通透性和适应性。

3. 垂直空间利用

充分利用建筑的垂直空间，如使用楼梯下的空间、设计吊顶储物空间等。这种方法可以增加储物空间、创造更多的功能区域，提高整体空间利用效率。

（二）智能化空间管理

1. 传感技术

通过传感技术，可以实时监测建筑内部空间的使用情况，包括人流、温度、光照等。这样的数据可以用来优化空调、照明系统，提高能源利用效率，并为空间管理提供决策支持。

2. 智能家居系统

在住宅设计中，智能家居系统可以实现对空间的智能管理，包括温控、安防、照明等。通过手机 APP 或语音助手，居民可以随时随地对空间进行监控和控制，从而提高生活的便捷性和舒适度。

3. 动态办公空间管理

在办公环境中，采用动态办公空间管理系统可以实现灵活的办公区域分配。员工可以根据当天的工作需求，选择合适的办公区域，避免固定工位浪费的同时提高办公效率。

（三）空间布局与人流分析

1. 人流分析

通过人流分析可以了解不同区域的人流密度和使用频率。建筑师可以根据这些数据调整空间布局，以便更加合理地布置人们区域，提高其利用率。

2. 空间比例与尺度

在设计中，要注意不同功能区域的空间比例和尺度。例如，商业建筑中的购物区域和休息区域的比例，或是住宅建筑中主卧和次卧的尺度，都需要根据功能需求和用户体验来合理调配。

3. 空间模拟技术

利用虚拟现实（VR）和增强现实（AR）等技术，进行空间模拟和仿真。这样的技术可以在设计阶段模拟不同布局方案的效果，为设计师提供直观的空间感受，更好地优化设计。

（四）灵活家具与嵌入式设计

1. 可移动隔断

使用可移动隔断可以在需要时改变空间的大小和形状。这种设计在办公空间、会议室等场景中特别有用，可以根据不同的活动需求调整空间。

2. 嵌入式家具

嵌入式家具可以最大化利用空间，如嵌入式书架、嵌入式储物柜等。这种设计不仅提供了额外的储物空间，还可以使空间变得更加整洁和有序。

3. 可折叠家具

可折叠家具适用于有限空间的场景，如小型公寓或办公室。当不使用时，家具可以折叠收起，这样可以释放空间，增加使用的灵活性。

（五）可持续空间设计

1. 绿色屋顶

绿色屋顶不仅可以提供美丽的景观，还可以改善建筑的隔热和隔音效果。通过在屋顶种植植被，不仅提高了空间利用效率，还有助于降低建筑的能耗。

2. 环保材料

选择环保材料可以减少资源浪费，提高建筑的可持续性。在空间设计中，可以使用可回收材料、可再生材料等，以降低对环境的影响。

3. 节能技术

通过应用节能技术，如智能照明系统、高效空调系统等，可以提高建筑的能源利用效率。这种技术不仅有助于减少能源浪费，还可以降低建筑运营成本。

空间利用效率的提升需要在建筑设计的各个方面进行综合考虑。合理的空间分配与布局、智能化的空间管理系统、人流分析和灵活的家具设计等都是提高空间利用效率的重要手段。在未来，随着科技的不断发展和人们对建筑需求的不断变化，空间设计将更加注重创新和可持续性，以满足社会的发展和用户的多样化需求。

四、多功能建筑设计

（一）多功能建筑设计原则

1. 灵活性原则

多功能建筑设计应具有一定的灵活性，能够适应不同时间段和使用需求的变化。这意味着建筑的空间布局、结构和设备都应该具备可调整和变化的能力。

2. 模块化原则

采用模块化设计可以使建筑更容易适应不同功能的变化。模块化的构建方式使得添加、删除或更换功能单元变得更加简便，有助于提高建筑的可维护性和可升级性。

3. 用户体验原则

在多功能建筑设计中，用户体验是一个至关重要的考量因素。建筑师应当注重细节，通过设计使得建筑的不同功能区域之间的过渡自然流畅，提高用户在建筑内的舒适感。

4. 可持续性原则

多功能建筑设计应当符合可持续发展的原则。通过采用绿色建筑技术、节能技术等手段，能够减少资源浪费，降低对环境的影响，使建筑更加环保和可持续。

（二）多功能建筑设计方法

1. 空间灵活布局

采用可移动隔断、折叠墙壁等设计手段，使建筑内的空间可以根据需要进行灵活布局。这种方法使得一个空间可以适应不同的用途，提高了空间的利用效率。

2. 可变化的家具与设备

选用可调整和可变化的家具与设备，如可折叠桌椅、可伸缩灯具等，使得一个房间可以在不同功能场景下快速转变，增加了建筑的多功能性。

3. 智能化控制系统

通过智能化控制系统，建筑内的设备可以根据使用需求进行自动调整。这不仅提高了建筑的智能性，也为多功能使用提供了更多可能性。

（三）多功能建筑在不同类型建筑中的应用

1. 多功能商业建筑

在商业建筑中，多功能设计可以使得商场、购物中心等建筑在不同季节、不同促销活动中的使用变得更加灵活。例如，可以通过可移动的隔断和展台，在节假日时扩大销售区域，提高商场的营业额。

2. 多功能办公建筑

在办公建筑中，多功能设计使得同一空间可以适应不同团队的需求。例如，通过可调整的办公桌椅和隔断，一个大空间可以容纳多个小团队，提高了办公空间的使用效率。

3. 多功能文化建筑

在文化建筑中，多功能设计可以使得博物馆、图书馆等场馆更加适应不同展览、活动的需要。例如，通过可移动的展架和隔断，一个大厅可以在不同时间承办不同类型的文化活动。

4. 多功能住宅建筑

在住宅建筑中，多功能设计可以使得一个房间适应不同的居住需求。例如，通过可调整的隔断，一个客厅可以在需要时转变为额外的卧室，提高了住宅的灵活性。

5. 多功能公共建筑

在公共建筑中，如体育馆、会展中心等，多功能设计可以使得一个场馆适应不同类型的活动。例如，通过可伸缩的座椅和可移动的分区，一个大空间可以容纳各种大小和形式的活动。

多功能建筑设计是建筑领域不断创新的一个方向，通过合理的空间布局和智能化系统的运用，建筑可以更好地适应不同时间、不同需求的变化。随着科技的不断发展和社会对建筑的多元化需求，多功能建筑设计将在未来继续引领建筑设计的潮流，为人们提供更加灵活、舒适、智能的生活和工作空间。

五、特殊建筑需求与空间规划

特殊建筑需求指的是在建筑设计中，由于建筑所服务的特殊用途或者特殊人群需求而对建筑空间提出的特殊要求。这些特殊需求可能涉及到无障碍设计、安全规范、卫生标准等方面，需要建筑设计师在空间规划中做出创新性的设计，以满足特殊需求。

（一）无障碍设计与空间规划

1.通道与坡道设计

在特殊建筑中，如医疗机构、教育机构等，通道的设计要考虑到患者、老年人或残疾人的需求。要合理设置坡道、扶手，确保轮椅和行动不便的人士能够轻松进出建筑。

2.水平和垂直移动设备

可以通过无障碍电梯、升降平台等设备，确保建筑的每个层次都能被所有人方便地到达。这对于高层建筑或者存在高差的建筑尤为重要。

3.视觉和听觉引导

在特殊建筑中，要考虑到视觉和听觉受限的人群。可以通过引导线、盲文、语音提示等设计，帮助视觉或听觉障碍者更好地理解和利用建筑空间。

（二）安全规范与空间规划

1.防火通道和疏散通道

特殊建筑需要符合更加严格的防火标准和疏散通道规划。确保在紧急情况下，人员能够快速、安全地撤离建筑。

2.安全设备与防范措施

在特殊建筑中，可能需要安装更为先进的安全设备，如生化防护设备、安全监控系统等，以确保建筑内部的安全。

3.防护措施

特殊建筑可能需要考虑到特殊的防护需求，例如医疗机构需要考虑到医疗废物的处理和防护，学校可能需要设置防护性更高的栅栏等。

（三）卫生标准与空间规划

1.医疗建筑的洁净区划分

在医疗建筑中，洁净区的划分至关重要。手术室、感染病房等需要具备高度洁净性，因此需要通过空气净化、材料选择等手段确保洁净标准。

2.食品安全与餐饮空间规划

餐饮建筑需要符合更加严格的食品安全标准。在空间规划中，要确保厨房、餐厅等区域的布局合理，便于食品的储存、加工和分发。

3.学校卫生间设计

在学校建筑中，卫生间的设计需要考虑到儿童和青少年的使用需求。高度卫生、易清洁的设计是保障学校卫生的关键。

（四）特殊人群需求与空间规划

1. 儿童友好空间

在儿童教育机构或者公共场所，空间设计需要考虑到儿童的身高、安全需求，采用颜色鲜艳、易于清洁的材料等，以创造一个对儿童友好的环境。

2. 高龄人士关怀空间

在养老院、医疗机构等建筑中，需要考虑到高龄人士的特殊需求。设置无障碍设施、安全扶手，以及提供安静、舒适的休息区域。

3. 残疾人士辅助设施

对于残疾人士，空间设计需要考虑到轮椅通行、盲道设置等，以确保他们能够方便地进入和利用建筑内部的空间。

（五）特殊建筑需求在不同类型建筑中的应用

1. 医疗建筑

医疗建筑中，空间规划需要充分考虑到患者的隐私、医疗设备的合理布局以及洁净区的划分。同时，疏散通道和无障碍设计也是医疗建筑不可忽视的部分。

2. 学校建筑

学校建筑中，空间规划需要考虑到儿童的学习和成长需求。教室、操场、图书馆等区域的布局要符合教育理念，并确保安全和卫生标准。

3. 商业建筑

在商业建筑中，特殊需求可能来自于不同品牌的展陈要求、购物者的安全需求等。空间规划要充分考虑到商场、餐厅、娱乐场所等多功能性的合理布局。

4. 公共建筑

在公共建筑中，如图书馆、博物馆等，需要考虑到不同人群的文化需求。通过合理的布局和引导设计，确保参观者能够更好地理解展品、图书等内容。

特殊建筑需求的空间规划是建筑设计中的一项具有挑战性的任务，需要建筑师深入理解不同人群的需求，合理运用设计手段，以创造一个安全、舒适、贴近实际需求的建筑空间。通过案例分析可以看出，各国在不同类型的特殊建筑中都在努力探索创新的设计方法，为建筑行业提供了宝贵的经验。在未来，随着社会的不断发展和对建筑需求的日益多样化，特殊建筑需求的空间规划将继续成为建筑设计中的重要议题。

第三节 设计荷载考虑

一、荷载类型与分析

（一）静力荷载

1. 自重荷载

自重是指建筑结构本身的重量。在建筑设计中，必须考虑到结构材料的密度和体积，以确定结构的自重。自重荷载是垂直向下的荷载，它对建筑结构的压力和承载能力产生直接影响。

2. 外部荷载

外部荷载包括建筑物所受的风荷载、雪荷载和地震荷载等。这些荷载是建筑结构在静止状态下所受的外力，需要在设计中考虑不同方向和强度的作用。

3. 温度荷载

温度变化引起的结构膨胀和收缩也是一种静力荷载。温度荷载的变化会导致建筑结构产生形变，因此在设计中需要考虑温度对结构的影响，采取相应的措施来减缓结构的变形。

（二）动力荷载

1. 振动荷载

振动荷载是由外部激励引起的结构振动，例如交通荷载、机械设备运行引起的振动等。这种荷载可能对建筑结构的稳定性和舒适性产生负面影响，因此需要通过设计和结构控制手段来减缓振动的传播。

2. 地震荷载

地震荷载是一种短时间内引起的地壳运动所产生的荷载。地震荷载对建筑结构的破坏性较大，因此在地震活跃区域的建筑结构设计中，需要考虑地震荷载对结构的作用，并采取相应的防护措施。

3. 冲击荷载

冲击荷载是由于外部冲击事件引起的结构振动，如爆炸、撞击等。冲击荷载的作用对建筑结构的抗震能力提出了更高的要求，设计中需要考虑材料的抗冲击性和结构的冲击吸能能力。

（三）荷载分析与建筑结构响应

1.荷载分析方法

荷载分析是通过数学和物理方法对结构所受荷载进行计算和模拟，以确定结构的受力状态。常见的荷载分析方法包括静力分析、动力分析、有限元分析等。这些方法可以帮助工程师了解结构的受力情况，为结构的设计提供依据。

2.结构响应与变形

荷载对建筑结构的影响主要通过结构的响应体现出来。结构的响应包括结构的变形、内力分布、应力分布等。通过荷载分析，工程师可以了解结构在受到外力作用时的响应情况，进而评估结构的稳定性和安全性。

3.结构的极限状态

荷载分析中一个重要的概念是结构的极限状态。极限状态是指在一定的工作条件下，由于结构的变形、内力或应力达到某一临界值，导致结构不能再继续发挥正常功能的状态。合理的荷载分析有助于确定结构的极限状态，从而制订相应的安全设计方案。

（四）荷载的影响与安全性设计

1.结构的强度

荷载对结构强度的影响是结构设计中需要特别关注的问题。荷载分析需要考虑结构材料的强度、构件截面的大小以及连接方式等因素，确保结构在承受外力时不会发生破坏。

2.结构的稳定性

在荷载分析中，还需要考虑结构的稳定性。结构稳定性是指结构在承受外力作用时不会发生失稳或倾覆的能力。通过考虑结构的几何形状、支座条件等因素，工程师可以评估结构的稳定性，并采取相应的设计方法。

3.安全系数的确定

荷载分析中，安全系数的确定是保证结构安全性的重要手段。安全系数是指结构在承受荷载时的实际强度与设计强度之间的比值。通过合理设置安全系数，可以确保结构在使用寿命内不会因为荷载的作用而发生失效。

荷载分析是建筑结构设计中的关键步骤，它直接影响到结构的安全性、稳定性和舒适性。通过深入理解不同类型的荷载及其对结构的影响，工程师可以制订科学的设计方案，确保建筑结构在各种工作条件下都能够稳定、安全地运行。在未来的建筑设计中，随着科技的不断进步，荷载分析方法也将不断演化，为更加安全可靠的建筑结构提供更强有力的支持。

二、设计荷载计算方法

（一）静力荷载计算方法

1. 自重荷载的计算

自重荷载是结构本身的重量，通常通过结构各部分的体积和密度来计算。在计算中需要考虑到不同材料的自重差异，确保对各个构件的自重都有准确的估算。

2. 外部荷载的计算

外部荷载包括风荷载、雪荷载等，其计算通常基于建筑所在地的气象条件和气象统计数据。风荷载的计算涉及到风速、结构高度、结构形状等多个因素，而雪荷载的计算则涉及到地区的气温、降雪频率等因素。

3. 温度荷载的计算

温度荷载的计算涉及到结构在温度变化下的线膨胀和收缩。工程师需要考虑到结构的材料系数、温度变化范围，以及结构的长度和约束条件，用以计算温度荷载的大小。

（二）动力荷载计算方法

1. 振动荷载的计算

振动荷载的计算涉及到外部激励引起的结构振动。在计算中，需要考虑激励的频率、振幅和结构的自振频率等因素。通过振动分析，工程师可以评估结构的振动响应，从而采取相应的措施来减缓振动的传播。

2. 地震荷载的计算

地震荷载的计算是建筑结构设计中的复杂问题。工程师通常采用地震动力学的方法，考虑地震波的传播特性、土壤的影响、结构的阻尼等因素，以确定结构在地震作用下的响应。地震荷载的计算通常遵循相关的地震设计规范。

3. 冲击荷载的计算

冲击荷载的计算涉及到结构受到外部冲击事件引起的振动。在计算中，工程师需要考虑冲击荷载的强度、冲击时间和冲击的频率等因素。这些数据通常可以通过事故分析或模拟实验获取。

（三）荷载计算的步骤

1. 确定设计荷载标准

在进行荷载计算之前，工程师需要明确适用的设计荷载标准。不同国家和地区有各自的建筑规范和设计荷载标准，工程师需要根据项目所在地的规范要求进行计算。

2. 分析结构的几何和材料特性

在进行荷载计算之前，需要对结构的几何形状和使用的材料进行详细的分析。这包括结构的长度、截面形状、材料的密度和弹性模量等信息。

3. 计算自重和外部荷载

根据结构的几何和材料特性，工程师可以计算自重和外部荷载。自重的计算通常较为简单，而外部荷载的计算则需要考虑结构所在地的气象条件和统计数据。

4. 进行动力荷载分析

对于需要考虑动力荷载的结构，工程师需要进行相应的动力分析。这可能涉及到有限元分析、模拟实验等方法，以确定结构在动力荷载下的响应。

5. 确定荷载的组合

在实际工程中，结构可能同时受到多个荷载的作用，例如风荷载和地震荷载。在设计中，需要确定不同荷载的组合，以考虑这些荷载同时作用时对结构的影响。

设计荷载的计算是建筑结构设计中的核心内容，直接关系到结构的安全性和稳定性。通过了解不同类型的荷载及其计算方法，工程师可以更好地指导结构的设计和施工，确保建筑在使用寿命内能够满足安全性的要求。在未来，随着建筑技术的不断发展和规范的更新，设计荷载的计算方法也将不断演进，为更加安全可靠的建筑设计提供更为科学的支持。

三、动力荷载的影响

（一）结构的动力响应

1. 自由振动与强迫振动

动力荷载作用下，结构可能经历自由振动和强迫振动。自由振动是指结构在没有外界激励的情况下由初始位移或初始速度引起的振动。而强迫振动则是结构在受到外部激励作用下发生的振动，例如地震引起的结构振动。

2. 结构的振型

结构的振型描述了结构在振动过程中的形态和变形情况。不同类型的动力荷载可能导致结构不同的振型，工程师通过振型分析可以了解结构的振动特性，从而采取相应的措施来减缓振动的传播。

3. 结构的共振

共振是指结构在特定的频率下振幅不断增大的现象。当结构的自振频率与外部激励的频率相近时，就容易发生共振。共振会导致结构振幅急剧增大，增加结构破坏的风险，因此在设计中需要采取措施以避免共振现象的发生。

（二）结构的疲劳与损伤

1.疲劳

疲劳是指结构在反复荷载作用下产生的渐进性、累积性的损伤。动力荷载的频率和幅值对结构的疲劳寿命有重要影响。在设计中，需要通过疲劳分析确定结构在实际使用中的疲劳强度，以保证结构的长期可靠性。

2.损伤

动力荷载可能导致结构产生损伤，这包括裂缝、位移、变形等。损伤的形成与荷载的强度、频率以及结构的材料和几何特性等因素紧密相关。通过损伤分析，工程师可以评估结构的抗损伤性能，为维护和修复提供依据。

（三）结构的阻尼

1.阻尼的作用

阻尼是指结构在振动过程中能量逐渐减小的现象。阻尼可以通过结构自身的材料阻尼和附加的阻尼装置来实现。适当的阻尼可以减缓结构振动的幅度，提高结构的稳定性和舒适性。

2.阻尼的计算

在动力荷载计算中，需要考虑结构的阻尼比，即结构阻尼与临界阻尼的比值。阻尼的计算通常基于结构材料的阻尼特性和结构的几何形状，工程师可以通过有限元分析等方法确定结构的阻尼比。

（四）动力荷载的减震措施

1.减震装置

为减缓结构振动，可以采用各种减震装置，如阻尼器、隔震基础等。这些装置通过吸收和消耗振动能量，降低结构的振动幅度，提高结构的抗震能力。

2.结构的刚度调整

调整结构的刚度也是一种常见的减震措施。通过改变结构的刚度分布，可以影响结构的振动特性，降低结构在动力荷载下的振动响应。

（五）地震荷载的特殊影响

1.地震波的传播特性

地震荷载具有短时、非周期性和冲击性的特点，对建筑结构的影响十分复杂。地震波的传播特性会导致结构产生不同频率和振幅的振动，因此需要采取特殊的设计和加固措施。

2. 地基的影响

地基的性质对地震荷载的传递和结构的响应有重要影响。软弱土壤可能会放大地震波的振动，增加结构的振动幅度。在设计中需要考虑地基的特性，选择合适的地基类型。

动力荷载的影响是建筑结构设计中难以忽视的重要因素。通过深入了解结构的动力响应、疲劳与损伤机制以及阻尼特性，工程师可以制订合理的设计方案，提高结构的抗震性能和长期可靠性。在未来的建筑设计中，随着科技的不断发展和工程经验的积累，对动力荷载影响的理解将更加深入，为更加安全、稳定的建筑结构设计提供更为科学的依据。

四、风荷载与地震荷载考虑

（一）风荷载的考虑

1. 风荷载的产生原因

风荷载是由大气中气流引起的，主要由地球的自转和不同区域的温差引起。风荷载的大小与风速、结构高度、结构形状等因素紧密相关。

2. 风荷载的计算方法

风荷载的计算通常基于空气动力学的原理，采用风荷载规范中提供的计算公式。计算中需要考虑结构的高度、风速、结构的形状系数等因素。风荷载通常包括静风荷载和动风荷载两个方面。

3. 结构的风振问题

在风荷载作用下，结构可能发生风振现象，即结构因风致使的横向振动。这种振动会影响结构的舒适性和安全性，因此在设计中需要采取一系列的抗风措施，包括增加结构的阻尼、采用减震装置等。

4. 防风设计

防风设计是在建筑结构设计中考虑防范风灾害的一项重要内容。工程师需要根据建筑所在地的气象数据和风荷载规范的要求，采取合适的设计措施，保障结构在强风环境中的稳定性和安全性。

（二）地震荷载的考虑

1. 地震荷载的产生原因

地震荷载是由地球内部的地壳运动引起的，主要由板块运动引起的地震波在地球内传播所产生。地震荷载的大小与地震波的振幅、频率以及结构所在地的地质条件等有关。

2. 地震荷载的计算方法

地震荷载的计算通常基于地震工程学的原理，采用地震荷载规范中提供的计算方法。计算中需要考虑结构的地震响应谱、地震波的特性以及结构的震动周期等因素。

3. 结构的抗震设计

抗震设计是指在设计中考虑结构在地震荷载作用下的抗震性能。工程师需要采用抗震设计规范要求的地震设防烈度和设计基的震动参数，通过结构的设计和加固措施，确保结构在强烈地震环境中具备足够的抗震能力。

4. 地震防灾建筑设计

在一些地震频发地区，为了提高建筑结构的抗震性能，工程师通常会采取一些专门的地震防灾建筑设计措施，如基础隔震、柔性结构设计等，以减小地震荷载对结构的影响。

（三）风荷载与地震荷载的综合考虑

1. 耦合效应

在实际工程中，建筑结构往往同时受到风荷载和地震荷载的作用。风荷载和地震荷载可能具有不同的频率和方向，因此可能会产生耦合效应，对结构的影响更加复杂。在设计中需要综合考虑这两种荷载的耦合效应，制订合理的设计方案。

2. 结构的整体性能

风荷载和地震荷载的综合考虑需要关注结构的整体性能。结构的整体性能包括结构的刚度、阻尼、质量等因素，工程师需要通过综合性能分析，确保结构在不同工况下都能够稳定、安全地运行。

3. 结构的多层次设计

为了更好地综合考虑风荷载和地震荷载，工程师通常会采用多层次的设计方法。这包括从整体结构的角度出发，考虑结构的全局响应，同时在局部结构上采用适当的局部设计措施。

风荷载和地震荷载的综合考虑是建筑结构设计中的关键问题，直接关系到结构的抗风性能和抗震性能。通过深入了解风荷载和地震荷载的产生原因、计算方法以及综合考虑的设计原则，工程师可以制订科学合理的设计方案，保障建筑结构在不同工况下都能够安全可靠地运行。在未来的建筑设计中，随着科技的不断发展和地震工程学的深入研究，风荷载和地震荷载的考虑将更加精细化，为更加安全、稳定的建筑结构设计提供更为可靠的支持。

五、荷载组合与安全系数

（一）荷载组合的原理

1. 荷载组合的必要性

在实际工程中，结构往往同时受到多种不同类型的荷载作用，包括自重、风荷载、地震荷载等。为了全面考虑这些荷载的影响，需要进行荷载组合。荷载组合是指将不同工况下可能发生的荷载根据一定的概率和相位关系进行组合，得到对结构影响最不利的荷载组合，以确保结构在各种工况下都能够安全可靠地运行。

2. 荷载组合的原则

荷载组合的原则包括极限状态设计原则和工作状态设计原则。极限状态设计主要考虑结构在极端条件下的安全性，例如结构的承载力是否足够。工作状态设计主要考虑结构在正常使用条件下的安全性，例如结构的服务性能是否满足要求。在设计中，需要综合考虑这两个原则，确保结构在整个使用寿命内都能够满足安全性和可靠性的要求。

（二）常见的荷载组合方式

1. 极限组合

极限组合是指将各个荷载根据最不利的相位关系进行组合，得到对结构承载能力影响最大的组合。这种组合通常用于极限状态设计，以确保结构在极端条件下的安全性。

2. 工作组合

工作组合是指将各个荷载按照较为常见的相位关系进行组合，考虑结构在正常使用条件下的安全性。这种组合通常用于工作状态设计，以确保结构在正常使用条件下的服务性能。

3. 概率组合

概率组合是指考虑不同荷载同时作用的概率，通过统计方法得到的组合。这种组合考虑了荷载作用的随机性，通常用于特殊情况下的设计，如地震设计。

（三）安全系数的含义和计算方法

1. 安全系数的定义

安全系数是指结构的承载能力与所受荷载之间的比值，用于表示结构的安全性。安全系数越大，表示结构的承载能力相对于荷载更为充裕，安全性越高。

2. 承载力与荷载的比值

安全系数的计算通常采用结构的承载能力与作用在结构上的荷载之比。这可以通过荷载效应的计算和结构承载能力的评估来实现。安全系数的计算公式为：

安全系数 = 承载能力 / 荷载

3. 考虑不同荷载组合的安全系数

在实际设计中，需要考虑不同荷载组合对结构的影响。对于不同的荷载组合，可以计算相应的安全系数，以评估结构在各种工况下的安全性。常见的安全系数要求在国家和地区的建筑规范中有明确的规定。

（三）荷载组合与安全系数的工程应用

1. 结构设计中的荷载组合

在结构设计中，工程师需要根据不同的设计要求和规范，采用合适的荷载组合方式。对于不同工况下可能发生的荷载，需要进行全面的组合，确保结构在整个使用寿命内都能够安全可靠地承受各种荷载的作用。

2. 安全系数的实际应用

在结构设计和评估中，安全系数是一个重要的参考指标。工程师可以通过对不同荷载组合的安全系数进行分析，预估结构的安全性，并根据需要进行相应的设计调整和加固措施。

3. 安全系数的动态调整

在结构的使用寿命内，荷载和结构的承载能力可能发生变化。因此，在实际运行中，需要对安全系数进行动态调整，及时评估结构的安全性，确保结构在不同阶段都能够满足安全性和可靠性的要求。

荷载组合与安全系数是结构设计中重要的概念，直接关系到结构的安全性和可靠性。通过深入了解荷载组合的原理、不同组合方式以及安全系数的定义和计算方法，工程师可以制订科学合理的设计方案，确保结构在各种工况下都能够安全可靠地运行。在未来的建筑设计中，随着科技的不断发展和结构设计理论的深入研究，对荷载组合与安全系数的考虑将更加精细化，为更加安全、稳定的建筑结构设计提供更为可靠的支持。

第四节　环境因素

一、气候条件与影响

（一）气候类型的划分

1. 热带气候

热带气候通常分为热带雨林气候、热带季风气候和热带沙漠气候三种。这些气候特征在热带地区，温度较高，降水充沛，但分布方式和季节性有所不同。

2. 温带气候

温带气候包括温带季风气候、温带大陆性气候和温带海洋性气候。这些气候在四季明显，温差较大，降水相对分布较均匀。

3. 寒带气候

寒带气候通常分为寒带大陆性气候和寒带海洋性气候。这些气候在寒冷地区，冬季漫长而寒冷，夏季短暂而凉爽。

4. 季风气候

季风气候分为亚洲季风气候、非洲季风气候等，其特点是具有明显的季风特征，夏季风势较强，冬季风势较弱。

（二）气象参数的重要性

1. 温度

温度是气候的基本参数之一，直接影响着建筑物的保温隔热设计。在不同气候条件下，建筑结构需要考虑不同的保温措施，以确保在冬季保温、夏季散热。

2. 降水

降水是气候条件中另一个关键参数，影响着建筑物的排水设计。在降水量较大的地区，建筑结构需要考虑防水措施，包括屋面排水系统、外墙防水等。

3. 风速

风速是气候中的动力因素，对建筑结构的影响主要表现在风荷载和风振方面。不同气候区域的风荷载标准不同，建筑结构需要根据气候条件选择合适的抗风设计方案。

4. 相对湿度

相对湿度直接影响着建筑材料的稳定性，尤其是木质结构和一些金属材料容易受湿度影响而发生腐蚀、膨胀等问题。在湿润气候中，建筑结构需要采取防潮、防霉措施。

（三）建筑的气候适应性设计

1. 外观设计

建筑的外观设计需要考虑气候条件的适应性。例如，在炎热的气候中，可以采用浅色外墙来减少日照的热吸收；在寒冷的气候中，可以采用较暗的外墙颜色来吸收更多的太阳热量。

2. 材料选择

不同气候条件下，建筑材料的选择也需要有所不同。例如，在潮湿的气候中，需要选择防水、防潮性能较好的建筑材料；在寒冷的气候中，需要选择具有良好保温性能的材料。

3. 通风与采光

建筑的通风与采光设计在不同气候条件下也会有所不同。在炎热的气候中，需要设计良好的通风系统来降低室内温度；在寒冷的气候中，需要充分利用阳光进行 passive solar 采暖。

4. 地形与环境

建筑所处的地形和环境也直接影响气候条件。在山区，温差较大，建筑结构需要考虑高山气候的特点；在海边，建筑需要考虑海洋气候的影响，包括海风和潮汐等因素。

气候条件是建筑设计中必须全面考虑的重要因素。通过深入了解不同气候类型的特点，以及气象参数对建筑的影响，建筑师和工程师可以采取适当的设计措施，使建筑在不同气候条件下具备更好的适应性，提高其舒适性和可持续性。在未来的建筑设计中，随着对气候变化影响的更深入研究，气候适应性设计将成为建筑设计的重要方向，为创造更健康、宜居的建筑环境提供更科学的支持。

二、建筑朝向与日照分析

（一）建筑朝向的选择原则

1. 日照充足性

建筑朝向的选择首先要考虑的是日照充足性。根据不同地区的经纬度和气候条件，选择合适的建筑朝向，使建筑能够最大程度地接受自然光照，减少对人工照明的依赖。

2. 季节性考虑

考虑到不同季节太阳的高度变化，建筑朝向应该能够在冬季获得更多的阳光，提高室内的温暖度，而在夏季避免过多的阳光直射，减少室内温度的上升。

3. 视野和景观

建筑朝向的选择还要考虑周围的环境和景观。通过合理选择朝向，可以最大化利用周围的景观，并为居住者提供更好的视野和居住体验。

4. 能源效益

建筑朝向的选择也与能源效益直接相关。通过合理朝向，可以更好地利用太阳能，实现 passivesolar 设计，减少对机械采暖和制冷系统的依赖，提高建筑的能源利用效率。

（二）日照分析的方法

1. 太阳轨迹图

太阳轨迹图是一种相对直观的分析方法，通过绘制太阳在天空中的轨迹，可以清晰地看到不同朝向在不同季节和不同时刻的日照情况。这对于选择建筑朝向提供了直观的参考。

2. 三维模拟

通过三维模拟软件，可以模拟建筑在不同朝向下的日照情况。这种方法能够更具体地展现建筑在不同时间段的光照情况，有助于设计师更好地优化建筑布局。

3. 光照分析软件

光照分析软件能够基于建筑的具体位置和朝向，模拟不同时间段内阳光的照射情况。这种方法更为精确，能够提供详细的数据支持，帮助设计师进行科学的朝向选择。

（三）通过设计优化建筑布局

1. 高层建筑的阴影分析

对于高层建筑，阴影分析是必不可少的一步。通过分析建筑在不同朝向下的阴影投射情况，可以避免建筑之间的阴影互遮问题，最大化运用阳光资源。

2. 内部空间布局设计

建筑朝向的选择也直接影响到内部空间的布局设计。合理的布局设计可以充分利用阳光，使室内空间更加明亮、舒适，提高居住者的居住体验。

3. 建筑外围环境设计

除了建筑本身的朝向选择外，建筑外围的环境设计也需要考虑。通过合理设计绿化、水景等元素，可以改善建筑周围的气候环境，提高整体的舒适度。

（四）气候适应性设计

1. 考虑气候变化

随着气候变化的影响日益凸显，建筑朝向的选择也需要考虑未来气候的变化趋势。灵活的设计思路能够更好地适应未来可能的气候变化。

2. 融入绿色建筑理念

绿色建筑理念强调最大程度地减少对环境的影响，建筑朝向选择可以与绿色建筑理念相结合，通过可再生能源、节能材料等手段，实现更加环保可持续的设计。

3. 跨学科合作

在建筑朝向选择和日照分析中，跨学科的合作也变得越来越重要。建筑师、气象学家、能源专家等不同领域的专业人才应该共同合作，以确保建筑在朝向选择上能够达到最佳效果。

建筑朝向与日照分析是建筑设计中至关重要的环节，直接关系到建筑的舒适性、能源利用效率和环保性。通过合理选择建筑朝向，并借助先进的日照分析工具，设计师可以最大化地利用自然光照，提高建筑的整体品质。未来建筑设计中，随着对环境可持续性和气候变化的更深入研究，建筑朝向的选择将成为设计中不可忽视的重要因素。

三、噪声与振动控制

（一）噪声的来源与影响

1. 噪声的来源

噪声来自多种来源，包括交通噪声、工业噪声、社会噪声以及建筑内部的设备噪声等。交通噪声主要包括道路交通、铁路交通和航空交通产生的噪声。工业噪声则来自工业设施和机械设备。社会噪声包括人们的日常生活活动产生的噪声，如说话声、音乐声等。建筑内部的设备噪声主要来自空调系统、电梯、管道系统等。

2. 噪声的影响

噪声对人们的生活和健康有直接的影响。长期暴露在高强度的噪声环境中可能导致听力损伤、睡眠障碍、精神压力增加，甚至影响心血管系统。此外，噪声还可能影响人们的工作效率、学习效果和社交活动。

（二）噪声控制措施

1. 建筑设计阶段

在建筑设计阶段，可以通过以下方式控制噪声：

（1）合理布局：将噪声源远离静音区域，如将噪声大的机房放置在建筑的远离居住区域的位置。

（2）隔声设计：使用隔音材料，如隔音窗户、隔音墙体等，降低传播途径。

（3）使用吸音材料：在建筑内部采用吸音材料，如吸音板、吸音天花板，减少室内噪声的反射。

2. 设备选择与维护

在选择建筑设备时，需要考虑其噪声的产生情况。选择低噪声的设备，合理安装设备，采用有效的维护措施，可以降低噪声的影响。

3. 交通规划

在城市规划和建筑设计中，可以通过合理的交通规划来降低交通噪声的影响。例如，远离繁忙的交叉口，采取绿化带和隔离带来隔绝交通噪声。

（三）振动的来源与影响

1. 振动的来源

振动主要来自交通振动、建筑施工振动、工业设备振动等。道路交通和铁路交通会在路面或轨道上产生振动，建筑施工中的机械设备也会产生振动。工业设备的运行也可能引发地面振动。

2. 振动的影响

振动对人们的生活和工作环境同样产生重要的影响。长期暴露在高强度的振动环境中可能导致人体疲劳、不适感，甚至对建筑结构造成损伤。

（四）振动控制措施

1. 结构设计

在建筑结构设计中，可以通过合理的结构设计来减缓振动的传播。采用柔性材料、减震结构等设计手段，可以有效地减少振动对建筑的影响。

2. 缓冲装置

在振动源附近设置缓冲装置，如弹性支座、减震器等，可以吸收部分振动能量，降低振动传播的强度。

3. 建筑布局

合理的建筑布局可以避免震源对建筑的直接影响。例如，将敏感区域远离交通道路、铁路等振动源，减少振动的传播。

（五）跨学科合作与技术创新

1. 跨学科合作

噪声和振动控制需要多学科的合作，包括建筑学、结构工程、机械工程、环境工程等。跨学科的合作能够综合各方面的专业知识，提出更有效的解决方案。

2. 技术创新

随着科技的发展，新的材料和技术不断涌现，为噪声和振动控制提供了更多可能性。例如，智能隔音材料、主动消振技术等的应用，可以更精确、高效地进行噪声和振动控制。

噪声与振动控制是建筑设计中极其重要的环节，直接关系到人们的生活质量和工作环境。通过合理的建筑设计、设备选择以及采取科学有效的控制措施，可以最大限度地降低噪声和振动的影响，创造更安静、舒适的建筑环境。在未来的建筑设计中，随着科技的不断发展和对环境质量要求的提高，噪声与振动控制将成为设计的重要考虑因素。

四、空气质量与通风设计

（一）空气质量的影响因素

1. 污染源

空气质量受到各种污染源的影响，包括室内污染源和室外污染源。室内污染源主要包括建筑材料释放的挥发性有机化合物（VOC）、家具、电气设备等。室外污染源包括交通排放、工业排放等。

2. 季节和气象条件

季节和气象条件也直接影响着空气质量。例如，夏季高温容易导致地面臭氧浓度升高，而冬季则可能因为采暖而导致室内空气质量下降。

3. 空气流动性

空气流动性是影响空气质量的重要因素。缺乏良好的通风系统和空气流动，容易导致空气中的有害物质在室内滞留，影响居住者的身体健康。

（二）通风设计的原则

1. 自然通风与机械通风结合

通风设计应该结合自然通风和机械通风，充分利用自然气流通风，同时在需要时通过机械手段进行辅助通风，确保空气流通。

2. 合理布局通风口

通风口的布局应该考虑到室内空间的结构和功能。合理设置通风口，确保新鲜空气能够有效地进入室内，废弃空气能够迅速排出。

3. 有效的过滤系统

对于机械通风系统，应配置有效的过滤系统，能够过滤掉空气中的颗粒物、粉尘、花粉等有害物质，提高空气的纯净度。

4. 控制室内湿度

湿度是影响空气质量的重要因素之一。通风系统应该能够控制室内湿度，防止潮湿环境滋生细菌、霉菌等有害生物。

5. 定期维护与清理

通风系统的设备需要定期维护与清理，确保其能够正常运行。尤其是过滤系统，需要定期更换过滤器，防止积尘、细菌等对空气质量的影响。

（三）控制室内污染源

1. 材料选择

在建筑设计阶段，可以通过选择低挥发性有机化合物（VOC）的建筑材料，减少室内污染源的释放。

2. 室内绿化

引入室内绿化，如盆栽植物，有助于吸收室内的有害气体，提高空气质量。

3. 定期通风

在室内设置定期通风的时间，通过开窗、启动通风设备等方式，将室内陈旧空气排出，引入新鲜空气。

（四）空气质量监测与调控

1. 空气质量监测系统

建筑中应配置空气质量监测系统，实时监测室内空气中的污染物浓度，为及时调控提供数据支持。

2. 智能调控系统

结合智能化技术，建筑可以配置智能调控系统，根据实时监测数据自动调整通风系统运行状态，保持良好的室内空气质量。

（五）空气质量与健康

1. 健康影响

良好的空气质量直接关系到居住者的身体健康。新鲜空气的供应有助于提高人的免疫力，减少呼吸道疾病的发生。

2. 心理健康

良好的室内空气环境还与人们的心理健康密切相关。清新的空气可以提高人的情绪，减轻焦虑和压力。

（六）空气质量与能源效益

1. 节能通风系统

通风系统的设计应该兼顾空气质量和能源效益。采用节能通风系统，通过智能控制、能量回收等技术方式，降低通风系统的能耗。

2. 可持续设计

在建筑设计中，可以采用可持续设计理念，通过绿色建筑认证等手段，促进建筑空气质量与可持续性的结合。

空气质量与通风设计是建筑环境中不可忽视的重要方面，直接关系到居住者的健康和生活品质。通过科学合理的通风系统设计、室内污染源的控制以及智能化技术的应用，可以创造出更为健康、舒适的室内环境。在未来的建筑设计中，随着对环境质量要求的提高，空气质量与通风设计将成为设计的核心要素之一。

五、自然光利用与照明设计

（一）自然光的重要性

1. 对人体健康的影响

自然光包含丰富的光谱，对人体的生物钟和心理健康有着重要的影响。良好的自然光环境能够提高人的警觉性、情绪和生产效率，调节人体的生理节奏。

2. 节能与可持续性

合理利用自然光可以降低对人工照明的依赖，减少能源消耗，从而实现建筑的节能目标，符合可持续设计的理念。

3. 增强空间感知

自然光能够提高空间的明亮度和通透感，使室内空间更加开阔、舒适，改善居住者的居住体验。

（二）建筑设计中的自然光利用

1. 朝向与窗户设计

在建筑设计中，通过合理选择建筑朝向，设计大面积的窗户，使自然光能够充分照射到室内。不同朝向的窗户设计会影响不同季节和不同时段的光照情况。

2. 采用采光天顶

采光天顶是一种通过天花板上的透明或半透明材料，引入更多自然光的设计方案。这种设计能够在室内创造柔和的光线，提高整体的照明效果。

3. 透光材料的应用

在建筑外墙或屋顶采用透光材料，如玻璃幕墙、透明太阳能板等，可以最大程度地利用自然光，同时达到节能的效果。

（三）照明设计原则

1. 色温与光强

在室内照明设计中，考虑到不同空间的功能和氛围，选择合适的色温和光强。暖色调的光源适合舒适的休息空间，而冷色调的光源适合办公和学习环境。

2. 动态照明设计

随着一天中不同时间段的变化，照明系统应该具备动态调节的能力。通过智能控制系统，根据自然光的变化和室内活动需求，实现照明亮度和色温的自适应调节。

3. 避免眩光

在设计照明系统时，要避免产生眩光，特别是在办公区域和学习区域。合理设置灯具，采用遮光设计，减少反射和折射。

（四）智能化照明系统

1. 传感器技术

智能传感器技术可以感知室内光照、人员活动等信息，实现智能化的照明控制。当有人进入或离开室内时，系统能够自动调节照明亮度。

2. 联动系统

将照明系统与自然光利用系统、空调系统等进行联动，实现综合控制。例如，在有足够自然光的情况下，降低人工照明的亮度，节约能源。

（五）照明设计与建筑风格

1.建筑氛围与照明

照明设计应该与建筑风格相融合，共同营造建筑的氛围。在古典建筑中可以运用柔和的灯光，而在现代建筑中则可以尝试采用线条感强烈的灯光设计。

2.照明艺术

将照明设计与艺术相结合，通过灯光的色彩、形状和布局，创造出艺术感十足的照明效果，提高建筑的整体审美。

（六）照明与环境可持续性

1.LED 照明技术

LED 照明技术具有高效能、长寿命、可调光等优势，是一种环保且节能的照明方案。在建筑设计中推广应用 LED 照明，有助于提高建筑的能源效益。

2.太阳能照明系统

结合太阳能照明系统，通过太阳能电池板收集太阳能，为建筑提供照明能源，减少对传统电力的依赖，实现照明与可持续性的有效结合。

自然光的合理利用和科学的照明设计对于建筑的舒适性、能源效益和环境可持续性都具有重要的影响。通过充分利用自然光、智能化的照明系统设计以及环保的照明技术应用，可以创造出更为宜人、健康且具有可持续性的建筑环境。在未来的建筑设计中，照明设计将更加重视与自然环境的融合，实现人与建筑之间的和谐共生。

第五节　地质条件

一、地质勘察与分析

（一）地质勘察的重要性

1.基础设计的依据

地质勘察为基础设计提供了关键的依据。通过对地下土壤、岩层、地下水位等进行详尽调查，工程设计者可以更好地了解地下构造，从而合理设计基础结构，确保建筑的稳定性和安全性。

2. 风险评估

地质勘察有助于评估工程所面临的地质风险。例如，对于地震、滑坡、泥石流等自然灾害，通过地质勘察可以提前了解潜在的风险，采取相应的防范和加固措施，降低工程风险。

3. 施工过程的指导

地质勘察结果对施工过程起到指导作用。在勘察中获得的地质信息有助于合理选择施工方法、确定开挖深度、选择合适的基坑支护措施，从而提高施工的效率和质量。

（二）地质勘察方法

1. 地表勘察

地表勘察是最基本的地质勘察方式之一，包括对地貌、植被、水系等地表自然特征的观察。这些信息有助于初步了解地质条件，确定勘察区域的一般特征。

2. 钻探勘察

通过钻探技术可以深入地下，获取更为详细的地质信息。常见的钻探方式包括岩心钻探、岩土样品取样，通过分析得到地下土壤、岩石的物理和力学性质，为基础设计提供基本数据。

3. 地球物理勘探

地球物理勘探利用地球物理学原理，如地震波传播、电阻率分布等，对地下结构进行间接的勘察。地球物理勘探适用于对大范围地质情况进行快速了解。

（三）地质分析的关键因素

1. 土壤特性

土壤特性是地质分析的重要因素之一。包括土壤的密实度、压缩性、抗剪强度等，这些参数直接影响基础设计和土建结构的稳定性。

2. 岩石性质

对于岩石地区，岩石性质的分析至关重要。包括岩石的类型、强度、裂隙情况等，对于基础工程和岩土工程的设计产生深远的影响。

3. 地下水位

地下水位对建筑工程的基础设计和施工过程都有着直接影响。地质分析需要准确测定地下水位，以避免基础设计中的水文问题，同时对施工过程进行合理的水文管理。

4. 地质构造

地质构造包括断裂带、褶皱、断层等地质特征，对于区域地质的全面认识至关重要。地质构造的存在可能导致土壤层的不均匀性，需要在设计中加以考虑。

（四）先进技术在地质勘察中的应用

1. 遥感技术

卫星遥感技术、无人机遥感技术等先进技术在地质勘察中得到广泛应用。通过高分辨率的影像，可以获取更为详细的地表信息，为地质勘察提供新的方式。

2. 地球信息系统（GIS）

GIS技术通过对地理空间信息的集成和分析，为地质勘察结果的综合分析提供了便捷的工具。通过GIS，可以更直观、全面地展示地质信息。

（五）地质勘察报告的编写

1. 勘察结果的详细描述

地质勘察报告应该对勘察过程中获得的数据进行详细描述，包括土壤和岩石的性质、地下水位、地质构造等信息。

2. 风险评估与建议

根据地质勘察结果，对工程所面临的地质风险进行评估，并提出相应的建议和对策。这有助于工程方更好地规避和应对潜在的地质问题。

3. 图件与数据的清晰呈现

通过清晰的图件和数据表格，直观地展示地质勘察的结果。图件应包括地质剖面图、地层图、勘察点分布图等，数据表格应准确记录各项勘察数据。

地质勘察与分析是建筑工程前期必不可少的环节，对于工程的设计、施工和安全性都具有重要的指导作用。通过科学合理的地质勘察手段，结合先进技术的应用，可以更全面地了解地下情况，为工程的成功实施奠定坚实基础。在未来的建筑工程中，随着技术的不断发展，地质勘察将更加精准、高效，为工程的可持续发展提供更有力的支持。

二、地基处理方法

（一）传统地基处理方法

1. 填土法

填土法是最基础的地基处理方法之一。通过在软弱地层上堆积坚实的土石，提高地基的承载能力。这种方法适用于较浅的地基处理，但需要考虑填土的压实性能和侧压效应。

2. 沉降井法

沉降井法是通过在地基中挖掘井孔，将井孔内的土层挖空或加固，以减小地基的沉降量。这种方法常用于对地基沉降敏感的建筑物，如高层建筑和精密设备的基础处理。

3. 地基灌浆法

地基灌浆法是利用水泥浆或其他固化材料注入地下土层，形成坚固的灌浆体。这种方法可改善土壤的力学性质，增强地基的稳定性。地基灌浆法适用于土层较深或需要较大承载能力的地基处理。

（二）先进地基处理技术

1. 地下加固桩

地下加固桩是通过在地基中打入或挖孔灌注预制桩体，形成一定深度的加固层。这种方法适用于大型建筑物和桥梁的地基处理，具有较高的承载能力和稳定性。

2. 土工格栅墙

土工格栅墙是一种通过在土体中插入预制的格栅板，形成墙体结构，增强土体的抗剪和抗拉性能的方法。这种方法常用于处理边坡稳定和软土地基，提高土体的整体强度。

3. 地基激励法

地基激励法包括动力加固和地基改良。动力加固通过振动或冲击的方式改良土体，提高土体的密实度和承载能力。地基改良则通过添加改良材料，如水泥、石灰等，改善土体的力学性质。

（三）不同地基处理方法的选择因素

1. 地质条件

地质条件是选择地基处理方法的关键要素之一。不同的地质条件需要采用不同的处理方法，例如在软弱地层中，可能需要采用灌浆、挖孔桩等方法。

2. 工程要求

不同工程对地基的要求不同，例如，高层建筑对地基的承载能力要求较高，而对沉降的敏感性也较大。因此，在选择地基处理方法时，需要综合考虑工程的性质和要求。

3. 经济性和可行性

地基处理方法的选择还需考虑经济性和可行性。有时候，先进技术可能会提供更好的效果，但相应的成本也较高。在实际工程中，需要在经济和技术之间找到平衡点。

（四）地基处理与环境保护

1. 环保型地基处理材料

随着环保理念的普及，越来越多的环保型地基处理材料被引入工程实践过程中。例如，采用可降解材料、再生材料等，减少对环境的不良影响。

2. 绿色地基处理技术

绿色地基处理技术强调在地基处理过程中最大限度地减少对生态环境的破坏。例如，采用生态植被覆盖、自然排水等方式，实现地基处理与自然环境的和谐共生。

（五）地基处理的施工与监测

1. 施工技术

不同地基处理方法需要采用不同的施工技术。施工过程中需要保障施工质量，合理选择设备和工艺，以达到设计要求。

2. 监测手段

地基处理后，需要进行监测以确保处理效果和工程安全。监测手段包括地基沉降观测、承载力测试、振动监测等，通过监测结果调整工程方案。

地基处理是建筑工程中至关重要的一环，对建筑物的安全性和稳定性有着直接影响。通过综合考虑地质条件、工程要求、经济性和环保因素，选择合适的地基处理方法，可以确保工程的成功实施。在未来，随着技术的不断发展，地基处理方法将更加多样化、智能化，为建筑工程提供更为可靠的基础支持。

三、地震风险与基础设计

（一）地震基本原理

1. 地震的发生原因

地震是地球内部能量释放的结果，主要由于地球内部板块运动引起。当板块之间的应力累积到一定程度时，就会产生地震。

2. 地震波的传播

地震波是地震能量在地球内部传播的波动，主要分为纵波和横波。纵波是沿地震方向传播的压缩波，而横波是垂直于地震方向传播的波动。

3. 地震的震级和烈度

地震的震级是衡量地震能量大小的指标，常用里氏震级进行表示。地震烈度则是描述地震对地表和建筑物影响的指标，采用烈度标度进行评定。

（二）地震风险评估

1. 地震危险性分析

地震危险性分析主要通过历史地震数据、地质构造、板块运动等信息，评估特定地区地震发生的概率和可能的震级。

2. 建筑物易损性分析

建筑物易损性分析考虑建筑结构、材料、设计标准等因素，评估建筑在地震中的受损程度。不同类型的建筑物对地震的响应有着明显的差异。

3. 风险评估模型

风险评估模型需要综合考虑地震危险性和建筑物易损性，通过概率统计和数学模型计算出建筑物在地震中的风险水平。这有助于确定建筑物在地震中的保险需求、安全预防措施等。

（三）地震对基础的影响

1. 地震引起的地基沉降

地震可能引起地基的沉降，尤其是在软土地区。合理设计基础结构，采取适当的地基处理方法，是减小地震引起的地基沉降的关键。

2. 地震引起的土体液化

在地震中，水饱和的土体可能产生液化现象，使土体失去抗剪强度。这对基础结构造成巨大威胁，因此在设计中需要采取防液化措施。

（四）基础设计中的地震措施

1. 地震设计规范

地震设计规范是基础设计中的基本依据，包括不同地区的地震设计参数、建筑物受力要求等。合理应用地震设计规范是确保基础结构抗震性能的关键。

2. 抗震构造形式

抗震构造形式包括框架结构、剪力墙结构、核心筒结构等。在地震设计中选择适当的抗震构造形式是提高建筑物整体抗震性能的关键。

3. 基础隔震技术

基础隔震技术通过在基础和建筑物之间引入隔震装置，减小地震作用对建筑物的传递。这种技术可以有效减小地震引起的结构位移和变形。

（四）地基处理与加固

地基处理与加固是基础设计中的重要环节。采用灌注桩、地下加固桩等技术，提高土体的承载能力和抗震性能。

（五）地震后的应急与修复

1.应急预案

建筑物在地震后可能受损，因此需要制订应急预案，保障人员安全疏散、紧急救援等工作的有序进行。

2.地震损伤评估与修复

地震损伤评估是指在地震后对建筑物进行详细检测，评估损伤程度和结构安全性，为修复提供依据。修复工作涉及结构修复、地基处理等方面。

（六）地震与可持续基础设计

1.可持续抗震设计

可持续抗震设计强调在保证建筑抗震性能的同时，最大程度地减小对环境的影响。采用环保型材料、节能设计等方式，实现建筑的可持续发展。

2.地震与社区规划

地震发生后，社区规划也需要考虑地震影响。合理规划社区建筑密度、道路通行性，以及设置紧急避难点等，是减小地震灾害影响的关键。

地震风险与基础设计是建筑工程中至关重要的一环。通过深入了解地震的基本原理，科学评估地震风险，采取合适的设计和加固措施，可以有效提高建筑物的抗震性能，保障人员的生命安全。在未来，随着科技的不断发展，地震防护技术将更加成熟，为建筑工程的可持续发展提供更为全面的保障。

四、地下水位对建筑的影响

（一）地下水位的形成与变化

1.地下水的来源

地下水主要来自降雨、融雪、河流、湖泊和地表水的渗透，以及岩石裂隙中的渗漏。它是地球水循环系统的一部分，通过渗透和流动在地下岩石层中储存和传输。

2.地下水位的变化

地下水位具有季节性和气候性的变化。在降雨量大的季节，地下水位通常会上升，而在旱季则下降。气候、地质条件、土层渗透性等因素都会影响地下水位的变化。

（二）地下水位对建筑的影响

1. 基础稳定性问题

地下水位的升降可能导致土壤的松散或密实程度发生变化，从而影响建筑物基础的稳定性。特别是在高地下水位条件下，土壤的承载力降低，容易引起地基沉降和变形。

2. 地下水对土壤的侵蚀

高地下水位可能导致土壤中溶解的矿物质被带走，导致土壤的侵蚀。这对于地基的稳定性和土壤的力学性质都会产生负面影响。

3. 地下水引起的建筑物沉降

地下水位的升降可能引起建筑物地基的沉降，特别是在长时间高地下水位的情况下，地基土壤的流失和压缩可能导致建筑物整体下沉。

4. 地下水引起的土壤液化

在地震等自然灾害的情况下，高地下水位可能导致土壤液化现象，使土壤失去抗剪强度，进而影响建筑物的抗震性能。

（三）地下水位的监测与预测

1. 地下水位监测

地下水位的监测是建筑工程中必不可少的环节。采用井位、水位计等设备进行定期监测，以了解地下水位的变化趋势，为后续建筑设计和施工提供数据支持。

2. 地下水位的数学模型预测

通过建立数学模型，考虑降雨量、渗透性、地质条件等因素，预测未来地下水位的变化。这有助于提前采取措施，减缓地下水位对建筑的不利影响。

（四）地下水位对建筑设计的启示

1. 合理选址

在选址阶段，应充分考虑地下水位的变化，选择相对较高且稳定的地段，减少地下水位对建筑的不利影响。

2. 合理基础设计

根据地下水位的高低选择合适的基础设计方案，可能采用扩大基础底面积、增加基础深度等方式，提高基础的承载力和稳定性。

3. 防水设计

在建筑物设计中，应采用防水措施，包括防水材料的选用、地下室结构的防水处理等，减少地下水对建筑的侵蚀和渗透。

4. 抗震设计考虑

在地震多发地区，地下水位的影响与地震风险有机结合。因此，在抗震设计中，需要综合考虑地下水位对土壤液化的影响，采取相应的抗震措施。

（五）地下水位对施工的影响

1. 地下水位对基坑工程的影响

在基坑开挖过程中，高地下水位可能造成基坑坍塌、水土流失等问题。因此，需要采取相应的支护和防水措施。

2. 地下水位对基础施工的挑战

在基础施工中，高地下水位可能导致施工坑底水流问题，影响混凝土浇筑和基础防水层的施工。合理的降水和排水方案是解决这一问题的关键。

（六）地下水位与可持续建筑

1. 水资源的合理利用

在建筑设计中，可以考虑地下水位的合理利用，例如设置雨水收集系统，将雨水用于植物灌溉、冲洗等，实现水资源的可持续利用。

2. 绿色建筑设计

绿色建筑设计注重与自然环境的协调，因此在考虑地下水位问题时，可以采用生态屋顶、雨水渗透等绿色建筑设计方式，减缓地下水位对生态环境的影响。

地下水位对建筑物的影响是一个综合性、复杂性的问题。建筑设计和施工中需要充分考虑地下水位的变化，采取科学合理的措施，确保建筑物在地下水位的影响下能够保持长期的安全稳定性。通过合理利用水资源，借鉴可持续建筑的理念，实现建筑与自然环境的和谐共生。在未来，随着技术的不断发展，对地下水位影响的研究将更加深入，为建筑工程提供更为全面的解决方案。

五、地质灾害与应对措施

（一）地震灾害

1. 地震的成因

地震是由于地球内部板块运动引起的地壳变形和能量释放。板块之间的摩擦积累了巨大的能量，一旦释放就会引发地震。

2. 地震对建筑的影响

地震对建筑的主要影响包括建筑物的振动、倾斜，甚至倒塌。高层建筑在地震中容易产生摇摆，因此需要采取相应的抗震措施。

3. 抗震设计与结构

抗震设计是为了减小地震对建筑物的影响。采用抗震结构形式，如设立抗震墙、剪力墙、设备隔震等，以提高建筑的抗震性能。

4. 疏散与避难设施

在地震发生时，及时疏散和寻找安全避难所是极其重要的。合理规划建筑物的疏散通道和设置避难设施，有助于减小地震带来的人员伤亡。

（二）滑坡灾害

1. 滑坡的成因

滑坡是由于坡地上的土壤受到水分浸润、重力作用、地震等多种因素影响而失稳。在陡峭的坡地上，滑坡的风险更大。

2. 滑坡对建筑的影响

滑坡可能导致建筑物基础失稳，造成房屋的倾斜和变形。此外，滑坡还可能导致土石方的推移，对建筑物造成直接损害。

3. 防滑坡工程

防滑坡工程包括对坡地进行合理的防护措施，如设置挡土墙、加固坡面、排水设施等，以减小发生滑坡的风险。

4. 合理选址和规划

在建筑选址阶段，需要充分考虑周边地形，避免选择在易发生滑坡的陡坡或潜在滑坡区域进行建设。

（三）泥石流灾害

1. 泥石流的形成

泥石流是一种由于大雨、融雪等导致的山体表层土石松动并形成流动的地质灾害。它常常伴随着强烈的水流，具有高度的破坏性。

2. 泥石流对建筑的影响

泥石流可能冲毁建筑物、道路和桥梁，导致重大经济损失。泥石流的涌入还可能导致建筑物被淹没，对人员安全构成威胁。

3. 泥石流治理与预警

泥石流治理包括植被的恢复、沟道的规划、堤坝的建设等。预警系统通过监测降雨、地下水位等数据，及时发出泥石流预警，帮助人们采取紧急措施。

4. 避免建设在泥石流易发区

在建设前，通过科学调查和评估，避免在泥石流易发区域进行建筑活动，减小泥石流对建筑的风险。

（四）地面塌陷灾害

1. 地面塌陷的成因

地面塌陷是由于地下溶洞、矿层开采、地下水的过度抽取等因素导致地下岩石层发生塌陷。这种灾害常常发生在煤矿、盐矿等地区。

2. 地面塌陷对建筑的影响

地面塌陷可能导致建筑物直接陷入塌陷区域，造成房屋的严重损坏，甚至威胁到人员的生命安全。

3. 地面塌陷防治

地面塌陷防治需要采用填充、加固、注浆等方法，对塌陷区域进行工程处理，恢复地面的稳定性。

4. 确保建筑安全距离

在潜在的地面塌陷区域，建筑物的选址和规划应遵循一定的安全距离原则，以减小地面塌陷对建筑产生的影响。

（五）应对多种地质灾害的整合措施

1. 多灾害综合规划

在建筑工程的规划和设计阶段，需要进行多灾害综合规划。考虑不同地质灾害可能同时发生的情况，采取一揽子的综合性措施。

2. 多灾害应急预案

建筑物需要制订多灾害应急预案，明确规定各类地质灾害发生时的疏散路线、避难点、紧急救援措施等，以确保人员的安全。

3. 采用多灾害防范技术

一些新型建筑材料和技术可以在设计上更好地抵御多种地质灾害。例如，抗震建筑、防滑坡建筑、抗泥石流建筑等，都是综合考虑不同地质灾害的设计。

地质灾害是建筑工程中需要高度关注和应对的重要因素。通过深入了解不同地质灾害的成因和特点，采取科学的规划、设计和施工措施，可以有效减小灾害对建筑物的影响。多灾害综合规划和应急预案是建筑工程防范地质灾害的重要手段，为建筑物的长期安全运行提供了有力的保障。在未来，随着科技的不断发展，新的防灾技术将不断涌现，为建筑工程带来更多的可能性。

第二章 给水系统设计

第一节 给水系统概述

一、给水系统组成与功能

（一）给水系统基本构成

1. 水源

水源是给水系统的基础，可以分为自然水源和人工水源。自然水源包括河流、湖泊、地下水等，而人工水源通常是通过引水工程、水库等方式得到的。

（1）自然水源

自然水源的选择需要考虑水质、水量、季节变化等因素。合理利用自然水源是给水系统可持续运行的关键。

（2）人工水源

人工水源的建设包括引水渠道、水库、蓄水池等工程，通过这些手段，可以更好地调配水资源，确保系统的稳定供水。

2. 水处理设施

水处理设施是为了保障供水水质达到卫生标准而设置的。其主要功能包括去除悬浮物、细菌、病毒、异味等有害物质。

（1）净水厂

净水厂是给水系统中的核心部分，通过物理、化学和生物处理工艺，将原水处理成达到饮用水标准的水质。

（2）水质监测设备

水质监测设备用于实时监测供水水质，一旦发现异常，及时采取措施，保障用户用水的安全。

3. 输水管道

输水管道是将处理好的水从水源或净水厂输送到用户的管道系统。其材质、直径、敷设方式等需要根据具体情况进行选择。

（1）主干管道

主干管道连接水源与分支管道，通常选择直径较大、材质较耐腐蚀的管道。

（2）分支管道

分支管道将水从主干管道输送到各个用户，需要根据用户用水量确定管道直径，保障充足供水。

（二）给水系统的功能

1. 保障居民生活用水

给水系统的首要功能是为城市居民提供清洁卫生的生活用水。这包括饮用水、洗浴水、厨房用水等。

（1）饮用水

系统需要确保供水水质符合国家卫生标准，保障市民的日常饮用水安全。

（2）生活用水

除了饮用水，系统还需满足居民日常生活的各种用水需求，如洗浴、洗涤、冲厕等。

2. 供水给工业和农业生产

给水系统不仅服务于居民生活，而且还为工业和农业提供所需的用水。

（1）工业用水

工业用水包括制造业中的生产用水，如制造、冷却、清洗等过程中所需的水资源。

（2）农业灌溉

给水系统可通过灌溉渠道为农业提供灌溉水源，促进农业生产的发展。

3. 防火供水

给水系统在城市规划中还需要考虑到防火供水的需要，确保消防设施能够随时获得足够的水源。

（1）消防水箱

系统中通常设有专门的消防水箱，确保在火灾等紧急情况下能够提供足够的灭火水源。

（2）消防栓

系统中设置消防栓，方便消防人员在需要时接入水源进行灭火。

（三）水质要求与处理

1. 水质要求

给水系统的水质要求直接关系到用户的健康与安全。水质要求包括对有害物质的限制，如重金属、细菌、病毒等。

（1）国家卫生标准

系统需要符合国家卫生标准，严格控制各类有害物质的浓度，确保供水水质的安全可靠。

（2）水质检测与监控

建立水质检测与监控系统，对水源、处理过程、输水管道等进行定期检测，及时发现问题并积极采取措施。

2. 水质处理

水质处理是确保供水水质达标的关键环节。不同的水源和用途可能需要采用不同的处理方法。

（1）滤水

通过设置过滤设备，去除水中的悬浮物、泥沙等杂质，提高水质。

（2）消毒

采用紫外线辐射、氯消毒等方式，杀灭水中的细菌、病毒等微生物，确保水质卫生。

（3）软化

对水中的硬度物质进行处理，防止管道和设备的结垢，延长设备寿命。

（四）水泵与水箱设计

1. 水泵

水泵是给水系统中的核心设备之一，其作用是将水从低处抽升到高处，确保水流畅通。

（1）泵的选型

根据输水管道的长度、高差等因素，合理选型水泵，以确保水压的稳定供水。

（2）泵的布置

合理设置泵站，确保泵的运行效率，并根据需要设置备用泵，提高系统的可靠性。

2. 水箱

水箱在给水系统中的作用主要体现在贮水和平稳供水两个方面。

（1）水箱的容积

水箱的容积需要根据用户的用水峰值来确定，以确保在用水高峰期能够稳定供水。

（2）水箱的高差

合理设置水箱的高差，有助于提高供水的稳定性，减小对水泵的压力要求。

给水系统的设计与运行需要充分考虑用户的实际需求、水质要求以及供水的稳定性。通过科学合理的设计，合理配置设备，定期检测水质，以及加强管理与维护，可以确保给水系统长期稳定、安全、可靠地为城市居民和生产提供清洁卫生的用水。未来随着科技的发展，给水系统将变得更加智能化、节能环保，为可持续发展提供更好的支持。

二、给水系统分类

（一）基于用途的分类

1.生活给水系统

生活给水系统是指为城市、乡村等居民提供日常生活用水的系统。其主要特点是需要保障供水水质符合卫生标准，同时要满足居民的饮用、洗浴、洗涤等各类生活用水需求。

（1）饮用水系统

饮用水系统是生活给水系统中的重要组成部分，其水质要求更为严格，需要通过多重处理确保水质达到卫生标准。

（2）生活用水系统

生活用水系统包括洗浴、洗涤、厨房等方面的用水，需要考虑到水质和水压的平衡，以满足不同生活用水场景的需求。

2.工业给水系统

工业给水系统是为工业生产提供用水的系统。不同于生活给水系统，工业给水系统的水质要求可能根据不同工业生产的特点有所不同，同时需要满足一定的用水量需求。

（1）制造业用水系统

制造业用水系统需要依据具体的生产过程选择适当的水质和水量，确保生产过程的稳定进行。

（2）冷却系统

在一些工业过程中，需要用水进行冷却。冷却系统的设计需要考虑到水温、水质等因素，以确保冷却效果和设备寿命。

3.农业灌溉系统

农业灌溉系统是为农田提供灌溉水源的系统。其特点是需要大量的水资源，但对水质的要求相对较低，主要考虑水量和灌溉效果。

（1）田间灌溉系统

田间灌溉系统通常包括喷灌、滴灌、渠道灌溉等方式，根据作物的需水情况进行合理选择。

（2）大型灌溉工程

在一些大规模农田或农业基地，可能会建设大型灌溉工程，包括水库、灌溉渠道等设施。

（二）基于水源的分类

1. 自来水系统

自来水系统是指通过管道将处理好的水源直接送达用户的系统。其主要特点是供水方便、水质高，适用于城市、市区等密集人口区域。

（1）自来水厂

自来水系统的核心是自来水厂，它通过水处理设备、管网系统等保障水质达标，并通过管道输送到用户。

（2）自来水管网

自来水管网是连接自来水厂和用户的纽带，其设计需要考虑到水压损失、水质保持等因素。

2. 井水系统

井水系统是指通过地下水源或人工挖井获得水源，用于居民生活、农田灌溉等用途。其特点是取水较为方便，但水质受地下水质的影响较大。

（1）地下水井

地下水井是井水系统中常见的形式，通过钻井或挖掘获取地下水资源。

（2）人工挖井

在一些农村地区，人工挖井是获取地下水的传统方式，其水质和用途有一定的局限性。

3. 河湖水系统

河湖水系统是指通过引水工程、水库等方式，利用自然水源，为城市、工业、农田提供用水。

（1）河流水源

通过引水渠道，将河流水源引入给水系统，可用于城市和工业生产。

（2）水库水源

水库可以作为临时蓄水源，通过合理设计水库引水工程，为供水系统提供源源不断的水源。

（三）基于供水方式的分类

1. 重力供水系统

重力供水系统是指通过水源自然落差，通过管道将水送达用户，无需额外的水泵设备。其优点是操作简单、能耗低，适用于平坦地区。

（1）水塔供水

水塔供水是重力供水系统的一种常见形式，通过设置水塔，利用塔的高度差来实现水的自然流动。

（2）山区供水

在山区地势较高的地方，可以通过山上的水源，通过重力输水到山下的用户，形成山区供水系统。

2. 抽水供水系统

抽水供水系统是通过水泵将水抽升到一定高度，然后通过管道输送到用户的系统。其优点是可以克服地形限制，适用于各种地形。

（1）潜水泵供水

在一些地区，通过设置潜水泵将地下水抽升到地表，再输送到用户，形成潜水泵供水系统。

（2）水泵站供水

水泵站供水系统通过设置水泵站，将水抽升到一定高度，然后通过管道输送到需要的区域。

（四）基于系统规模的分类

1. 大型供水系统

大型供水系统主要服务于大城市、特大型工业园区等大规模场所，其特点是输水管网庞大，水源通常来自多个渠道。

（1）城市大型供水系统

大城市的供水系统通常规模庞大，需要充分考虑到城市规划、用水峰值等因素。

（2）工业园区供水系统

在一些大型工业园区，可能建设有独立的供水系统，以满足工业生产的用水需求。

2. 小型供水系统

小型供水系统主要服务于小型城镇、农村等相对较小规模的场所，其特点是系统规模较小，水源相对简单。

（1）农村小型供水系统

在一些偏远地区，可能建设有小型供水系统，主要为农村居民提供基本生活用水。

（2）小型工业供水系统

一些小型工业园区或独立企业也可能建设有小型供水系统，满足其相对较小规模的用水需求。

给水系统的分类涵盖了多个维度，包括用途、水源、供水方式和系统规模等。通过深入了解不同类型的给水系统，可以更好地选择和设计适合特定场景的供水方案，以满足不同领域和地区的用水需要。未来随着科技的不断发展，给水系统将更加智能、节能、可持续，为社会的可持续发展提供更好的支持。

三、设计原则与目标

（一）设计原则

1. 安全性原则

（1）水质安全

确保供水水质符合国家卫生标准，经过充分处理，保障居民生活用水的安全性。

（2）结构安全

管道、水泵、水箱等设施的设计和施工需符合相关安全规范，保障系统在各种情况下都能保持结构完整。

（3）消防安全

为了防范火灾，设计时需要确保系统能够提供足够的消防水源，并设置合适的消防设施。

2. 可持续性原则

（1）资源可持续利用

设计时应充分考虑水资源的可持续性利用，合理配置水源，防止过度开发导致水资源枯竭。

（2）节能与环保

采用先进的技术，减少能耗，减少对环境的负荷，提高系统的能源利用效率。

（3）社会经济可持续

设计要考虑社会和经济的可持续性，确保系统的建设和运行不会对社会产生负面影响。

3. 经济性原则

（1）投资回收

设计时需要合理评估投资回收周期，确保系统的建设投资在合理时间内能够得到回收。

（2）运行成本

考虑到系统的长期运行，设计时需降低运行成本，提高系统的经济效益。

（3）技术经济性

优先选择先进、成熟的技术，避免使用过时或不成熟的技术，确保系统的技术经济性。

4. 灵活性原则

（1）可扩展性

系统设计时需要考虑未来的发展需求，具备一定的可扩展性，以便未来能够方便地进行升级和扩建。

（2）适应性

考虑到城市发展和用水需求的变化，设计时需要灵活应对不同场景和需求，确保系统的适应性。

（3）维护性

系统设计应注重维护性，设施的布局和构造应方便维护人员进行检修和维护，确保系统能够稳定运行。

（二）设计目标

1. 水质目标

（1）饮用水标准

确保供水水质符合国家卫生标准，为居民提供清洁卫生的饮用水。

（2）生活水标准

保障生活用水的水质，使其符合洗浴、洗涤、冲厕等生活需求。

（3）工业水标准

为工业生产提供符合工业用水标准的水源，满足不同生产过程的要求。

2. 安全目标

（1）结构安全

确保给水系统的各个设施在使用过程中不发生结构性的安全问题，保障居民和设备的安全。

（2）消防安全

确保系统能够为火灾应急提供足够的消防水源，提高火灾应对能力。

3. 可持续性目标

（1）水资源可持续利用

通过科学的水资源管理，确保水资源的可持续利用，防止过度开发导致水源枯竭。

（2）能源效益目标

设计和运行时注重节能减排，提高系统的能源效益，减少对环境的负面影响。

（3）社会经济可持续

确保系统的建设和运行不仅能够满足当前的需求，而且还要考虑到对社会经济的长期贡献。

4. 经济目标

（1）投资回收周期

设定合理的投资回收周期，确保系统的建设投资在合理时间内能够得到回收。

（2）运行成本

降低系统的运行成本，提高系统的经济效益，确保系统的长期可持续发展。

（3）技术经济性

选择和采用经济合理的技术方案，确保系统的技术经济性。

5. 灵活性目标

（1）可扩展性目标

确保系统具备一定的可扩展性，能够更加方便地进行升级和扩建，适应未来的发展需求。

（2）适应性目标

灵活应对城市发展和用水需求的变化，确保系统在不同场景和需求下都能够有效运行。

（3）维护性目标

注重系统的维护性，设施的布局和构造应方便维护人员进行检修和维护，确保系统的稳定运行。

设计给水系统是一个复杂而细致的过程，需要考虑到多个因素的相互关系。遵循上述设计原则和目标，可以更好地保障系统的安全、可持续、经济和灵活运行。通过科学的设计，给水系统将更好地为社会提供清洁、安全、可靠的用水服务，为城市和社会的可持续发展提供坚实支持。

四、系统可靠性与稳定性

（一）可靠性的关键因素

1. 设备的质量与选择

系统可靠性的首要因素之一是设备的质量。选用质量可靠的水泵、管道、阀门等设备是系统运行可靠性的基础。同时，合理的设备选型，根据实际需求选择适当的设备型号和规格，是确保系统可靠性的关键步骤。

2. 结构和布局的优化

系统结构的设计需要考虑到避免单点故障，确保系统在某一部分发生故障时能够通过其他部分提供备用服务。布局的合理性也至关重要，要考虑地形、水源位置等因素，降低系统的风险。

3. 维护与检修策略

定期维护是确保系统设备长期稳定运行的关键。通过定期维护，能够及时发现并处理潜在问题，延长设备的使用寿命。此外，制订合理的检修计划，确保系统在检修期间有备用设备或备用通道，以减少对用户的影响。

4. 水质与水源的保障

水源的可靠性直接关系到系统的可靠性。水源的选择应具备可靠性，防止水源受到污染或其他影响而无法正常供水。建立水质监测系统，及时了解水质状况，防范水质问题对系统产生的不利影响。

（二）稳定性的保障

1. 压力稳定性的优化

为保持系统的压力稳定，可采用可调速水泵，根据用水需求调整水泵的运行速度，以平稳供水。合理设置水箱，通过水箱的调节，避免因瞬时用水大而导致的压力波动。

2. 流量稳定性的优化

设计时需要合理考虑管道直径，避免管道阻力过大，导致流量波动。同时，设置流量控制设备，确保在不同用水场景下，系统能够自动调整流量，保持稳定供水。

3. 水质稳定性的优化

采用高效的水质处理设备，确保水质在变化的外部环境下能够稳定达标。定期对供水进行水质监测，及时发现水质问题并采取措施，确保水质的稳定。

（三）应急响应与故障恢复

1. 应急预案的建立

制订水源切换计划，确保在某一水源受到污染或故障时，能够迅速切换到备用水源。建立紧急抢修团队，对系统故障进行快速响应和修复，最大程度减少故障对用户的影响。

2. 备用设施的设置

设置备用水泵，确保在主水泵发生故障时，能够迅速切换到备用水泵，保障系统的连续供水。设计备用管道，确保在某一管道发生泄漏或故障时，能够迅速切换到备用管道，保障系统的正常运行。

在建设和运行给水系统时，可靠性与稳定性是设计者和运维人员需要高度关注的重要指标。通过考虑设备质量、系统结构与布局、维护与检修、水质与水源等多个方面的因素，以及采取相应的优化措施，可以有效提高系统的可靠性和稳定性。在不可避免的故障发生时，应急响应与故障恢复的计划和备用设施也能够最大程度减少对用户的影响。系统的可靠供水不仅关系到居民的日常生活，而且也对城市的正常运行和紧急状况下的灾害防范具有重要意义。

五、新技术在给水系统中的应用

（一）智能监测与控制系统

1. 传感器技术的应用

智能监测与控制系统通过传感器技术实时监测水质、水压、流量等参数，提高系统的实时性和准确性。传感器可以分布在管网的关键位置，通过物联网技术实现对整个系统的远程监控。

2. 大数据与云计算

通过大数据分析，系统可以更准确地预测用水需求、检测潜在故障，并进行智能调度。云计算技术能够实现数据的集中存储和实时共享，增强决策的及时性和准确性。

3. 智能化调度系统

结合人工智能技术，建立智能化调度系统，能够根据实时数据进行优化调度，实现对水泵、阀门等设备的智能控制，提高系统的运行效率。

（二）先进材料与设备

1. 新型管道材料

采用耐腐蚀、抗老化、耐压力损失小的新型管道材料，如聚乙烯、玻璃钢等，提高管道的使用寿命和抗压能力。

2. 智能水泵技术

引入智能水泵技术，结合实时用水需求调整水泵的运行状态，实现能效优化，减少能源消耗。

3. 先进阀门与控制设备

采用先进的阀门与控制设备，实现对管网的远程精准控制，提高系统的稳定性和灵活性。

（三）水质处理与净化技术

1. 光催化技术

利用光催化技术进行水质处理，能够高效分解有机物质，提高水质的净化效果。

2. 超滤膜技术

采用超滤膜技术进行水处理，能够高效过滤微小颗粒和有机物，提高供水的纯净度。

3. 生物降解技术

引入生物降解技术，通过微生物降解水中的有机废物，减少对水质的污染，提高水源可持续利用性。

（四）绿色能源与节能技术

1. 太阳能供能系统

引入太阳能供能系统，通过光伏板转化太阳能为电能，为给水系统提供清洁能源，降低能源消耗。

2. 节能水泵技术

采用节能水泵技术，通过电机效率提高、变频调速等方式，实现对水泵的能耗降低，提高系统的能效。

3. 废水热回收技术

通过废水热回收技术，将废水中的热能进行回收利用，为系统提供额外的能源，提高系统的能源利用效率。

（五）安全防护与应急响应系统

1.水质在线监测系统

建立水质在线监测系统，通过实时监测水质变化，及时发现异常，实现对水质的全程监控。

2.安全防护系统

引入智能安全防护系统，通过视频监控、入侵检测等技术途径，保障水源、水泵站等关键设施的安全。

3.应急响应系统

建立完善的应急响应系统，通过短信、电话、网络等多种手段，及时通知相关人员，并启动应急预案，最大限度减少故障对系统的影响。

（六）社会参与与信息共享

1.公众参与系统

通过建立公众参与系统，让居民参与水质监测、用水行为管理等，形成共治机制，提高社会对给水系统的满意度。

2.信息共享平台

搭建信息共享平台，实现各部门间数据的共享，提高城市水务管理的整体水平，促进城市可持续发展。

（七）可持续性评估与认证

1.生命周期评估

引入生命周期评估方法，综合考虑建设、运行、维护、报废等全过程的环境影响，为系统的可持续发展提供科学依据。

2.绿色建筑认证

将给水系统纳入绿色建筑认证体系，鼓励采用可再生能源、节水技术等绿色途径，推动建筑行业向绿色可持续方向发展。

新技术在给水系统中的应用，不仅提高了系统的智能化、效率化，而且更重要的是推动了系统的可持续发展。通过智能监测与控制系统、先进材料与设备、水质处理与净化技术、绿色能源与节能技术、安全防护与应急响应系统、社会参与与信息共享、可持续性评估与认证等多个方面的综合运用，给水系统不断优化提升，更好地适应了社会发展的需求，为城市的可持续发展和水资源的有效利用提供了坚实支持。

第二节　市政水源接入

一、市政供水管网结构

（一）市政供水管网的基本构成

1. 主干管道

主干管道是市政供水管网的骨架，负责连接水源和各个分区。这些主干管道通常埋设在城市地下，通过合理的布局，保证了水源的高效输送和分配。

2. 支线管道

支线管道连接主干管道和居民区，将水源输送到各个小区和建筑物。支线管道的设计要考虑到用水需求的不断变化，以保障各个区域的正常用水。

3. 配水管道

配水管道负责将水从支线输送到具体的建筑物，如住宅、商业区等。这些管道要根据建筑物的用水需求进行合理的设计和布局，以保证水能够有效、稳定地送达每个用户。

（二）市政供水管网的特点

1. 多层次网络

市政供水管网通常采用多层次的网络结构，包括主干、支线、配水等多个层次，以适应城市各个层面的用水需求。

2. 多样化的用水需求

城市内不同区域和建筑物的用水需求差异较大，有住宅区、商业区、工业区等。因此，市政供水管网的设计要考虑到这种多样化，以满足不同区域的用水需求。

3. 抗灾性和可维护性

市政供水管网需要具备一定的抗灾性，能够在地震、洪水等突发事件中保持运行。同时，为了降低运维成本，管网的设计应考虑到易维护性，确保在需要修复或更换部分管道时能够迅速进行。

（三）市政供水管网的设计原则

1. 可持续性

市政供水管网的设计应追求可持续性，考虑到未来城市发展的需要，避免过度开发水资源，保护水源地，并采用环保、高效的技术和材料。

2. 弹性设计

由于城市用水需求的动态性，市政供水管网的设计应具有一定的弹性，能够灵活应对不同时间段和突发状况下的用水变化。

3. 安全性

市政供水管网是关系到居民生活安全的基础设施，因此设计上要考虑到水质安全、管道稳定性等因素，保障居民用水的健康和安全。

（四）未来市政供水管网的发展趋势

1. 智能化与信息化

未来市政供水管网将更加智能化，通过传感器、大数据、人工智能等技术实现对管网的智能监测、预测和优化控制，以提高系统的运行效率。

2. 绿色环保

未来的市政供水管网将更加注重环保，采用绿色材料、节能技术，实现对水资源的可持续利用和对环境的友好。

3. 全球化合作

面对日益增长的城市化需求，未来的市政供水管网可能通过全球化合作，借鉴其他国家的先进技术和管理经验，以更好地适应城市的发展需求。

市政供水管网的结构设计不仅关系到城市居民的日常用水，而且更关系到城市的健康发展。在管网的规划和建设中，我们需要综合考虑多层次网络、多样化的用水需求、抗灾性和可维护性等因素，遵循可持续发展的原则，注重智能化、环保和全球合作，以确保城市供水系统的安全、高效、可持续运行。

二、水源水质监测与处理

（一）水源水质监测技术

1. 传统监测手段

传统的水质监测手段主要包括采样分析法，即通过定期采集水样，在实验室进行化学分析。这种方法准确可靠，但周期较长，不能实现对水质的实时监测。

2. 在线监测技术

随着科技的不断发展，出现了一系列在线水质监测技术。传感器技术、光谱分析技术等被广泛应用，能够实现对水质参数的实时监测，如 pH 值、浊度、溶解氧等。

3. 大数据与人工智能在水质监测中的应用

大数据技术可以对海量的水质监测数据进行存储、分析，发现数据之间的潜在关系。结合人工智能，能够预测水质的变化趋势，提前发现潜在的水质问题。

（二）水源水质处理技术

1. 常规水处理工艺

（1）净水工艺

通过絮凝、沉淀、过滤等步骤，去除水中的悬浮物、泥沙等，提高水质的透明度和清洁度。

（2）氧化还原工艺

通过化学反应，去除水中的有机物、重金属离子等，提高水的氧化还原电位，减少对人体的危害。

（三）先进水处理技术

（1）膜分离技术

包括超滤、纳滤、反渗透等膜分离技术，能够高效去除水中的微生物、胶体、溶解盐等，提高水质的纯净度。

（2）光催化技术

利用光催化剂，在紫外光的作用下，对水中的有机物进行氧化降解，增强水质的净化效果。

3. 新兴水质处理技术

（1）生物降解技术

通过引入适当的微生物，使其降解水中的有机废物，实现对水质的自净作用。

（2）高级氧化技术

采用臭氧、过氧化氢等高级氧化剂，对水中的有机物进行高效氧化降解，提高水质的净化效果。

（三）水源水质监测与处理的环境保护

1. 生态恢复

在水源附近进行湿地恢复、植被恢复等工作，保持水域生态平衡，减少外部污染物的输入。

2. 水源保护区划定

划定水源保护区,加强对该区域的环境管理和监测,防止污染源扩散到水源区。

3. 公众参与与宣传教育

倡导居民保护水源环境的意识,通过宣传教育,引导大众减少对水源的污染,促进整个社会形成共同保护水源环境的共识。

(三)水源水质监测与处理的管理与法规

1. 健全的监管体系

建立完善的水源水质监测体系,明确监测指标、频次,实现对水源水质的全面监控。

2. 水质标准与法规

建立健全的水质标准和法规体系,规范水质监测与处理的各个环节,保障水质符合国家和地方的相关标准。

3. 突发事件的应急预案

制订水源水质突发事件的应急预案,提前预防和准备应对水质问题,降低对供水系统的不利影响。

水源水质监测与处理是城市供水系统中至关重要的环节,涉及到先进技术、环境保护、法规管理等多个方面。通过引入先进的监测技术、水质处理工艺,加强环境保护和公众参与,合理制定法规和应急预案,可以有效保障水源水质的安全、稳定和可持续。在未来,随着科技的不断进步,水源水质监测与处理将迎来更多创新和发展,为城市居民提供更加安全可靠的用水环境。

三、管网水压管理

(一)水压管理的重要性

1. 保障居民用水需求

合理的水压能够保障城市居民正常的用水需求,确保水能够稳定、流畅地供应到每个用户家庭。

2. 提高供水系统的运行效率

通过合理的水压管理,可以减少供水系统的能耗,提高供水设备的工作效率,降低运行成本。

3. 防止管网漏损

适当的水压管理有助于减少管网的渗漏和爆管风险,延长管道寿命,提高供水系统的可靠性和稳定性。

（二）先进的水压管理技术

1. 智能化调控系统

引入智能化调控系统，通过大数据分析、人工智能算法，实现对供水系统的智能监测和实时调整，提高水压的稳定性。

2. 可调节水泵技术

采用可调节水泵技术，结合实时用水需求，调整水泵的运行状态，实现能效优化，降低能耗。

3. 压力传感器应用

广泛应用压力传感器，实时监测管道各处的水压情况，通过自动化控制系统对水泵、阀门等设备进行精细调控，保持水压的平稳。

（三）水压管理与节水的关系

1. 合理水压与节水

适度的水压能够满足用户的用水需求，但过高的水压容易导致浪费。合理的水压管理有助于降低用水浪费，实现节水效果。

2. 智能水表与用水管理

智能水表能够实时监测用户的用水量，通过水压管理系统实现对用水的精细调控，鼓励居民形成良好的用水习惯，进一步促进节水。

（四）未来发展趋势

1. 智能化水压管理

未来水压管理将更加智能化，通过物联网、大数据和人工智能技术的融合，实现对供水系统的精细化管理。

2. 新材料在管网建设中的应用

引入新材料，提高管道的耐压性和抗腐蚀性，降低管道维护成本，提高供水系统的稳定性。

3. 绿色供水系统的建设

推动绿色供水系统的建设，通过雨水收集、再生水利用等方式，减轻对传统水源的依赖，实现水资源的可持续利用。

管网水压管理是城市供水系统中至关重要的一环。通过合理的水压管理，不仅可以保障居民的正常用水需求，还有助于提高供水系统的运行效率，延长设备寿命，降低运营成本。未来，随着智能技术的不断发展和绿色理念的深入人心，水压管理将朝着更加智能、节能、环保的方向不断演进，为城市供水系统的可持续发展提供更多可能性。

四、消防水源布局

（一）消防水源的重要性

1. 保障火灾扑救需求

消防水源是消防队伍进行灭火救援的基础，直接关系到火灾扑救的效果和速度。

2. 保障城市安全

合理的消防水源布局能够在火灾发生时，迅速提供足够的水量，最大程度地减小火灾对城市安全的威胁。

3. 减轻消防队伍压力

合理的水源布局能够有效减轻消防队伍的压力，提高灭火效率，最大程度地减少火灾对人员和财产的损失。

（二）消防水源布局原则

1. 全面覆盖原则

消防水源的布局应全面覆盖城市各个区域，确保在任何地点、任何时刻都能够迅速获得足够的灭火水源。

2. 分级布局原则

不同区域的火灾风险和建筑高度不同，应根据实际情况进行分级布局，确保高风险区域和高层建筑的消防水源更为密集。

3. 多元化水源原则

消防水源不仅包括地面水源，还应充分利用地下水源、水库、河流等多元化水源，提高供水的可靠性。

（三）消防水源布局与城市规划的协调

1. 与城市规划的整合

消防水源的布局应与城市规划相协调，与道路、建筑布局相结合，确保在城市发展过程中仍然能够保持足够的消防水源。

2. 智慧城市建设

结合智慧城市建设，通过物联网、大数据等技术途径，实现对消防水源的实时监测、分析和管理。

（四）未来发展趋势

1. 智能监测技术的广泛应用

未来将更广泛地应用智能监测技术，实现对消防水源状态的实时监测、远程控制，提高反应速度和管理效率。

2. 可再生能源的应用

结合可再生能源，如太阳能、风能等，提高水泵和水源设备的能效，降低能源消耗。

3. 多元化水源的发展

未来将更多地发展多元化水源，包括雨水收集、地下水源等，提高供水系统的稳定性和可靠性。

消防水源布局是城市安全规划的关键组成部分。通过合理的布局原则和不同类型水源的选择与设计，能够有效保障城市在火灾发生时的应急能力。未来，随着智能技术和可再生能源的不断发展，消防水源布局将朝着更加智能、高效、可持续的方向不断发展，为城市的安全发展提供更全面的保障。

五、应对水源紧缺的解决方案

（一）水资源管理与节约利用

1. 水资源管理的重要性

水资源管理是应对水源紧缺的首要任务之一。通过科学合理的水资源规划，确保水资源的有效配置和充分利用，可以降低浪费，提高利用效率。

2. 水资源的多元化利用

多元化的水资源利用方式包括雨水收集、污水再生利用、海水淡化等技术，通过这些手段将废水转化为可用水源，有效缓解水源短缺问题。

（二）高效的供水系统设计与管理

1. 现代供水系统的建设

通过引入智能供水系统，结合先进的监测技术，实现对供水系统的实时监测和精准调控，提高供水的效率，减少浪费。

2. 管道网络的更新与优化

对老旧的供水管道进行更新与优化，采用新型材料，减小管道漏水率，提高输水效率，确保水源能够更加有效地到达用户手中。

（三）雨水收集与再利用

1. 雨水收集系统的建设

在城市规划中引入雨水收集系统，通过屋顶排水系统将雨水收集起来，用于植被灌溉、冲厕等非饮用用途，减轻对自来水的需求。

2. 社区层面的雨水利用

鼓励社区居民建立小型雨水收集系统，通过简单的处理设备将雨水用于家庭生活，减轻对公共供水系统的压力。

（四）提倡绿色建筑与低水消耗设备

1. 绿色建筑的推广

通过推动绿色建筑设计，采用节水型设备，最大限度地降低建筑对水资源的需求。

2. 低水消耗设备的普及

引导市场推广低水消耗的家用电器和设备，如低水位洗衣机、节水型淋浴器等，降低家庭用水的总体需求。

（五）提升社会参与与水资源意识

1. 水资源意识的培养

通过开展水资源教育和宣传活动，提升公众对水资源的认知，激发大众的水资源保护意识，从而减少浪费。

2. 社会力量的参与

鼓励社会组织、企业和个人参与水资源管理与保护，通过研究项目、技术创新等方式，为解决水源紧缺问题提供多方面的支持。

（六）科技创新与智能化应用

1. 智能化水资源管理

引入大数据、人工智能等技术，建立智能水资源管理系统，实现对水资源的实时监测、分析和调度，提高水资源的利用效率。

2. 先进的水资源调配技术

研究并推广先进的水资源调配技术，包括远程调度、水资源交易平台等，实现水资源的跨区域、跨行业调配，实现资源的最优配置。

（七）未来发展趋势

1.水资源管理的数字化与智能化

未来水资源管理将趋向数字化与智能化，通过先进的技术手段实现对水资源的精细管理，提高资源的利用效率。

2.多元化水资源利用

未来将更加注重多元化水资源的利用，包括海水淡化、地下水开发等手段，提高水资源的多样性。

3.国际合作的深化

随着全球气候变化的加剧，国际合作将更加密切，共同应对全球水资源紧缺问题，实现可持续水资源利用。

第三节　建筑内部供水布局

一、冷热水系统设计

（一）冷热水系统的设计原则

1.舒适性与效率的平衡

冷热水系统设计应该在保障用户舒适的基础上，追求能源的高效利用。通过科学合理的温度调节，既满足人们的生活需求，又能够最大程度地降低能源浪费。

2.安全可靠性

冷热水系统设计必须确保系统的安全运行。这涉及到合适的防护装置，以及对于高温、高压等危险因素的科学处理，以防止潜在的安全隐患。

3.环保与可持续性

在冷热水系统设计中，要考虑使用环保材料和设备，采用可再生能源，最小化对环境的影响。提倡水资源的节约和再利用，实现冷热水系统的可持续发展。

（二）冷热水系统的能效优化

1.设备能效的提升

通过采用高效的设备，如能效优越的水泵、换热器等，提高冷热水系统的整体能效。

2. 智能控制系统的应用

引入智能控制系统，通过实时监测和调控，实现对冷热水系统的精准控制，最大限度地提高能源利用效率。

3. 节能材料的使用

选择绝缘性能优越的材料，减小能量的散失，提高管道和设备的绝热性能。

（三）冷热水系统设计中的新技术应用

1. 碳中和技术

引入碳中和技术，通过捕获和储存二氧化碳，缓解温室气体排放，推动冷热水系统向低碳化方向发展。

2. 微型能源系统

采用微型能源系统，如微型燃料电池、微型热泵等，为冷热水系统提供更加灵活和高效的能源供应。

3. 供热网络优化技术

通过先进的供热网络优化技术，实现对供热管网的实时监测和调整，提高供热系统的运行效率。

（四）冷热水系统设计的未来发展趋势

1. 智能化与数字化

未来冷热水系统设计将更加智能化与数字化，通过物联网、大数据等技术，实现对系统的智能监测和管理。

2. 可再生能源的广泛应用

未来冷热水系统设计将更多地采用可再生能源，如太阳能、地源热泵等，以推动系统向清洁能源转型。

3. 微能源网的建设

未来冷热水系统将更加重视微能源网的建设，实现能源的分布式供给，提高系统的抗灾能力和可靠性。

二、供水管道布局原则

（一）供水管道布局的基本原则

1. 管道路径的优化

在供水管道的布局中，需要优化管道路径，确保路径的最短、最直接，减小水流的阻力，提高供水效率。避免过多的转弯和上下坡，降低管道系统的压力损失。

2. 区域划分与分区布局

根据建筑的功能和用水需求，将建筑划分为不同的供水区域，分别布置独立的供水系统。这样可以更精细地控制各个区域的用水，提高系统的灵活性和效率。

3. 安全与易维护性考虑

在供水管道的布局中，安全性和易维护性是至关重要的考虑因素。管道应避免穿越易燃区域，同时需要确保在必要时易于维修和更换。

（二）管道直径与流速的匹配

1. 各类用水设备的需水量考虑

不同用水设备对水流量的需求是不同的，供水管道的直径应根据各类用水设备的需水量合理匹配，以确保每个用水点都能获得足够的水流。

2. 流速的控制

在供水管道的设计中，流速的控制是至关重要的。过高的流速会导致水流中的悬浮颗粒无法沉淀，影响水质；过低的流速则容易导致管道内积水、杂质沉淀，增加维护难度。因此，应根据管道直径和用水需求，合理控制流速。

（三）管道材质与耐腐蚀性能

1. 材质选择原则

供水管道的材质直接关系到系统的使用寿命和水质安全。常见的供水管道材质包括金属、塑料、复合材料等。在选择材质时，需考虑其耐腐蚀性、抗压性、耐热性等因素。

2. 防腐层与内衬

对于金属管道，防腐层的选择十分重要。在设计中，需考虑介质的腐蚀性，选择合适的防腐层材料。同时，对于一些特殊介质，可在内部涂覆防腐内衬，进一步提高耐腐蚀性能。

（四）管道保温与防冻设计

1. 保温层的选择

在寒冷地区或户外供水管道中，需要考虑供水管道的保温设计。合理选择保温材料和厚度，确保在冬季水源不会因为低温而结冰。

2. 防冻措施

对于暴露在户外的供水管道，应考虑采取防冻措施，例如埋设在地下，使用加热电缆等手段，防止冰冻导致管道破裂。

（五）智能监测与控制系统

1. 传感器的应用

在供水管道系统中，可以设置温度、压力、流量等传感器，实时监测系统运行状态。一旦发现异常，及时报警，提高系统的安全性。

2. 远程控制与调度

采用智能监测系统，可实现对供水系统的远程控制和调度。通过云平台，工程师可以随时随地监测系统运行状况，并进行及时调整，提高系统的响应速度和效率。

（六）绿色供水系统的创新

1. 雨水收集与利用

在供水系统中引入雨水收集设施，将雨水纳入供水系统，用于冲洗、灌溉等非饮用水场景，缓解对自来水的依赖。

2. 循环供水系统

通过设计循环供水系统，将用水后的水进行处理后再次利用，实现水资源的可持续利用，减少对自然水源的压力。

供水管道布局是建筑工程中不可忽视的一项重要工作。合理科学的供水管道布局不仅能够满足建筑内各个区域的用水需求，还能够提高系统的运行效率、降低维护成本、保障水质安全。在未来，随着科技的不断进步，供水系统的设计将更加智能化、绿色化，更好地适应社会的可持续发展需求。设计者需要紧跟时代的步伐，不断学习新知识，应用新技术，为建筑行业的可持续发展做出更大的贡献。

三、水龙头与淋浴设备选型

（一）水龙头选型原则

1. 节水性能

在水龙头的选型中，首要考虑的是其节水性能。选择具有高效节水技术的水龙头，能够降低用户的用水成本，同时符合可持续发展的理念。

2. 耐用性与质量

水龙头是常用设备，因此其耐用性和质量至关重要。选用材质坚固、制造工艺优良的水龙头，能够减少维修频率，提高设备寿命。

3. 温控与节能功能

现代水龙头多具备温控和节能功能。通过智能控制系统，用户可以方便地调节水温，减少冷热水混合导致的能耗，提高系统的整体效能。

（二）水龙头类型与特点

1. 单孔水龙头

单孔水龙头结构简单，适用于小型水槽，操作方便。在选型时需重视其水流柔和度和温度调节的灵活性。

2. 双柄水龙头

双柄水龙头具有冷热水分开控制的特点，操作相对精准。在选择时需关注手柄材质、阀芯类型等因素，确保质量可靠。

3. 感应式水龙头

感应式水龙头通过红外线或声波感应用户的手势，实现自动开关水流。这种类型的水龙头在公共场所广泛使用，能够有效降低交叉感染的风险。

4. 嵌入式水龙头

嵌入式水龙头设计简洁，可以与洗手台完美融合，适用于对空间设计有要求的场景。在选型时需考虑与洗手台的搭配性和安装难度。

（三）淋浴设备选型原则

1. 水流量与出水方式

淋浴设备的水流量直接关系到用户在淋浴过程中的舒适度。合理选择水流量，同时考虑出水方式的多样性，以满足用户个性化需求。

2. 节能技术

淋浴设备中的节能技术包括恒温功能、自动关停等。选择具备这些功能的淋浴设备，能够降低热水能耗，达到节能效果。

3. 喷头设计与按摩功能

淋浴设备的喷头设计直接关系到水流的舒适性。一些设备还配备按摩功能，提供更为舒适的淋浴体验，适用于高端住宅或酒店等场所。

（四）淋浴设备类型与特点

1. 固定淋浴头

固定淋浴头安装简单，造型多样，适用于普通家庭。在选型时需考虑其出水效果和耐用性。

2. 手持淋浴喷头

手持淋浴喷头使用方便，适用于需要移动淋浴位置的场景。选择时需注意手持喷头的材质和手感。

3. 淋浴房与淋浴柱

淋浴房和淋浴柱为整体淋浴系统，包括底盆、墙面、顶棚等。在高端住宅或酒店等场所，这类设备更为普遍，其选型需综合考虑整体风格和用户需求。

（五）未来发展趋势

1. 智能化与智能控制

未来水龙头与淋浴设备将更加智能化，通过手机 App、语音助手等智能控制技术，实现远程控制、定时开关等功能。

2. 水资源循环利用

为了能够更好地适应可持续发展的理念，未来淋浴设备将更加注重水资源的循环利用，例如通过回收淋浴废水进行净化再利用。

3. 节能与绿色材料

新型水龙头与淋浴设备将采用更为节能的技术，例如热能回收、自动关停等。同时，在材料选择上更加注重环保，减少对环境的影响。

水龙头与淋浴设备的选型直接关系到用户的用水体验和系统的能耗效率。在设计中，需要根据具体场景和用户需求，综合考虑节水性能、耐用性、智能化程度等因素。未来，随着科技的不断发展和社会对可持续发展的需求，水龙头与淋浴设备将朝着更加智能、绿色、节能的方向不断创新。设计者需要紧密关注行业动态，紧跟技术潮流，为建筑环境的可持续发展贡献自己的智慧和力量。

四、智能水表与用水监控

（一）智能水表的原理与特点

1. 原理介绍

智能水表采用先进的传感技术，通过感知水流的数据变化，实时记录、传输水表读数。同时，智能水表通常配备有数据通信模块，能够将用水数据传输到云端平台，实现远程监测和管理。

2. 技术特点

（1）远程抄表：智能水表具备远程抄表功能，通过云平台可以实现随时随地的用水数据监测，避免了传统人工抄表的不便。

（2）实时监测：智能水表能够实时监测用水量、流速等数据，提供更加详细、准确的用水信息。

（3）自动报警：当发生异常情况，如水表漏水、超标用水等，智能水表能够通过报警系统及时提醒建筑管理者，减少损失。

（4）远程控制：部分智能水表还支持远程控制功能，可以通过云平台实现远程关阀，提高用水管控的灵活性。

（二）用水监控系统的设计与应用

1.系统组成

用水监控系统通常包括智能水表、传感器、数据采集设备、云平台等组成。传感器负责采集用水数据，智能水表实时上传数据，数据采集设备负责整合数据，云平台则用于存储、分析和展示数据。

2.应用场景

建筑用水管理：用水监控系统可应用于大型商业建筑、住宅小区等，实现对建筑用水情况的全面监控与管理。

（1）公共设施用水：在公共场所，如学校、医院、体育场馆等，用水监控系统可以协助管理者更好地了解和掌控用水情况，确保合理用水。

（2）工业用水监测：在工业领域，用水监控系统可帮助企业对用水量、用水质量等进行精准监测，实现对用水成本的合理控制。

（三）未来发展趋势

1.物联网技术应用

未来智能水表与用水监控系统将更加深度融入物联网技术，实现设备之间的互联互通，提高系统的整体智能性。

2.大数据分析

随着大数据技术的不断发展，用水监控系统将更多地应用大数据分析，通过深度学习算法对用水数据进行挖掘，提供更精准的用水管理建议。

3.智能预测与调控

未来智能水表有望通过学习用户的用水习惯，实现用水需求的智能预测，并通过调控系统实现智能供水，提高供水系统的响应速度。

4.生态环保导向

未来的发展趋势中，智能水表与用水监控系统将更加关注生态环保，推动水资源的可持续利用，减少浪费。

（四）智能水表与用水监控的优势

1. 节水与降低成本

智能水表通过实时监测用水情况，帮助用户更加科学地使用水资源，从而实现节水的目的，同时也降低了用水成本。

2. 提高用水效率

通过数据分析和智能调控，用水监控系统可以帮助建筑管理者更加高效地利用水资源，提高用水效率，降低浪费。

3. 及时报警与管理方便

智能水表具备自动报警功能，一旦出现异常情况，能够及时提醒管理者采取措施，确保用水系统的正常运行。

4. 精细化管理

通过用水监控系统，可以实现对不同区域、不同用户的用水情况进行精细化管理，为用水决策提供更准确的依据。

智能水表与用水监控系统的应用为建筑给排水系统的设计带来了全新的思路与可能性。通过实时监测、远程控制等功能，可以更加精细、科学地管理建筑的用水系统，实现节水、高效用水的目标。未来，随着物联网、大数据等技术的不断发展，智能水表与用水监控系统将不断创新，为建筑环境的可持续发展贡献更多的力量。

五、水质安全保障措施

（一）水源保护

1. 生态环境保护

为确保水源的安全，需要进行周边生态环境的综合保护。保留并恢复水源周围的自然植被，防止污染源的扩散，减少人为活动对水源的影响。

2. 污染源排查与控制

建立健全的水源污染源监测系统，定期进行巡查和排查，确保周边区域没有潜在的污染源。对发现的污染源要采取及时有效的控制措施，以防止出现污染扩散。

（二）水质监测与处理

1. 定期水质监测

建筑给排水系统应建立定期的水质监测体系，对水源、进水口、出水口等关键点进行定期监测。监测内容应包括常规理化指标、微生物指标、有机物和无机物等，确保水质符合卫生标准。

2. 水质处理设施

在建筑给排水系统中设置适当的水质处理设施，根据监测结果采取合理的处理措施。常见的处理方法包括过滤、消毒、除臭等，确保出水符合卫生标准。

（三）紧急事件响应

1. 紧急预案制订

建筑给排水系统应制订完善的紧急事件响应预案，明确各类紧急事件的处理流程和责任人。预案内容应包括水质异常、水源受到污染、设备故障等各种可能的紧急情况。

2. 应急设备备齐

在建筑给排水系统中设置应急设备，包括备用水源、应急处理设备等。确保在紧急情况下能够迅速切换到备用系统，降低事故对正常生活的影响。

（四）水质安全培训与宣传

1. 人员培训

建筑管理人员、维护人员等相关工作人员应接受水质安全培训，了解水质安全的重要性，熟悉紧急处理程序，提高应对突发事件的能力。

2. 居民宣传

通过多种途径向居民宣传水质安全知识，提高居民对用水安全的关注和自我保护意识。可以通过宣传册、社区活动、网络媒体等方式进行广泛宣传。

（五）社会参与与监督

1. 建立水质监督机制

建筑给排水系统应建立水质监督机制，引入第三方监测机构进行水质抽检，确保监测结果的客观性和公正性。

2. 公众参与

鼓励社会公众参与水质安全的监督工作，设立投诉举报渠道，加强社区与建筑管理方的沟通，形成多方共同监督的机制。

（六）技术创新与科技手段应用

1. 智能监测技术

引入智能监测技术，通过传感器、远程监控等途径，实现对水质的实时监测，提高监测的准确性和时效性。

2. 大数据分析

利用大数据分析技术，对历史水质数据进行深入挖掘，预测未来可能发生的水质问题，提前采取措施防范风险。

水质安全是建筑给排水系统设计中需要高度重视的方面。通过科学的水源保护、定期的水质监测与处理、完善的紧急事件响应预案等措施，可以有效保障建筑用水的安全性。同时，通过社会参与、技术手段的创新应用等方式，形成多层次、全方位的水质安全保障体系。在未来，随着技术的不断发展和社会的不断进步，建筑给排水系统的水质安全保障措施将更加完善，为居民提供更加安全可靠的用水环境。

第四节　水质要求与处理

一、水质标准与监测

（一）水质标准的制定

1. 国家标准与地方标准

水质标准的制定既涉及国家级标准，也包括地方性标准。国家标准通常由国家环境保护部门牵头，制定适用于全国的水质标准，而地方标准则依据当地的水环境特点、发展状况等因素进行制定。

2. 标准的体系

水质标准体系应包括对于不同用途水体的不同标准，如饮用水、工业用水、农业用水等，以确保各类用水的质量都符合相应的安全标准。标准的制定要综合考虑水体的生态环境、社会经济因素等多方面的因素。

3. 更新与修订

由于社会、科技的不断进步，水环境中的污染物质也在发生变化，因此水质标准需要定期进行更新和修订。这需要依赖于环保科研机构的技术研发和实测数据的积累。

（二）常规水质监测参数及方法

1. 常规理化指标

（1）pH 值：反映水体的酸碱性，合适的 pH 范围有利于生态系统和人体的健康。

（2）溶解氧（DO）：表示水体中溶解的氧气量，是评价水体中生物生存状况的重要指标。

（3）化学需氧量（COD）：反映水体中有机物的总量，是衡量水体有机污染程度的指标。

2. 微生物指标

（1）总大肠菌群：作为粪便污染的指示生物，其检测可以反映水体是否受到了污染。

（2）致病菌检测：如大肠杆菌、沙门氏菌等，用于评估水体是否存在潜在的致病菌污染。

3. 有机物和无机物

（1）重金属：如铅、汞、镉等，对水体的生态系统和人体健康有潜在危害，需要进行重金属监测。

（2）有机污染物：如农药、化肥、有机溶剂等，需要检测其浓度以判断水体是否受到农业或工业源污染。

4. 水质监测方法

（1）现场监测：使用便携式水质分析仪器，可以在水体采样点实时监测多个水质参数，提高监测效率。

（2）实验室监测：采用高精度的仪器和设备，对水样进行深度分析，获取更准确的水质数据。

（3）生物监测：利用水体中的生物作为指标，通过观察其种类和数量来评估水体的生态状况。

（三）水质监测技术的创新应用

1. 智能监测技术

引入物联网、传感器技术，实现对水体的远程实时监测。通过大数据分析，能够更全面地了解水体的动态变化。

2. 光谱技术

利用光谱技术对水体中的有机物、无机物进行非破坏性分析，提高监测的灵敏度和准确性。

3. 生物传感技术

利用生物传感器检测水体中的微生物变化，能够更早地发现水体受到污染的迹象，为预防性措施提供更多时间。

4. 人工智能应用

通过人工智能算法对大量水质监测数据进行分析，能够快速、准确地识别水体异常情况，提高监测效率。

水质标准与监测是建筑给排水系统设计中的基础，直接关系到居民的健康和生活质量。通过科学制定水质标准，采用先进的水质监测技术，可以更好地保障水质安全。未来，随着监测技术的不断创新和应用，水质监测将更加精准、高效，为建筑用水提供更可靠的数据支持。

二、水质处理方法

（一）传统的物理化学处理方法

1.澄清与絮凝

（1）澄清：澄清是通过沉淀或过滤等方式去除水中的浑浊物质，使水变得清澈透明。常见的澄清方法主要包括沉淀澄清、混凝土澄清、过滤澄清等。

（2）絮凝：絮凝是通过添加絮凝剂，使微小的悬浮颗粒聚集成较大的絮团，便于后续的沉淀和过滤。絮凝剂可以是无机物，如氧化铁或氧化铝，也可以是有机高分子物质。

2.活性炭吸附

活性炭是一种具有高度孔隙结构的吸附剂，能有效吸附水中的有机物、异味、颜色等。在水质处理中，活性炭通常作为一个吸附塔或过滤层使用，能够快速提高水质的口感和透明度。

3.氧化还原法

氧化还原法主要通过氧化或还原作用来去除水中的有机和无机污染物。例如，氧化剂如氯、臭氧等可用于氧化有机物；还原剂如亚硫酸盐则可用于去除氧化铁、锰等。

4.电渗析

电渗析是一种通过电场促使离子迁移的方法，可用于去除水中的离子污染物。该技术通常在电解池中进行，通过电场的作用，将离子聚集并沉淀，从而实现水质的净化。

（二）创新的高级水质处理技术

1.超滤技术

超滤技术是一种利用超微孔膜进行分离的高级水质处理方法。通过微孔膜的选择性截留，能够有效去除水中的微生物、胶体颗粒等，提高水质的纯度。

2.反渗透技术

反渗透技术是利用半透膜对水进行高效过滤的方法。该技术能够有效去除水中的溶解性盐类、重金属离子等，广泛应用于饮用水处理和工业用水领域。

3.光催化氧化

光催化氧化利用光催化剂的作用，通过光能催化分解水中的有机物质。光催化氧化技术对于降解难降解的有机物、提高水体透明度等方面具有独特的优势。

4.生物滤池

生物滤池是一种利用微生物降解水中有机物的生物处理方法。通过构建合适的生物滤层，能够在生物滤池中形成稳定的微生物群落，有效去除水中的有机废物。

（四）综合应用与运维管理

1.智能监测与控制

结合物联网技术，建立智能监测系统，实时监测水质参数，并通过自动控制系统调整水质处理设备的运行，以维持水质的稳定。

2.预警系统

建立水质预警系统，利用先进的数据分析算法，实现对水质异常的早期预警，提高处理的及时性和有效性。

3.运维培训与定期维护

建立定期的设备维护计划，对水质处理设备进行定期检查和维护，提高设备的使用寿命。同时，对运维人员进行培训，提升其对水质处理设备的操作和维护水平。

水质处理方法在建筑给排水系统中扮演着关键的角色，决定了居民用水的安全与否。传统的物理化学处理方法仍然是基础且有效的方式，而创新的高级水质处理技术则为提高水质纯度、降低污染提供了更为高效的途径。智能监测与控制、预警系统以及良好的运维管理则能够保障水质处理系统的可持续运行。未来，随着科技的不断进步，水质处理方法将会更加智能、高效，为建筑用水提供更为可靠的保障。

三、软水技术与应用

软水技术是一种通过去除水中的硬度离子，特别是钙和镁离子，以减少水质中矿物质含量的方法。软水技术在建筑给排水系统中的应用，不仅可以改善居民的生活水质，而且还有助于减轻水管、设备的钙镁垢沉积，延长其使用寿命。

（一）软水技术原理

1.离子交换法

离子交换是软水技术中应用较广泛的一种方法。通过离子交换树脂，可以将水中的钙、镁离子与树脂上的钠离子进行置换，达到软化水质的目的。一旦树脂吸附满了硬度离子，需要用盐水进行再生，将树脂上的钙、镁离子去除，恢复树脂的软化能力。

2.反渗透技术

反渗透技术通过半透膜的物理隔离，将水中的离子、矿物质等大部分溶质截留在半透膜的一侧，从而实现软化水质的效果。这种技术能够去除水中的多种杂质，产水质量较高，但相对而言，设备和运行成本较高。

（二）软水方法及其应用

1. 离子交换软水器

离子交换软水器是目前应用最为广泛的软水设备之一。它通过含有特殊树脂的软水器，将水中的硬度离子置换成钠离子，进而软化水质。离子交换软水器适用于家庭生活用水、工业生产等多个领域。

2. 磷酸盐添加法

磷酸盐添加法是一种化学方法，通过加入磷酸盐化合物，使水中的钙、镁离子形成不溶性的磷酸盐沉淀，从而实现软水的效果。这种方法适用于一些小规模的水处理场合，但需谨慎控制磷酸盐的投加量。

3.CO_2 气体软化法

CO_2 气体软化法是一种新型的软水技术。通过向水中通入二氧化碳气体，使水中的碳酸钙和碳酸镁生成，这些化合物可溶于水，从而减少水中的硬度离子。这种方法无需添加额外的化学剂，对环境更加友好。

（三）软水技术的应用领域

1. 家庭生活用水

在家庭生活中，软水技术可以改善自来水的口感，减少水垢在水龙头、淋浴头等设备上的沉积，延长家电设备的使用寿命，如热水器、洗衣机等。

2. 工业制造

在一些对水质要求较高的工业制造领域，如电子、制药等行业，软水技术能够确保生产过程中使用的水质纯净，防止硬水导致的设备损坏和产品质量问题。

3. 冷却水循环系统

在建筑的空调冷却水循环系统中，软水技术可以减少水垢在冷却设备表面的沉积，提高循环系统的热交换效率，降低能耗。

（四）软水技术的未来发展趋势

1. 智能化控制

未来软水技术有望实现智能化控制，通过传感器和自动控制系统，实时监测水质状况，精准调整软水设备运行，提高软水效率。

2. 能耗降低

新型软水技术应致力于减少能耗，通过优化软水设备的结构和工艺，降低软水过程中的能耗，以期提高软水技术的可持续性。

3. 多元化应用

未来软水技术有望在更多领域得到应用，如农业灌溉、城市绿化等，实现为不同领域提供适用的软水解决方案。

软水技术作为一种改善水质的重要手段，在建筑给排水系统中有着广泛的应用前景。通过不同的软水方法，可以在家庭生活、工业制造、冷却水循环系统等领域发挥积极作用。未来软水技术的发展趋势将朝着智能化控制、能耗降低、多元化应用等方向不断演进，为更广泛的应用场景提供可靠的水质解决方案。

四、微污染物处理

（一）微污染物的种类与来源

1. 药物残留物

医疗废水排放中含有大量药物残留，如抗生素、止痛药等。这些药物残留物通过排水进入水体，对水生态系统和人体健康产生潜在威胁。

2. 个人护理产品中的化学物质

个人护理产品中的一些成分，如防晒剂、香精等，由于人们在使用过程中的洗涤，可能将废水排放至水体，形成微污染。

3. 农药

农业生产过程中使用的农药，尤其是在雨水冲刷的情况下，可能进入水体，对水质产生一定的影响。

4. 工业废水中的有机物

一些工业废水中含有的有机物，如有机溶剂、重金属离子等，在排放后对水体产生污染。

（二）微污染物处理技术

1. 先进氧化技术

（1）光催化氧化

利用光催化剂，如二氧化钛，通过紫外光的照射，引发氧化反应，将微污染物分解成无害物质。

（2）臭氧氧化

通过注入臭氧气体，使微污染物与臭氧发生氧化反应，以降解有机物质，最终达到净化水体的目的。

2. 高级氧化过程

高级氧化过程包括臭氧/过氧化氢法、臭氧/紫外光法等，通过引入强氧化剂，在水体中产生高氧化态物质，进而对微污染物进行降解。

3. 生物降解技术

（1）微生物处理

利用特定微生物对水中的有机物进行降解，将微污染物转化为无害的废物。

（2）人工湿地

构建人工湿地，通过湿地植物和微生物的协同作用，促使微污染物在湿地中得到去除和降解。

4. 吸附法

（1）活性炭吸附

利用活性炭的强吸附性能，将水中的微污染物吸附到活性炭表面，达到去除污染的效果。

（2）吸附树脂法

利用吸附树脂对水中微污染物进行吸附，通过周期性的再生操作，实现树脂的重复使用。

（三）微污染物处理技术的应用领域

1. 饮用水处理

在城市饮用水处理厂，采用先进的微污染物处理技术，保障供水水质符合国家标准，提供安全的饮用水。

2. 工业废水处理

对工业废水中的微污染物进行处理，确保废水排放符合环保要求，减少对周边水体的污染。

3. 农业面源污染治理

通过合理的农田布局和管理，减少农药、化肥等农业活动中的微污染物排放，保护农田水质。

（四）微污染物处理技术的发展趋势

1. 多技术协同

未来微污染物处理技术可能采用多种技术协同作用，形成一体化的水处理系统，以更高效地去除微污染物。

2. 智能监测与控制

引入智能监测设备和自动控制系统，实时监测水体微污染物浓度，确保能够精准控制水处理过程，提高处理效率。

3. 生态修复

加强对水体生态系统的修复工作，通过植物修复、湿地修复等手段，提高水体自净能力，从而减轻对微污染物的依赖。

微污染物处理技术在建筑给排水系统中的应用是保障水质安全的重要手段。通过采用先进的氧化技术、生物降解技术、吸附法等，可以有效地去除水体中的药物残留、个人护理产品中的化学物质、农药等微污染物。未来，随着技术的不断创新，微污染物处理技术有望向着多技术协同、智能监测与控制、生态修复等方向发展，为建筑给排水系统的水质安全提供更为可持续的解决方案。

五、废水再利用与环保要求

（一）废水再利用技术

1. 生物处理技术

（1）植物湿地处理

植物湿地是一种利用湿地植物和微生物对污水进行净化的技术。通过湿地植物的吸收和微生物的降解作用，将污水中的有机物、氮、磷等去除，实现对废水的再生利用。

（2）活性污泥法

活性污泥法是一种通过启动和保持一定浓度的活性污泥来对污水进行处理的生物处理技术。该技术能够有效去除有机物和氮、磷等污染物，从而得到水质较好的再生水。

2. 物理 - 化学处理技术

（1）超滤技术

超滤技术通过超细孔的膜对水中的颗粒物、胶体等进行截留，从而实现对废水中悬浮物的去除。这是一种高效的物理过滤方法，比较适用于废水中微小颗粒物的去除。

（2）反渗透技术

反渗透技术利用半透膜对水进行过滤，将水中的溶解性离子、有机物等截留在半透膜的一侧，从而得到高纯度的再生水。这一技术适用于对水质要求较高的场合。

（二）废水再利用的应用领域

1.农业灌溉

废水再利用可以用于农业灌溉，提供农田所需的水资源，这样可有效降低对地下水和表面水的过度开采，同时还能为农业生产提供养分。

2.工业生产

在一些工业过程中，对水质要求相对较低，经过适当处理的再生水可以作为工业生产中的原水，用于冷却水循环、生产制造等环节。

3.城市绿化

再生水可用于城市公园、景观水体等场所的绿化，满足植物生长的水分需求的同时美化城市环境。

4.建筑冲洗、供水

再生水也可以用于建筑内部的冲洗、供水等非饮用水的场合，减轻对自来水的需求，达到节水的效果。

（三）符合环保要求的废水再利用措施

1.预处理措施

在将废水进行再利用之前，需要进行必要的预处理，包括去除悬浮物、有机物、重金属等。这可以通过沉淀、过滤、生物处理等手段实现。

2.智能监测与控制

建立智能监测与控制系统，实时监测再生水的水质状况，自动调节处理过程，确保再生水符合相关的水质标准。

3.安全评估

在废水再利用项目实施前，进行废水源水质的全面评估，包括对微污染物的分析、对潜在风险的评估，以确保再生水的使用安全。

4.法规遵循

在废水再利用的实施过程中，严格遵循相关的法规和标准，确保再生水的质量符合国家和地方的环保要求，最大限度地保护生态环境。

（四）废水再利用的未来发展趋势

1. 新技术的应用

未来废水再利用技术有望通过引入新的材料、新的处理工艺等手段，以提高处理效率，降低成本，推动废水再利用技术的创新发展。

2. 社会意识的提升

随着社会对环保意识的不断提升，废水再利用将得到更为广泛的应用。人们将更加重视水资源的节约利用，并将更努力地推动在不同的领域推广废水再利用工作。

3. 区域性废水资源综合利用

未来可能出现更为完善的区域性废水资源综合利用体系，通过不同区域间的合作，实现废水资源的高效利用，从而形成更加可持续的水资源管理体系。

废水再利用作为建筑给排水系统中的重要环保措施，通过采用生物处理技术、物理 - 化学处理技术等手段，实现对废水的高效处理，将再生水用于农业灌溉、工业生产、城市绿化等领域。为了保证再生水的质量，需要采取预处理措施、智能监测与控制、安全评估等手段，同时遵循相关法规，以确保再生水的使用安全可靠。未来，废水再利用将在新技术的应用、社会意识的提升、区域性废水资源综合利用等方面迎来更为广阔的发展空间。

第三章 排水系统设计

第一节 排水系统概述

一、排水系统功能与组成

排水系统是建筑工程中至关重要的一部分，其功能是有效地收集、输送和排放建筑内产生的废水和雨水，以保障建筑内部环境的干燥和清洁，同时还能防止水体滞留引发的结构损害。排水系统的设计和组成涉及到多个方面，包括排水原理、排水设备、管道布局等。在本章中，将深入探讨排水系统的功能与组成，以及在不同场景下的应用。

（一）排水系统的基本功能

1.废水排放

排水系统的首要功能是收集和排放建筑内产生的废水，包括生活污水、工业废水等。通过管道系统将废水从建筑内输送到污水处理设施，实现对废水的合理处置。

2.雨水排放

除了废水，排水系统还负责收集和排放建筑屋面和其他硬质表面上的雨水。这有助于防止雨水在建筑结构上停滞，减少水压对建筑结构的影响，防止水损害。

3.地下水排放

在地下室或低洼区域，地下水可能会渗入建筑内部。排水系统则通过排水管道将地下水有效地排出，防止地下水对建筑结构和设备的侵害。

4.防水和防潮

排水系统的设计也涉及到建筑的防水和防潮问题。通过排水系统的合理布局，可以有效防止地下室、地下空间等处的水分渗透，以保障建筑内部的干燥和清洁。

（二）排水系统的组成部分

1. 排水管道

排水管道是排水系统中的主要组成部分，其用于输送废水、雨水和地下水。根据不同的需要，排水管道可以采用不同的材质，如 PVC、铸铁、不锈钢等，以适应不同的环境和排水要求。

2. 排水设备

排水设备包括各种排水附件和设施，如下水道、排水口、检查井、泵站等。这些设备的选择和布局会直接影响排水系统的性能和效果。

3. 排水坡度和坡度调整装置

为了保证废水和雨水能够迅速、畅通地流向排水口，排水管道需要在适当的位置设置一定的坡度。在水平段或弯道上，可以通过坡度调整装置来确保水流的畅通。

4. 排水口和雨水箅子

排水口用于将建筑内的废水导入排水管道，而雨水箅子则用于防止杂物和异物进入排水系统，从而保障排水的通畅。

5. 检查井和排气阀

检查井的设置有助于检查和清理排水系统，排气阀则用于排除排水管道中的空气，防止气锁影响排水效果。

（三）不同场景下的排水系统设计

1. 住宅区排水系统设计

在住宅区，排水系统的设计需考虑居民生活用水、雨水排放以及小区道路的排水。合理的排水系统可以防止小区内的积水情况，提高居民生活质量。

2. 商业区排水系统设计

商业区域的排水系统设计需要考虑到商业建筑的复杂性，包括大型商业综合体、购物中心等。排水系统要适应商业建筑的用水量大、人流量大的特点。

3. 工业区排水系统设计

工业区的排水系统需要考虑到工业废水的排放和处理，以及大型生产设备的排水需求。防止工业区域的废水对周边环境造成污染是排水系统设计的重要目标。

4. 道路和城市排水系统设计

在道路和城市区域，排水系统的设计需要考虑到道路雨水、行人区域的排水，以及防止城市内涝等问题。城市排水系统的规划需要综合考虑城市的整体布局和土地利用情况。

（四）环保与节能在排水系统中的应用

1. 环保材料选择

在排水系统的建设中，选择环保材料是一项重要的环保举措。例如，采用可回收再利用的材料，以减少对自然资源的消耗，降低建筑对环境的影响。

2. 雨水的再利用

将雨水收集起来并用于灌溉、冲厕等方面，是一种有效的节水和环保手段。通过设置雨水收集装置，可以在一定程度上减轻城市的雨水排放压力。

3. 智能排水系统

通过引入智能技术，建立智能排水系统，实现对排水管道的实时监测、远程控制，优化排水系统运行，提高排水效率，降低能耗。

排水系统作为建筑工程中不可或缺的一部分，其功能和组成直接关系到建筑内部环境的舒适性和安全性。设计合理的排水系统不仅能够有效排除废水和雨水，还能够防止水患和结构损害。在不同场景下，排水系统的设计需要根据具体需求进行差异化调整，以满足不同环境的排水要求。同时，在排水系统的建设过程中，环保和节能的理念也应得到充分的应用，通过选择环保材料、推广雨水再利用和引入智能技术，实现排水系统的可持续发展。

二、排水系统分类

（一）雨水排水系统

1. 定义与功能

雨水排水系统是专门设计用于收集和排放建筑屋面以及其他硬质表面上产生的雨水的系统。其主要功能是防止雨水在建筑结构上停滞，以减少水压对建筑结构的影响，防止水损害。

2. 组成部分

（1）屋面排水系统

包括屋面排水设备，如排水槽、雨水口等，其用于将屋面上流下的雨水导入排水管道。

（2）雨水管道系统

用于输送屋面和硬质表面产生的雨水，确保其迅速、畅通地流向排水口。

（3）排水口和雨水算子

排水口用于将雨水导入排水管道，而雨水算子则用于防止杂物和异物进入排水系统，保障排水的通畅。

3. 应用场景

雨水排水系统广泛应用于住宅区、商业区、工业区等建筑工程中，尤其是对于大型建筑屋面的雨水排放有着重要作用。

4. 设计考虑因素

（1）降雨强度

根据不同地区的降雨强度，确定雨水排水系统的设计流量和排水能力，确保排水系统在强降雨时仍能正常运行。

（2）屋面类型

不同类型的建筑屋面（平屋顶、斜屋顶）需要采用不同的屋面排水设备和管道布局，以适应不同的排水需求。

（3）环境影响

考虑周围环境对雨水排水系统的影响，避免排水口被杂物堵塞，以确保系统的正常运行。

（二）废水排水系统

1. 定义与功能

废水排水系统是专门设计用于收集和排放建筑内产生的废水的系统。其主要功能是将生活污水、工业废水等从建筑内部有效地输送到污水处理设施。

2. 组成部分

（1）下水道系统

包括建筑内的下水道管道和设备，其用于收集和输送建筑内产生的废水。

（2）排水设备

包括下水道口、下水道篦子等设备，用于防止固体杂物进入下水道系统，保障排水的畅通。

（3）检查井

设置在下水道管道中，此设置方便对下水道系统进行检查、清理和维护。

3. 应用场景

废水排水系统广泛应用于住宅区、商业区、工业区等建筑工程中，涉及到生活污水与工业废水的排放和处理。

4. 设计考虑因素

（1）废水性质

根据废水的性质（生活污水、工业废水等），确定排水管道和设备的材质和特性，以确保系统的稳定性和耐腐蚀性。

（2）设计流量

根据建筑内废水产生的量，确定废水排水系统的设计流量，从而确保系统在峰值时依然能够正常工作。

（3）污水处理设施接入

考虑将废水排放到污水处理设施的接入问题，确保排放的废水符合环保要求。

（三）城市道路排水系统

1. 定义与功能

城市道路排水系统是用于收集和排放城市道路上产生的雨水的系统。其主要功能是防止城市内涝，保障道路的交通安全。

2. 组成部分

（1）道路排水设备

包括道路上的雨水口、排水槽等设备，其是用于将道路表面产生的雨水导入排水管道。

（2）道路排水管道系统

用于输送道路表面产生的雨水，确保其迅速、畅通地流向排水口。

（3）排水口和雨水箅子

排水口用于将雨水导入排水管道，而雨水箅子则用于防止杂物和异物进入排水系统，可以保障排水的通畅。

3. 应用场景

城市道路排水系统广泛应用于城市道路、高速公路、桥梁等交通基础设施，是防止道路积水和提高道路通行能力的重要手段。

4. 设计考虑因素

（1）道路类型

不同类型的道路（城市道路、高速公路、桥梁等）需要采用不同的排水设备和管道布局，以适应不同的排水需求。

（2）交叉口排水

在道路交叉口处，考虑雨水的汇集和排放问题，防止交叉口积水过大影响交通流畅。

（3）高峰时段排水能力

考虑城市道路在雨季高峰时段的排水能力，确保排水系统能够应对短时间内大量雨水的排放需求。

排水系统的分类涵盖了雨水排水系统、废水排水系统和城市道路排水系统等多个方面。每种系统都有其独特的设计考虑因素和应用场景，需要根据具体需求进行差异化调整。通过科学合理的设计和维护，不同类型的排水系统能够有效地防止水患，保障建筑和城市基础设施的安全运行。同时，结合环保和节能的理念，持续推动排水系统的可持续发展，为城市建设和生态保护作出贡献。

三、管道布局与斜度设计

（一）管道布局原则

1. 管道布局的基本原则

（1）最短路径原则

在设计排水系统的管道布局时，应遵循最短路径原则，即尽量选择最短的管道路径。这不仅有助于降低管道的阻力和能耗，还能减少管道的材料使用。

（2）避免死角原则

排水管道布局中应避免死角的存在，即避免出现管道弯曲处积水或沉淀的情况。通过合理的设计能够减少水流阻力，提高排水效率。

（3）分流原则

在管道布局中，可以考虑采用分流设计，即将不同来源的水流分开处理，以防止不同水质的交叉污染，提高排水系统的运行稳定性。

2. 不同场景下的管道布局

（1）住宅区排水系统

在住宅区排水系统设计中，通常采用分区排水的布局方式，即将不同住宅区域的排水分开处理，以提高排水效率。同时，考虑到住宅区的用水量较小，因而可以采用较小直径的管道，降低建设成本。

（2）商业区排水系统

商业区域涉及到大量的人流和用水，因此在排水系统设计中需要考虑更大的排水容量。通常采用主次干道的设计方式，以确保主要商业区域的排水畅通，同时通过分支管道将次要区域的雨水和废水分开排放。

（3）工业区排水系统

工业区域的排水系统设计需要考虑到工业废水的排放和处理，通常采用集中排水的方式，将不同生产区域的废水集中处理，以保障排水的质量和环保标准。

（二）斜度设计的考虑因素

1. 斜度的定义与作用

（1）斜度的定义

斜度是指排水管道沿着水流方向上的倾斜程度，通常以百分比或度数表示。合适的斜度能够确保水流迅速、畅通地流向排水口,防止水流滞留和积聚。

（2）斜度的作用

提高排水速度：适当的斜度能够加速水流的流动速度,减小水流的阻力,提高排水效率。

防止管道堵塞：合理的斜度设计能够防止固体颗粒在管道中堆积,减少管道的清理和维护工作。

避免空气锁死：合适的斜度设计有助于排出管道中的空气,防止空气锁死影响排水效果。

2. 斜度设计的原则

（1）最小斜度原则

斜度设计中应遵循最小斜度原则,即在满足排水要求的前提下,选择最小的斜度。这有助于降低工程成本,还能减少对地形的改变。

（2）地形和排水口位置考虑

斜度设计需要考虑到地形的高低变化以及排水口的位置,以确保排水系统能够适应不同地形和地势条件。

（3）不同排水管道的斜度要求

不同类型的排水管道,如雨水管道和废水管道,其斜度要求可能不同。在设计中应充分考虑到不同的排水要求,采用合适的斜度设计。

（三）管道布局与斜度设计的实际操作

1. 三维排水系统模拟

采用现代技术,可以通过三维排水系统模拟工具,对管道布局和斜度设计进行全方位的模拟和分析。这有助于发现潜在问题,并在设计阶段对其进行优化。

2. 智能排水系统应用

结合智能技术,可以实现对排水系统的实时监测和远程控制。通过传感器和自动调节装置,及时调整斜度和管道流量,从而提高排水系统的智能化和自动化水平。

管道布局与斜度设计是排水系统设计中的关键环节,合理的设计能够保障排水系统的高效运行和长期稳定性。在实际操作中,要根据不同场景的特点和要求,采用合适的布局原则和斜度设计,结合现代技术和智能化手段,不断提升排水系统的设计水平和运行效能。这不仅有助于保障建筑内部和城市基础设施的安全,也符合环保和节能的设计理念,推动排水系统向着更加智能、高效、可持续的方向发展。

四、排水系统与防水层的协调

（一）设计原则

1.一体化设计原则

排水系统和防水层应当被视为一个整体同时进行设计，以确保二者相互协调。一体化设计能够最大程度地降低设计和施工的难度，提高整体的工程质量。

2.分区排水原则

根据建筑物的不同功能和使用要求，可以将建筑物划分为不同的排水区域，每个区域都设置相应的排水系统和防水层。这有助于更有针对性地处理排水和防水问题。

3.灵活性原则

排水系统和防水层的设计应具有一定的灵活性，能够适应不同的建筑形式和用途。在设计中应充分考虑到建筑物的特殊要求，确保排水和防水的有效性。

（二）协调方法

1.穿越点的处理

在建筑物中存在各种管道、设备等穿越防水层的情况。在设计中，需要合理规划这些穿越点，并采用密封和防水处理，以确保不破坏防水层的完整性。

2.排水口和防水层的衔接

排水口是排水系统与防水层的重要连接点。在设计中，应特别注意排水口的设置和防水层的无缝衔接，防止水分渗漏。

3.选择合适的排水系统

根据建筑物的具体用途和排水需求，选择合适的排水系统。不同的排水系统可能需要不同的处理方式和防水层结构。

（三）不同场景下的实践

1.地下室和地库排水系统设计

地下室和地库是建筑中容易积水的区域。在设计中，可以采用集中排水的方式，结合排水沟、泵站等设备，确保地下室排水畅通。防水层的选择应该考虑到地下水位和土壤情况，以避免渗漏问题。

2.屋顶绿化和排水系统的结合

屋顶绿化在现代建筑中越来越受欢迎，但其与排水系统的结合需要谨慎处理。在设计中，应考虑绿化层的透水性，还要选择适合的排水系统，以确保屋顶既能实现绿化效果，又能有效排水。

3. 高层建筑的排水与防水

高层建筑由于高度和复杂的结构，对排水系统和防水层的要求就更为严格。因此在设计中需要采用分区排水的原则，同时结合高效的防水层材料和技术，确保建筑的干燥和安全。

（四）现代技术的应用

1. 智能排水系统

结合现代智能技术，可以实现对排水系统的实时监测和远程控制。通过传感器和自动调节装置，能及时发现排水问题，以调整排水系统的运行状态。

2. 防水材料的创新

现代建筑材料的创新为防水提供了更多选择。防水层可以采用新型高效防水材料，如聚合物改性沥青防水卷材、无机防水涂料等，提高防水效果和耐久性。

排水系统与防水层的协调是建筑工程中不可忽视的关键问题。通过遵循设计原则、采用合适的协调方法以及结合现代技术的应用，可以有效解决建筑物内部的排水和防水难题，能够确保建筑物的长期安全和稳定运行。在未来，随着科技的不断进步，建筑工程将迎来更多智能、高效、可持续的排水和防水解决方案。

五、排水系统与建筑结构的集成设计

（一）设计原则

1. 结构稳定与排水畅通并重

在集成设计中，结构稳定性和排水系统的畅通性应被同等重视。结构设计应充分考虑排水系统对建筑物的负荷，同时要确保排水管道的布置不会影响到建筑的结构稳定性。

2. 分区设计原则

建筑物可以被划分为不同的区域，每个区域应该有相应的排水系统和建筑结构设计。例如，地下室、屋顶、楼层等区域可以根据其特点采用不同的设计方案，以提高系统的适用性。

3. 灵活性与可调性原则

集成设计应具有一定的灵活性，能够适应建筑物用途的变化。排水系统与建筑结构的集成设计应具备可调性，以适应不同环境条件和使用要求的变化。

（二）协调方法

1. 管道与结构的合理穿越

在设计中需要合理规划排水管道穿越结构的位置，以避免破坏建筑物的主体结构。采用适当的管道保护措施，确保穿越点的结构完整性。

2. 结构强度与排水负荷匹配

建筑结构的设计应充分考虑排水系统所带来的负荷。不同排水系统的排水负荷不同，其结构强度应与之匹配，以确保建筑物在长期使用中不会出现结构破坏或变形。

3. 预留孔洞与管道布局的协调

在建筑结构中预留管道布局所需的孔洞是集成设计的一项关键工作。预留孔洞的位置、大小和数量应与排水系统的实际布局需求相协调，以便后期管道的安装和维护。

（三）不同场景下的实践

1. 高层建筑的集成设计

在高层建筑的设计中，排水系统与结构的集成设计更为复杂。因此，可以采用分区排水的原则，将不同楼层的排水系统与建筑结构相对应，确保整体的稳定性和安全性。

2. 地下空间的排水与结构设计

地下空间通常容易受到地下水位的影响，因此在集成设计中需要更加谨慎。建筑结构的设计应考虑地下排水系统的合理布局，以防止地下室内部积水问题。

3. 复合结构建筑的综合设计

在复合结构建筑中，不同材料和结构形式的集成需要更加细致的考虑。排水系统与建筑结构的集成设计应根据复合结构的特点，以实现不同部分的有机组合，提高建筑整体的性能。

（四）现代技术的应用

1. 三维建模技术

采用先进的三维建模技术，可以在设计阶段对排水系统和建筑结构进行全面模拟。这有助于及早发现潜在问题，以及时优化设计方案，提高集成设计的效率。

2. 智能监测与控制系统

结合智能监测与控制系统，可以实现对排水系统和建筑结构的实时监测。通过传感器数据的反馈，及时调整排水系统和建筑结构，确保其在运行中保持最佳状态。

排水系统与建筑结构的集成设计是建筑工程中的一项复杂任务，需要在保障结构稳定性的前提下，确保排水系统的高效运行。通过遵循设计原则、灵活运用协调方法，结合现代技术的应用，可以实现排水系统与建筑结构的有机融合，为建筑工程的可持续发展奠定基础。在未来，随着科技的不断进步，集成设计将更加智能化、精准化，为建筑行业带来更多创新与发展。

第二节　建筑内部排水布局

一、水平排水管道布置

（一）布置原则

1. 流线型布置

水平排水管道的布置应当遵循流线型原则，即沿着水流的方向进行布置，以确保水在管道中的畅通流动。流线型布置有助于减少水流阻力，提高排水效率。

2. 分区排水原则

建筑物可以被划分为不同的排水区域，每个区域应有独立的水平排水系统。分区排水原则有助于更有针对性地处理不同区域的排水问题，从而提高系统的可维护性和可控性。

3. 引重重力排水原则

水平排水系统通常依赖于重力排水，因此在布置时应引用重力排水原则。排水管道的坡度设计应符合该地地形和建筑物的实际情况，确保水能够顺利地流向排水口。

（二）布置方法

1. 集中排水布置

在建筑物中，可以采用集中排水的方式，将多个区域的水平排水管道集中连接至主干管道。这种布置方法适用于建筑物内部有多个排水点的情况，如浴室、厨房等。

2. 环形排水布置

在某些建筑场景中，可以采用环形排水的布置方法，即将水平排水管道呈环形连接起来。这种布置方式适用于某一区域内有多个排水点，能够提高排水系统的整体效率。

3. 分层排水布置

对于多层建筑，可以采用分层排水的布置方法。每一层建筑都设置独立的水平排水系统，通过垂直连接至主干管道。这有助于避免不同层之间的水流干扰，提高排水效率。

（三）不同场景下的实践

1. 住宅区排水系统设计

在住宅区排水系统设计中，可以采用集中排水的方式，将各个住宅单元的水平排水管道集中至主排水管道。合理设置排水口和坡度，确保雨水和废水能够迅速流向排水口。

2. 商业综合体排水系统设计

商业综合体通常包括购物中心、写字楼等多种功能区域。在设计水平排水管道时，需要根据不同功能区域采用分区排水原则，以确保各个区域的排水系统独立运行。

3. 工业区排水系统设计

工业区域排水系统设计需要考虑到工业生产过程中产生的大量废水。可以采用环形排水布置方法，将各个车间的水平排水管道以环形连接，以适应大量水流的排放需求。

（四）现代技术的应用

1. 三维排水系统模拟

借助三维排水系统模拟技术，可以在设计阶段对水平排水管道的布置进行全面模拟和分析。通过模拟，设计人员可以更好地了解水流的路径、速度等信息，从而优化管道布置。

2. 智能排水系统

结合智能技术，可以实现对水平排水系统的实时监测和远程控制。通过传感器实时监测管道内的水流情况，及时发现堵塞等问题，并通过自动调节装置进行处理，提高排水系统的智能化水平。

水平排水管道布置是建筑排水系统设计中至关重要的一环。通过遵循布置原则、巧妙采用布置方法，并结合现代技术的应用，以此来实现水平排水系统的高效运行，确保建筑物内部的干燥和安全。在未来，随着科技的不断进步，水平排水管道布置将更加智能、灵活，为建筑排水系统的设计提供更多的可能性。

二、垂直排水管道布置

（一）布置原则

1. 垂直管道坡度原则

垂直排水管道的布置应遵循适当的坡度原则，确保废水能够顺利流向下游。通常，垂直管道的坡度设计在 1% 到 2% 之间,以保证水流不至于过慢或过快,从而达到最佳排水效果。

2. 排气装置设置原则

在垂直排水管道系统中,排气装置的设置至关重要。排气装置能够有效地排除管道内的空气,防止空气积聚形成气锁,影响排水效果。合理设置排气装置可提高系统的稳定性和可靠性。

3. 多管合一原则

在垂直排水系统中,为了节省空间并简化设计,可以采用多管合一的原则。即将多个垂直排水管道合并至一个集合管道,这样可以有效降低系统的复杂度,提高维护效率。

(二)布置方法

1. 单管布置方法

在一些场景中,可以采用单管布置方法,即每个垂直排水点独立设置一个排水管道。这种方法比较适用于排水点较为分散,且需要独立排水的情况,如卫生间、厨房等。

2. 集中布置方法

为了节省空间和简化设计,可以采用集中布置方法,即将多个垂直排水管道合并至一个集合管道。这种方法适用于排水点较为集中的场景,如多层建筑中的公共排水系统。

3. 分区布置方法

对于大型建筑或综合体,可以采用分区布置方法。即将建筑物划分为不同排水区域,每个区域设置独立的垂直排水系统,通过集中管道与主干管道相连。这有助于更好地管理和维护排水系统。

(三)不同场景下的实践

1. 住宅区垂直排水系统设计

在住宅区,通常可以采用单管布置方法,即将每个住宅单元的卫生间和厨房设置独立的垂直排水管道。通过合理设置排气装置,确保排水系统的高效运行。

2. 商业综合体垂直排水系统设计

商业综合体往往包含多个功能区域,可采用分区布置方法。将商场、写字楼等不同区域的垂直排水系统分开设计,通过集中管道连接至主干管道,实现集中排水管理。

3. 工业区垂直排水系统设计

工业区排水系统需要考虑大量工业废水的排放,则可采用集中布置方法。通过将不同车间的垂直排水管道集中至主干管道,实现工业区排水的高效处理。

（四）现代技术的应用

1. 智能监测与控制系统

利用智能监测与控制系统，可以实现对垂直排水系统的实时监测。通过传感器数据的反馈，能够及时发现管道堵塞或故障，并实现远程控制，提高排水系统的可控性。

2. 三维排水系统模拟

采用三维排水系统模拟技术，可以在设计阶段对垂直排水管道的布置进行全面模拟。通过模拟分析，设计人员可以更好地了解水流的流向和速度，从而优化管道的设计。

垂直排水管道的布置在建筑排水系统设计中具有重要意义。通过遵循布置原则、巧妙采用布置方法，并结合现代技术的应用，可以实现垂直排水系统的高效运行，能够确保建筑物内部的排水畅通和稳定。在未来，随着科技的不断进步，垂直排水管道布置将更加智能、灵活，为建筑排水系统的设计提供更多创新与发展。

三、排水管道直径计算

（一）原则与基本公式

1. 流量计算原则

排水管道直径的计算需基于设计流量，设计流量是指管道中通过的水量。流量计算原则是根据实际使用场景和需求来确定排水系统的设计流量，从而进一步计算排水管道的直径。

2. 曼宁公式

曼宁公式是用于计算自由流水体系中水流速度的经验公式，其基本形式为：

$$Q = \frac{1}{n} A R^{\frac{2}{3}} S^{\frac{1}{2}}$$

其中：

Q——流量；

n——摩阻系数；

A——横截面积；

R——水力半径；

S——水力坡度。

曼宁公式可用于计算排水管道的流速，从而通过设计流量反推出排水管道的合适直径。

（二）不同场景下的计算方法

1. 住宅区排水系统

在住宅区排水系统设计中，通常采用分区计算的方法。即将住宅区划分为不同排水区域，并计算每个区域的设计流量，再根据曼宁公式计算出相应排水管道的直径。

2. 商业综合体排水系统

商业综合体往往包含多个功能区域，排水流量复杂多样。可以采用集中计算的方法，即将不同功能区域的设计流量相加，然后综合计算出主干管道的设计流量和直径。

3. 工业区排水系统

工业区域的排水系统通常需要考虑大量工业废水的排放，因此在设计流量计算时需要充分考虑废水的特性。可以通过水质监测和废水性质的了解，合理计算出工业区排水管道的直径。

（三）排水管道直径计算的优化方法

1. 管道截面形状优化

在计算排水管道直径时，可以考虑优化管道截面形状，使其更加符合流体力学的原理。通过选择合适的截面形状，可以有效降低管道的摩阻，从而提高排水效率。

2. 智能监测与调节

结合智能监测与调节系统，可以实时监测排水系统的运行状态。通过传感器获取实时数据，进行流速调节，优化排水管道的直径，提高系统的自适应性。

（四）现代技术的应用

1. 三维模拟与仿真

借助三维模拟与仿真技术，可以在设计阶段对排水系统进行全面模拟。通过模拟不同直径下的水流情况，设计人员可以更好地了解系统的运行状况，进而优化管道直径的选择。

2. 数据驱动的决策

通过采集历史数据和实时监测数据，运用数据分析技术进行排水系统的性能评估。数据驱动的决策可以帮助设计人员更准确地选择排水管道的直径，以适应实际运行需求。

排水管道直径的计算是建筑排水系统设计的重要环节，其直接关系到排水系统的高效运行和经济性。通过合理采用流量计算原则、曼宁公式，结合不同场景的计算方法，以及借助现代技术的应用，设计人员可以更好地确定排水管道的直径，确保排水系统的可靠性和稳定性。在未来，随着科技的不断进步，排水系统的设计也将更加智能化，也可为建筑排水领域带来更多创新与发展。

四、排水设备选型与配置

（一）选型原则

1. 流量匹配原则

在选型时需要根据实际流量需求来选择相应的排水设备。设备的流量处理能力应与系统设计流量相匹配，以避免因流量过大或过小导致设备运行不稳定或浪费能源。

2. 设备性能与可靠性

选择排水设备时，需考虑设备的性能和可靠性。性能包括排水能力、耐久性、噪声水平等方面，而可靠性则关乎设备的长期稳定运行，减少维护与更换成本。

3. 节能与环保原则

在当前注重节能与环保的背景下，选型时要考虑设备的能效比和环保性能。选择高效节能的排水设备有助于减少能源消耗以及降低运行成本，同时符合环保要求。

4. 兼容性与互联性

排水设备的选型需考虑与其他系统的兼容性，要确保设备能够无缝集成到整个排水系统中。此外，具备互联性的设备能够通过智能化技术实现远程监控与控制，提高系统的智能化程度。

（二）常见排水设备及功能

1. 排水泵

排水泵是排水系统中常见的设备之一，主要用于将水从低处抽送至高处或远离排水点。排水泵的选型需考虑泵的扬程、流量特性，以及适应的介质和环境。

2. 排水阀门

排水阀门用于控制管道的流量和流向，以确保排水系统的正常运行。阀门的选型需考虑其密封性能、耐腐蚀性，以及操作方便性。

3. 排水管道

排水管道是排水系统的基础构件，其材料、直径和布局均会影响整个系统的性能。因而要选用耐腐蚀、耐压力、耐磨损的管道材料，并根据流量计算结果选择合适的直径。

4. 排水检查井

排水检查井作为排水系统的节点，用于检查、清理和维修管道。井的设计需考虑易于操作、通风、防止异物进入等因素。

5. 排水过滤器

在排水系统中，排水过滤器用于阻止固体颗粒进入管道，防止堵塞和损坏设备。过滤器的选型需考虑过滤精度、清洗方便性等因素。

（三）不同场景下的设备配置方法

1. 住宅区排水系统配置

在住宅区排水系统中，通常配置低扬程、小流量的排水泵，以适应住宅区相对较小的排水需求。阀门和管道的配置应简洁明了，以方便维护。

2. 商业综合体排水系统配置

商业综合体排水系统需考虑到不同业态的排水需求。应根据商业综合体的规模和特点，配置适当数量和类型的排水泵、阀门以及检查井，以实现系统的高效运行。

3. 工业区排水系统配置

工业区排水系统需适应工业生产的废水排放，通常配置高流量、高扬程的排水泵。在设备配置上，要考虑到工业废水的特殊性，需要选择耐腐蚀、耐磨损的材料，以确保系统的长期稳定运行。

（四）现代技术的应用

1. 智能监控与诊断系统

通过智能监控系统，可以实时监测排水设备的运行状态，预测设备的故障，并提供远程诊断服务。这有助于提高排水系统的可靠性和可维护性。

2. 节能控制系统

采用节能控制系统，可以实现对排水设备的精细化控制，也可根据实际需求进行自动调节。这有助于降低能耗、延长设备寿命，提高系统的能效。

排水设备的选型与配置是排水系统设计中至关重要的环节。合理的选型原则、设备功能理解，以及结合不同场景的配置方法，有助于确保排水系统的高效、稳定运行。随着智能技术的不断发展，现代排水系统将更加智能化、高效化，为建筑排水领域带来更多创新与发展。

五、室内地漏与沟槽设计

（一）设计原则

1. 排水效率

室内地漏与沟槽的设计应当保证良好的排水效率。合理的排水斜度和通畅的设计能够迅速、有效地排除污水，还可防止水体滞留，减少异味产生。

2. 防臭与防蟑原则

为防止污水和异味的扩散，设计时应考虑防臭和防蟑的原则。采用防臭地漏、防臭沟槽等设备，同时结合密封性好的设计，能够有效防止异味的产生和蟑螂的滋生。

3. 易清洁与维护

地漏与沟槽的设计应方便清洁和维护。应采用易拆卸、易清理的结构，减少死角，其有助于保持设备的卫生状况，减少维护工作的难度。

（二）室内地漏设计

1. 类型

（1）圆形地漏

圆形地漏是常见的一种设计，其结构简单，易于安装和清理。适用于浴室、厨房等场所。

（2）方形地漏

方形地漏在设计上更符合一些室内设计风格，同时具有较大的排水面积，更适用于大流量场景。

（3）线性地漏

线性地漏是一种较为现代的设计，通常呈长条形状，可沿墙或浴室门口设置。适用于大面积排水场景，可使地面更加整洁。

2. 材质

地漏的材质应具备防腐、防锈、耐酸碱的特性。不锈钢、铜、ABS 塑料等材质常用于室内地漏的制作，因其具有良好的耐用性和稳定性。

（三）室内沟槽设计

1. 类型

（1）地面沟槽

地面沟槽一般嵌入在地面中，适用于需要大面积排水的场所，如车库、工厂车间等。

（2）壁面沟槽

壁面沟槽通常设置在墙面底部，其能够有效收集墙面流下的水分，适用于洗手间、厨房等场所。

2. 材质

沟槽的材质选择需考虑其与地面或墙面的搭配，同时要具备耐腐蚀、抗压、防滑等特性。常见的材质包括不锈钢、聚合物材料等。

（四）不同场景下的应用

1. 家庭住宅

在家庭住宅中，室内地漏通常设置在浴室、厨房等区域，以方便排水。沟槽则可以设计成线性的形式，沿着门口或墙面设置，可使地面更加整洁。

2. 商业场所

商业场所如购物中心、超市等，通常需要考虑大量人流和清洁的需求，因此室内地漏和沟槽的设计应注重流量处理和清理的便捷性。

3. 工业厂房

在工业厂房中，地漏和沟槽的设计需要考虑到机械设备的运行和工业废水的排放，因此在材质和结构上需要更加坚固耐用。

（五）现代技术的应用

1. 智能感知技术

结合智能感知技术，可以实现对地漏和沟槽的实时监测。通过传感器感知水位、水质等信息，可以提高设备的智能化程度，及时发现并解决问题。

2. 防水技术

现代防水技术的应用使得地漏和沟槽在设计上更加注重防水性能，通过防水涂层、密封胶条等技术手段，能提高系统的防水效果。

室内地漏与沟槽设计是建筑排水系统中的重要组成部分。合理的设计原则、选用合适的类型和材质，结合不同场景的实际需求，以及借助现代技术的应用，能够确保室内排水系统的高效、可靠运行，提升建筑的舒适性和卫生状况。随着科技的不断发展，室内排水系统将迎来更多创新和智能化的发展。

第三节 排水管道材料选择

一、常见排水管材料比较

(一)PVC(聚氯乙烯)管材

1. 优点

（1）良好的耐腐蚀性

PVC 管材具有良好的耐腐蚀性，不容易受到酸碱侵蚀，因此其可以适用于不同水质的排水系统。

（2）轻质且易安装

PVC 管材相较于其他材料更轻，更易于搬运和安装，从而降低了施工难度和成本。

（3）具有一定的弹性

PVC 管材具有一定的弹性，对于一些轻微的地震或地基沉降有一定的适应性。

（4）具有较长的使用寿命

在适当的使用条件下，PVC 管材可以具有较长的使用寿命，降低了维护和更换的频率。

2. 缺点

（1）不耐高温

PVC 管材不耐高温，温度超过一定范围可能发生软化变形，因此在高温环境下的应用会受到限制。

（2）受紫外线影响

PVC 管材受紫外线影响，如果长时间暴露在阳光下可能发生老化，因此在室外使用需要采取保护措施。

(三)HDPE(高密度聚乙烯)管材

1. 优点

（1）良好的耐腐蚀性和耐化学性

HDPE 管材具有优异的耐腐蚀性和耐化学性，能够在不同的排水环境中稳定运行。

（2）轻质且柔韧

HDPE 管材相对轻质，且具有一定的柔韧性，也易于安装和连接，降低了劳动强度。

（3）高抗冲击性

HDPE 管材具有较高的抗冲击性，不易破裂，较适用于一些复杂地质条件下的排水系统。

（4）长寿命

HDPE 管材具有较长的使用寿命，能够在较长时间内保持排水系统的高效运行。

2. 缺点

（1）高温软化

HDPE 管材在高温条件下容易软化，因此需要谨慎考虑在高温排水环境中的应用。

（2）需要专业焊接设备

HDPE 管材连接时需要专业的焊接设备，且较为复杂，因此需要专业技术人员进行施工。

（三）铸铁管材

1. 优点

（1）良好的耐压性和耐久性

铸铁管材具有较高的耐压性和耐久性，适用于承受较大压力的排水系统。

（2）抗腐蚀性

铸铁管材具有一定的抗腐蚀性，能够适应一些腐蚀性介质的排水环境。

（3）良好的隔声性能

铸铁管材在排水过程中具有良好的隔声性能，有效降低了噪声的产生。

2. 缺点

（1）重量较大

铸铁管材相对较重，搬运和安装较为困难，增加了施工的复杂性和成本。

（2）易锈蚀

铸铁管材表面容易生锈，需要采取防腐措施，增加了维护的难度。

（3）易碎性

铸铁管材相对脆性较大，易受到冲击和振动的影响，需要格外注意防护措施。

（四）不锈钢管材

1. 优点

（1）优异的耐腐蚀性

不锈钢管材具有出色的耐腐蚀性，适用于潮湿、酸碱环境的排水系统。

（2）高强度和高温稳定性

不锈钢管材具有高强度和较好的高温稳定性，能够应对一些特殊环境和高温排水。

（3）长寿命

不锈钢管材具有较长的使用寿命，有效降低了更换和维护的频率。

2.缺点

（1）昂贵

不锈钢管材相对较昂贵，成本较高，因此在工程预算有限的情况下需要慎重考虑。

（2）安装较为复杂

不锈钢管材在安装时需要特殊的连接技术，工艺较为复杂，因此需要专业技术人员进行施工。

（五）复合管材

1.优点

（1）综合材质优势

复合管材通常采用两种或两种以上的材料组合而成，其综合了各种材质的优势。

（2）轻质且易安装

复合管材相对轻质，易于安装和搬运，降低了施工的难度。

（3）耐腐蚀

根据不同的组合，复合管材可以具有较好的耐腐蚀性，可适用于不同的排水环境。

2.缺点

（1）成本较高

复合管材的制造成本相对较高，因此价格通常较高，需要在综合考虑性能和预算的情况下进行选择。

（2）需要专业施工

复合管材在连接和安装时需要专业的技术和设备，因此施工难度较大。

在选择排水管材时，需要充分考虑工程的实际情况、环境要求和经济预算等因素。PVC、HDPE、铸铁、不锈钢和复合管等材料各有优劣，应根据具体工程的要求综合考虑各项因素，以确保排水系统的稳定运行和长期可靠性。在实际应用中，还应遵循相关国家和地区的建筑排水标准和规范，确保排水系统的设计和施工符合安全和环保要求。

二、材料的耐腐蚀性考虑

材料的耐腐蚀性是建筑排水系统设计中至关重要的考虑因素之一。在选择排水管材料时，需要全面评估材料对不同腐蚀因素的抵抗能力，以确保排水系统在长期运行中不受腐蚀影响，维持高效性能。以下将深入探讨常见排水管材料的耐腐蚀性特点及其在不同环境中的适用性。

（一）PVC（聚氯乙烯）

1. 耐腐蚀性能

PVC 管材在一般排水环境下具有良好的耐腐蚀性。由于聚氯乙烯的分子结构稳定，不容易受到一般酸碱的侵蚀。然而，如果长期暴露于高温、紫外线或一些特殊化学物质环境下可能导致 PVC 管材老化，降低其耐腐蚀性。

2. 应用场景

PVC 管材适用于一般城市排水系统、建筑物内部排水和通风系统。然而，在具有特殊腐蚀性物质的工业排水系统中，可能需要考虑其他更耐腐蚀的材料。

（二）HDPE（高密度聚乙烯）

1. 耐腐蚀性能

HDPE 管材具有出色的耐腐蚀性，对酸碱、盐类等多种化学物质表现出较高的抵抗能力。在腐蚀性介质中也具备较长的使用寿命。

2. 应用场景

HDPE 管材更适用于化工厂、实验室等需要处理腐蚀性废水的场所。其耐腐蚀性使其成为一种可靠的选择，能够适应各种特殊排水环境。

（三）铸铁

1. 耐腐蚀性能

铸铁管材对一般的腐蚀性介质具有一定的抵抗能力，对于水质较好的城市排水系统表现出较好的耐腐蚀性。然而，在一些酸性废水或特殊化学物质的排放环境中，铸铁可能会受到一定的侵蚀。

2. 应用场景

铸铁管材广泛用于城市排水系统、建筑物内部排水和市政工程。在一些需要考虑噪声问题的场所，铸铁的隔声性能也是一个优势。

（四）不锈钢

1. 耐腐蚀性能

不锈钢具有卓越的耐腐蚀性，能够在多种腐蚀性介质中保持其稳定性。对酸碱、盐类和大多数化学品也表现出良好的抵抗能力，其更适用于极端的排水环境。

2. 应用场景

不锈钢排水管常用于化工厂、实验室以及需要高度耐腐蚀性的工业场所。由于它的抗腐蚀性和高强度使其成为长期可靠的选择。

（五）复合管材

1. 耐腐蚀性能

复合管材的耐腐蚀性取决于其组合材料。通过选用具有较好抗腐蚀性的材料组合，复合管可以适应不同腐蚀性环境。

2. 应用场景

复合管材在需要综合多种材料性能的场合中具备优势，其可用于一般城市排水系统和建筑物内部排水。

在考虑排水系统材料的耐腐蚀性时，需综合考虑工程环境的腐蚀因素，如介质成分、温度、光照等。根据具体需求，选择 PVC、HDPE、铸铁、不锈钢或复合管等材料，以确保排水系统在长期运行中能够稳定、高效、耐用。同时，建议在设计阶段进行详细的腐蚀风险评估，以制订相应的防护措施和维护计划，延长排水系统的使用寿命。

三、硬质与软质管道的应用

（一）硬质管道

1. 特点

（1）刚性结构

硬质管道通常由刚性材料制成，具有较高的强度和刚度，因此能够承受一定的水压和外部负荷。

（2）耐高温

一些硬质管道材料，如金属管道，具有良好的耐高温性能，更适用于热水排水系统。

（3）耐腐蚀

硬质管道材料中的一些金属，如不锈钢或镀锌钢管，具有较好的耐腐蚀性，更适用于恶劣环境。

2. 材料选择

（1）PVC（聚氯乙烯）

PVC 管道是硬质管道中常见的材料，其适用于一般城市排水系统和建筑物内部排水。

（2）铸铁

铸铁管道具有较好的耐压性和耐久性，常用于城市排水系统和市政工程。

（3）不锈钢

不锈钢管道因其优异的耐腐蚀性能常用于特殊环境或对卫生要求较高的场所，如食品工业排水。

3.应用场景

（1）市政工程

硬质管道常用于市政排水工程，如雨水排放管、污水排放管等。

（2）工业排水

对于一些含有腐蚀性物质的工业排水，硬质管道则能够提供更高的耐受性。

（3）建筑物内部排水

在建筑内部排水系统中，硬质管道能够有效支撑垂直管道和负载。

（二）软质管道

1.特点

（1）柔韧性

软质管道通常由柔软的材料制成，具有较好的柔韧性，能够适应不同弯曲和形状。

（2）耐低温

一些软质管道材料，如聚乙烯，具有良好的耐低温性能，因此更适用于冷水排水系统。

（3）减少噪声

软质管道由于柔软，水流通过时减少了与管道内壁的摩擦，从而降低了水流产生的噪声。

2.材料选择

（1）PVC-U（聚氯乙烯 - 不增塑剂）

PVC-U 管道是软质管道中常见的材料，适用于一般建筑物内部排水和雨水排放。

（2）PE（聚乙烯）

PE 管道具有较好的柔韧性和耐低温性能，常用于冷水排水系统。

（3）PP（聚丙烯）

PP 管道耐腐蚀、轻质，适用于一些特殊要求的排水系统，如化工实验室排水。

3.应用场景

（1）建筑物内部排水

软质管道常用于建筑物内部排水系统，特别是在需要弯曲和连接多个方向的场合。

（2）冷水排水

由于软质管道的耐低温性能，更加适用于冷水排水系统，如制冷设备的排水管道。

（3）降低噪声要求

在一些对排水噪声有要求的场所，软质管道由于其减少水流噪声的特性，所以选用软质管道是一种较好的选择。

（三）安装方法比较

1. 硬质管道安装

（1）焊接

硬质管道如不锈钢、铸铁通常采用焊接连接，以确保连接处的密封性和结构的牢固性。

（2）螺纹连接

金属硬质管道常使用螺纹连接，便于拆卸和更换。

2. 软质管道安装

（1）热熔连接

软质管道如 PVC-U、PE 通常采用热熔连接，确保连接处的密封性和强度。

（2）插接连接

软质管道的连接方式较为灵活，通常采用插接连接，便于快速安装。

3. 在建筑排水系统中的综合应用

在实际的建筑排水系统设计中，硬质和软质管道常常结合使用，再根据具体的场景和需求，合理选择不同材质的管道。例如，在建筑物内部，软质管道可以更灵活地穿越结构，更能适应多变的管道走向；而在需要承受较大水压和外部负荷的场合，则可以选择硬质管道来确保系统的稳定性。

在建筑排水系统设计中，硬质和软质管道各有优势，工程师应根据具体需求和场景综合考虑。在选择材料时，需考虑管道的强度、耐腐蚀性、耐温性、柔韧性等特性。此外，合适的连接方式和安装方法也对系统的可靠性和维护性有着重要影响。通过科学的管道选择和设计，能够确保排水系统在长期运行中保持高效、稳定。

四、材料的环保与可持续性

（一）PVC（聚氯乙烯）

1. 环保特性

（1）可回收性

PVC 是一种可回收的塑料，通过循环利用，可以减少对新原料的需求，降低资源消耗。

（2）节能生产

PVC 的生产过程相对节能，同时在处理废弃 PVC 时，采用适当的处理方法也可以减少对环境的影响。

2. 可持续性考虑

（1）替代材料研究

为提高可持续性，研究人员正在寻找可以替代 PVC 的新型材料，以减少对气候和环境的潜在负面影响。

（2）生产工艺创新

通过改进 PVC 的生产工艺，减少能耗、排放和废弃物的产生，以提升可持续性水平。

（二)HDPE(高密度聚乙烯)

1. 环保特性

（1）可回收性

HDPE 是一种可回收的塑料，其原料可以通过再生利用降低对新塑料的需求，因此能有效减少资源开采。

（2）低能耗生产

HDPE 的生产相对能耗较低，生产过程中排放的有机物较少，有助于降低生产对环境的负担。

2. 可持续性考虑

（1）生态足迹评估

对 HDPE 的生态足迹进行评估，研究其在整个生命周期中的环境影响，以确定其可持续性水平。

（2）制订再生计划

制订 HDPE 的再生计划，促使回收和再利用成为常态，以减少废弃物对环境的不良影响。

（三）不锈钢

1. 环保特性

（1）长寿命

不锈钢具有寿命长的特性，能够减少材料更替的频率，降低资源消耗。

（2）可回收性

不锈钢是一种可回收金属，通过回收再利用，可有助于减少对有限自然资源的开采。

2. 可持续性考虑

（1）节能生产

通过改进不锈钢的生产工艺，可以减少能源消耗和排放，提高其生产的可持续性水平。

（2）循环经济应用

倡导循环经济理念，将废旧不锈钢进行回收，然后加工再利用，以降低对新资源的依赖。

（四）复合管材

1. 环保特性

（1）多样化原料

复合管材采用多样化的原料，包括塑料、金属等，通过科学搭配，可有效提高管材的综合性能。

（2）降低环境影响

复合管材在制造过程中可以降低对环境的影响，例如降低能源消耗和废弃物排放。

2. 可持续性考虑

（1）研究新型材料

不断研究新型材料，以提高复合管材的可持续性，其包括可再生材料的应用等。

（2）循环再生利用

推动复合管材的循环再生利用，延长其使用寿命，减少对新材料的需求。

（五）绿色建筑实践

1. 环保设计

在建筑给排水与消防工程中，采用环保材料是绿色建筑设计的基本要求之一。通过选择低碳、可回收、可再生的材料，降低对环境的负担。

2. 节能设计

绿色建筑强调节能，通过科学设计给排水系统，合理利用太阳能、雨水等资源，减少能源浪费。

3. 循环水利用

在建筑消防工程中，可以采用循环水系统，通过回收处理后的水资源，减少对自然水资源的依赖，推动可持续水资源利用。

在建筑给排水与消防工程中，环保与可持续性的材料选择至关重要。各种材料都有其独特的环保特性和可持续性考虑，工程师应根据具体项目需求，全面评估材料的性能、环保性和可持续性，以推动建筑行业朝着更加环保、可持续的方向发展。通过科学的材料选择和绿色建筑实践，能够在建筑给排水与消防工程中取得更为可持续的成果。

五、材料与施工成本的平衡

（一）材料选择对成本的影响

1. 初始投资成本

（1）高性能材料

选择高性能材料可能会增加初始投资成本，但能够提高系统的耐久性和性能，从而降低后期的维护成本。

（2）廉价替代品

有时可以选择相对廉价的替代品，但需要在降低初始成本的同时考虑材料的质量和寿命。

2. 运营与维护成本

（1）耐久性考虑

选择具有较长寿命的材料能够降低运营与维护成本，减少更换和修理的频率。

（2）维修便捷性

考虑材料的维修便捷性，选择更容易维修和更换的材料，降低维护成本。

（二）施工成本的控制策略

1. 合理施工计划

（1）施工阶段分解

合理制订施工计划，将工程分解为多个阶段，有序推进，避免后期返工而增加成本。

（2）人力与材料协调

确保人力和材料的协调，避免因为供应链问题导致施工停滞，影响工程进度。

2. 技术创新应用

（1）新工艺与设备

采用新的施工工艺和设备，提高施工效率，降低人工成本。

（2）BIM 技术

引入 BIM 技术，实现施工过程的数字化管理，可有效减少错误和浪费，进而提高施工效率。

（三）成本与可持续性的平衡

1. 长期投资考虑

（1）寿命周期成本

考虑项目的整体寿命周期成本，确保在初始投资和后期运营中取得平衡。

（2）节能与环保

选择符合节能与环保标准的材料和技术，既能够减少运营成本，又符合可持续发展的理念。

2.投资回报分析

（1）风险评估

进行成本与收益的风险评估，综合考虑项目的经济效益，并制定合理的预算。

（2）持续监测与调整

在项目实施过程中应需持续监测成本，并根据实际情况进行调整，确保成本的合理控制。

在建筑给排水与消防工程中，材料选择和施工成本的平衡是项目成功的关键。通过综合考虑材料的性能、成本以及后期运营维护等因素，制订科学的预算和施工计划，能够实现经济效益和可持续发展的双赢。在实际项目中，需要灵活运用各种管理工具和技术手段，才能确保项目的整体经济性和质量。

第四节　排水设备与附属设施

一、排水设备的种类与功能

（一）地漏

1.功能

地漏是排水系统中常见的设备，主要用于收集地面、浴室、厨房等区域的排水。其设计使得液体和固体颗粒能够顺畅进入排水管道，防止管道堵塞。

2.种类

（1）浴室地漏

用于浴室排水，通常设计有过滤网，以防止头发和其他颗粒物进入排水管道。

（2）厨房地漏

适用于厨房排水，能够有效过滤食物残渣，防止油脂进入管道引起堵塞。

（二）地漏反水阀

1.功能

地漏反水阀是一种防止下水道臭气倒流的设备。当排水管中的气体逆流时，地漏反水阀能够自动关闭，阻止异味的散发。

2. 种类

（1）橡胶球形反水阀

采用橡胶球设计，通过浮力实现阀门关闭，有效防止臭气倒流。

（2）弹簧式反水阀

利用弹簧原理，当排水停止时，弹簧会自动关闭阀门，防止臭气逆流。

（三）排气阀

1. 功能

排气阀用于排水管道中积气的排除，其能够防止管道内的气体影响排水效果。同时，排气阀还能够防止真空状态的产生。

2. 种类

（1）手动排气阀

由操作人员手动开启或关闭，适用于小型排水系统，维护也较为简便。

（2）自动排气阀

能够根据管道内气体情况自动开启或关闭，适用于大型排水系统，且无需人工干预。

（四）污水泵

1. 功能

污水泵主要用于将低处积水或污水抽送到高处的排水系统。它能够处理含有固体颗粒的废水，还能确保排水通畅。

2. 种类

（1）潜水式污水泵

安装在水中，能够直接将废水抽送至高处的排水管道，常用于池塘、地下室等区域。

（2）旋涡式污水泵

采用旋涡叶轮设计，适用于处理含有颗粒的污水，并能够有效防止堵塞。

（五）排水阀

1. 功能

排水阀是用于控制和调节排水系统流量的设备。它可以手动或自动开启或关闭，确保排水系统在不同工况下的正常运行。

2.种类

（1）手动排水阀

由操作人员根据需要手动开启或关闭，适用于需要手动控制流量的场所。

（2）自动排水阀

根据流量、压力等参数自动调节开启或关闭，适用于大型排水系统，能够实现智能化控制。

（六）沉淀池

1.功能

沉淀池是用于分离和沉淀污水中的固体颗粒的设备。它通过减慢水流速度，使悬浮物沉降到底部，从而净化废水。

2.种类

（1）圆形沉淀池

具有简单的结构，适用于小型排水系统，但占地面积较大。

（2）矩形沉淀池

结构相对复杂，但能够更有效地利用空间，适用于大型排水系统。

在建筑给排水与消防工程中，排水设备的种类繁多，并且各具特点。通过合理选择和配置这些设备，可以确保排水系统的正常运行，防止堵塞和异味产生。不同排水设备的应用需根据具体项目的需求和特点进行科学搭配，以实现高效、稳定的排水系统。

二、具体设备的选型原则

（一）地漏的选型原则

1.适用场景

（1）浴室地漏

适用于浴室排水系统，应选择耐腐蚀且易于清理的材料，如不锈钢或防腐塑料。

（2）厨房地漏

适用于厨房排水系统，应具备良好的过滤功能，可选择带有油脂分离器的地漏。

2.设计要素

（1）流量处理能力

根据实际需求确定地漏的流量处理能力，同时确保在高峰期也能正常排水。

（2）防臭设计

选择带有防臭功能的地漏，确保在使用过程中不会散发异味。

（二）地漏反水阀的选型原则

1. 阀门类型

（1）橡胶球型反水阀

适用于水流较小的场景，通过浮力实现阀门关闭，其对水流要求不高。

（2）弹簧式反水阀

适用于水流较大的场景，通过弹簧原理实现阀门的迅速关闭，其可防止大量水流逆流。

2. 阀门材料

（1）不锈钢

具有耐腐蚀性，适用于潮湿环境并且寿命长。

（2）耐磨塑料

耐磨性好，适用于水流中含有颗粒的场景。

（三）排气阀的选型原则

1. 操作方式

（1）手动排气阀

适用于小型系统，操作简便，但需要人工控制。

（2）自动排气阀

适用于大型系统，能够根据管道内气体情况自动控制，从而提高系统自动化程度。

2. 技术参数

（1）流量范围

根据系统的实际流量情况选择排气阀，以确保能够满足排气要求。

（2）耐压能力

根据系统的最大工作压力选择排气阀，确保在高压环境下仍能正常工作。

（四）污水泵的选型原则

1. 应用场景

（1）潜水式污水泵

适用于需要将废水抽送至高处的场景，如池塘、地下室等。

（2）旋涡式污水泵

适用于污水中含有颗粒物的场景，能够有效防止堵塞。

2.性能参数

（1）抽水能力

根据实际需求选择污水泵的抽水能力，确保能够满足排水要求。

（2）耐磨性能

对于含有颗粒物的污水，需要选择具有良好耐磨性能的污水泵。

（五）排水阀的选型原则

1.控制方式

（1）手动排水阀

适用于需要手动控制流量的场景，其操作简便。

（2）自动排水阀

适用于需要智能控制的场景，能够根据系统工况自动调节流量。

2.技术参数

（1）流量范围

根据系统的实际流量情况选择排水阀，确保能够满足排水要求。

（2）耐压能力

根据系统的最大工作压力选择排水阀，确保在高压环境下仍能正常工作。

（六）沉淀池的选型原则

1.结构类型

（1）圆形沉淀池

适用于占地面积相对较大的场景，结构简单且易于维护。

（2）矩形沉淀池

适用于空间有限的场景，结构相对复杂，但能够更有效地利用空间。

2.处理效果

（1）悬浮物沉淀率

根据排水中的悬浮物含量选择合适的沉淀池，确保其具备良好的沉淀效果。

（2）净化水质

选择沉淀池时需考虑其对水质的净化效果，确保排放的水质符合相关标准。

设备的选型涉及到多个方面的考虑，包括应用场景、设计要素、操作方式、技术参数等。在具体的工程项目中，需要根据实际情况综合考虑这些因素，以确保选用的设备能够在系统中发挥最佳的效果。同时，合理的设备选型也能够降低维护成本、提高系统的可靠性和稳定性。

三、检查井与排气阀设计

（一）检查井的设计

1. 设计原则

（1）流畅排水

检查井的设计应当确保流体在井内能够畅通无阻，防止积水和淤泥，以维持整个排水系统的正常运行。

（2）结构稳固

检查井作为排水系统的节点，其结构应当稳固耐用，能够承受地下水压和周围土壤的力量。

（3）易于检修

设计应充分考虑检查井的可检修性，包括井盖的设计，确保维护人员能够方便快捷地打开井盖进行检查和维修。

2. 种类

（1）圆形检查井

圆形检查井结构简单，适用于一般的排水系统，其具有易于制造和安装的特点。

（2）方形检查井

方形检查井通常具有更大的容积，适用于大型排水系统，虽然其结构更复杂，但能够提供更大的操作空间。

（二）排气阀的设计

1. 设计原则

（1）有效排气

排气阀的设计应确保能够有效地排除系统中的空气，防止气体积聚影响排水性能。

（2）防止反流

排气阀在设计时要考虑防止水流的反向流入，确保系统正常运行的同时还能防止污水或异味逆流。

（3）耐腐蚀性

由于排气阀直接与水流接触，其材料应具备较强的耐腐蚀性，以保证长时间的可靠运行。

2.种类

（1）手动排气阀

手动排气阀通过手动操作来实现排气功能，适用于小型系统，操作简便。

（2）自动排气阀

自动排气阀能够根据系统内气体的情况自动打开或关闭，适用于大型系统，提高系统的自动化程度。

（三）设计注意事项

1.检查井与排气阀的布局

在设计中要合理布局检查井与排气阀的位置，确保其分布均匀，能够有效地覆盖整个排水系统。

2.材料选择

检查井和排气阀的制造材料应具备耐腐蚀、耐磨损的特性，以确保长期稳定地使用。

3.安全考虑

设计中要考虑检查井和排气阀的安全性，采取防滑设计，确保维护人员在检修时不会发生意外。

检查井与排气阀作为排水系统的重要组成部分，在设计中需根据具体的应用场景、要求和特点进行合理的选择和布局。通过科学的设计和合理的应用，可以确保排水系统在长时间内稳定、高效地运行，提高建筑工程的整体品质和可维护性。

四、排水管道与建筑外部环境的协调

（一）设计原则

1.美观性与融入性

排水管道的设计应该与建筑外观相协调，融入建筑整体风格。采用颜色、材料等方面的设计手法，使排水管道在外观上既不突兀，又能够和周围环境相和谐。

2.安全性

排水管道的布局要考虑到人员的安全。避免将排水管道设置在易被人触碰或交通密集的区域，采取适当的遮挡措施，防止发生意外。

3.可维护性

排水管道的设计应便于维护和清理。合理设置检查口、井盖等设施，确保在维修或清理时能够迅速进行而不影响建筑外观。

（二）布局策略

1. 地下管道的合理埋深

为了不影响建筑外观，地下排水管道的埋深应该合理设置，一般来说，可以通过合理的斜坡设计，使管道在地下埋深逐渐加深，最大限度地减少地表上的影响。

2. 管道穿越建筑物的处理

当排水管道需要穿越建筑物时，可以采用尽量降低影响的方式，如在建筑物的侧面设置外露的管道，同时利用装饰或景观设计来掩盖管道的存在。

3. 景观绿化的融入

在排水管道附近可以设计景观绿化带，通过植被的设置来掩盖管道，使其与周围环境融为一体，不仅美观而且有益于环境。

（三）技巧与使用建议

1. 采用地埋式排水系统

地埋式排水系统通过将排水管道埋入地下，能够有效减少对建筑外观的影响。在建筑的周边区域采用地埋式设计，使得地表更加整洁。

2. 采用护栏或花坛遮挡

在需要外露的地方，可以设计护栏或花坛来遮挡排水管道，起到美化外观的同时也能够防止人为损坏。

3. 与景观设计相结合

在建筑外部环境设计中，将排水管道的位置与景观设计相结合，例如在管道附近设置装饰性的雕塑或水景，以分散人们对排水系统的注意力。

排水管道与建筑外部环境的协调设计是建筑给排水系统设计中不可忽视的一部分。在保障排水系统正常运作的同时，通过巧妙的设计，可以使排水管道融入建筑环境，达到美观、实用、安全的设计目标。在实际工程中，应根据具体情况综合考虑各项因素，采取合理的布局和设计手法。

五、排水系统与消防设施的一体化设计

（一）一体化设计的原则

1. 综合规划

一体化设计应该从项目规划的初期就开始，综合考虑排水系统和消防设施的需求，以确保二者能够紧密配合，共同服务于建筑的整体目标。

2.共用设备

在设计中，可以考虑采用共用的设备，例如水泵和储水设施，既满足了排水系统的需求，又能够为消防系统提供必要的支持。

3.布局协调

排水管道和消防设施的布局应该相互协调，避免互相干扰。合理规划管道的走向和设备的位置，使得二者在建筑内部能够和谐共存。

（二）一体化设计的优势

1.综合节省空间

一体化设计避免了重复建设，共用设备和管道，能够更加高效地利用空间，减少对建筑结构的占用，提高建筑的整体空间利用率。

2.提高系统效率

共用设备和管道能够降低系统的运行成本，提高能源利用效率，同时减少了设备的数量，简化了系统的管理和维护。

3.增强系统的可靠性

一体化设计能够使排水系统和消防设施之间更好地协同工作，提高了系统的可靠性。共用的设备和管道也减少了系统中的连接点，降低了故障发生的可能性。

（三）应用建议

1.综合考虑规划需求

在项目规划初期，建筑设计师、排水系统工程师和消防工程师应该共同参与，综合考虑项目的需求，制订一体化设计的方案。

2.制订详细的设计方案

在设计阶段，应该制订详细的设计方案，明确一体化设计的具体实施方式，包括共用设备的选型、布局协调、管道走向等。

3.注重系统运行效果

一体化设计不仅仅是设备的共用，更要注重系统的运行效果。要确保排水系统和消防设施能够在实际运行中协同工作，提高整体性能。

排水系统与消防设施的一体化设计是一种有效提高建筑效率和安全性的方法。通过综合规划、共用设备和布局协调，可以实现空间的综合利用、提高系统效率、增强系统可靠性。在实际工程中，需要各方共同协作，精心制订设计方案，确保一体化设计能够在建筑中得到充分的实施和发挥作用。

第四章 消防设施概述

第一节 消防系统分类

一、自动喷水灭火系统

（一）工作原理

1. 系统概述

自动喷水灭火系统是一种能够在火警发生时自动启动，通过水雾喷射达到灭火效果的消防设施。它通常由水源、水泵、管网、喷头和控制系统等部分组成。

2. 触发机制

系统通常通过烟感探测器、温感探测器或火灾报警系统的信号来触发。一旦系统接收到火灾信号，控制系统将启动水泵，将水送入管网，通过喷头喷射出水雾，实现灭火作用。

（二）设计原则

1. 区域划分

在设计自动喷水灭火系统时，需要将建筑划分为不同的区域，根据各个区域的火灾风险、使用特点等因素确定喷水灭火系统的布局和设备配置。

2. 喷头选择

喷头的选择应根据不同区域的需要进行合理搭配。例如，对于厨房等易发生油脂火灾的地方，可选择喷射雾状水雾的特殊喷头，以增强灭火效果。

3. 水流量计算

根据建筑结构、火灾风险等因素，合理计算各个区域所需的水流量，能够确保系统在灭火时能够提供足够的水量。

4.冷却效果考虑

除了灭火，系统设计时还应考虑冷却效果。喷水灭火系统的喷水雾化可以有效冷却周围空气和物体，防止火灾扩散和再燃。

（三）设备组成

1.水泵

水泵是自动喷水灭火系统的核心组件之一，负责将水源供应到管网中。需要根据建筑需求和水源条件，选择合适类型和规模的水泵。

2.喷头

喷头是系统中直接与火源接触的部分，喷水雾的方式直接影响到灭火效果。要根据不同区域的需要，选择合适类型的喷头，如喷淋喷头、雾化喷头等。

3.控制系统

控制系统是整个自动喷水灭火系统的大脑，负责接收火警信号、启动水泵、控制喷头的开闭等关键操作。高度可靠的控制系统对系统的稳定运行至关重要。

（四）系统维护

1.定期检查

自动喷水灭火系统需要定期进行检查，确保各个部件的正常运行。包括喷头的清洁、水泵的定期启动测试、控制系统的软硬件检查等。

2.系统演练

定期进行系统演练，包括模拟火灾信号触发、水泵启动、喷头喷水等步骤，检验系统的实际运行情况，从而提高系统应急响应的可靠性。

3.设备更新

随着科技的发展，系统中的一些关键设备可能会更新迭代，因此要及时进行设备更新，保障系统始终处于高效可靠的状态。

（五）灭火效果与局限性

1.灭火效果

自动喷水灭火系统通过高效的水雾喷射，在火灾初期阶段能够迅速扑灭火源，起到事故初期灭火的作用。

2.局限性

然而，自动喷水灭火系统也有其局限性，例如对于电气设备火灾的效果较差，且在极寒或极热的环境中可能存在冻结或结冰的问题，需要根据具体情况进行综合考虑。

自动喷水灭火系统作为一种高效的建筑消防设备，在灭火的初期阶段具有显著的优势。通过科学的设计、合理的布局和定期的维护，能够为建筑提供可靠的消防保障，最大程度地减少火灾带来的损失。在实际应用中，需要根据建筑结构、火灾风险等因素精心设计和维护系统，以确保其在紧急情况下能够迅速、高效地发挥作用。

二、气体灭火系统

（一）工作原理

1. 气体灭火机制

气体灭火系统的工作原理是通过释放一种或多种灭火气体，改变火灾现场的气体组成，降低氧浓度，从而抑制燃烧反应，达到灭火的效果。灭火气体可以是惰性气体、卤化气体或其他特定气体。

2. 灭火速度与效果

气体灭火系统的灭火速度较快，因为它不依赖于水的传导性，可以迅速填充整个灭火区域。而且，由于气体是以气态形式存在，可以深入到一些难以触及的区域，因此提高了灭火效果。

（二）设计要点

1. 火源风险评估

在设计气体灭火系统时，需要对建筑内的火源风险进行评估，根据建筑结构和用途，确定合适的灭火气体种类和释放量。

2. 气体浓度控制

为了确保灭火效果，设计时需要精确计算气体释放的浓度，保证在火灾爆发时能够迅速达到有效的灭火浓度。

3. 漏气检测与安全措施

考虑到气体的特殊性质，设计时应包括漏气检测系统和安全措施，确保在气体灭火系统激活时不会对人员造成伤害。

（三）气体种类

1. 惰性气体

惰性气体如氮气、二氧化碳等，通过降低氧气浓度达到灭火效果。它们对人体相对安全，但在密闭空间中需谨慎使用，以防氧气过度减少。

2.卤化气体

卤化气体如卤代烷类和卤化碳类，通过抑制火灾区域的自由基实现灭火。它们对电子设备相对友好，是一种常见的选择。

3.其他灭火气体

还有一些特殊的灭火气体，如七氟丙烷、FK-5-1-12 等，具有良好的灭火效果，并在一些特殊场合得到应用。

（四）应用场景

1.电子设备房间

由于气体灭火系统对电子设备的损害较小，因此适用于电信机房、计算机服务器室等对设备敏感的场所。

2.珍贵文物库房

对于一些珍贵文物、档案库房，使用气体灭火系统可以避免使用水导致的二次损伤。

3.化学实验室

在化学实验室等易发生火灾的场所，气体灭火系统能够快速、高效地灭火，减小火灾损失。

（五）系统维护

1.定期检测与维护

气体灭火系统需要定期进行漏气检测、气体浓度测试以及系统组件的检查和维护，确保系统随时处于可用状态。

2.周期性演练

定期进行系统演练，模拟火灾情况，验证系统的响应速度和灭火效果，能够在实际火灾发生时提供保障。

（六）环保与安全考虑

1.气体选择的环保性

在选择气体种类时，需要考虑其环保性，避免使用对大气臭氧层或全球变暖产生不良影响的物质。

2.安全性标准遵循

设计和维护气体灭火系统时需要遵循相关的安全标准和法规，确保系统的安全性和稳定性。

气体灭火系统作为一种高效、快速的消防设备，在多种场合都有广泛应用。通过精心设计、合理选择灭火气体种类和维护系统，能够在火灾爆发时提供对人员和设备安全的、有效的消防保护。在实际应用中，需要根据建筑结构、火灾风险等因素精心设计和维护系统，以确保其在紧急情况下能够迅速、高效地发挥作用。

三、泡沫灭火系统

（一）工作原理

1.泡沫生成机制

泡沫灭火系统通过将水与泡沫液混合并通过喷头释放，使得泡沫在空气中形成，并覆盖燃烧表面。泡沫具有隔绝氧气、冷却和抑制燃烧的效果。

2.泡沫膜的作用

泡沫在喷出时形成一层均匀的泡沫膜，覆盖火源表面，从而降低火源温度，抑制燃烧反应，达到灭火的效果。

（二）设计要点

1.泡沫浓度计算

在设计泡沫灭火系统时，需要准确计算泡沫的浓度，以保证在火灾发生时能够提供足够的覆盖面积和厚度。

2.喷头选择

喷头的选择直接影响到泡沫的均匀分布，需要根据建筑结构和火源特点，选择合适类型的喷头，如喷淋式、喷射式等。

3.泡沫液浓度调节

根据火源的类型和规模，设计时应考虑设置泡沫液的浓度调节装置，以便根据实际需要进行调整。

（三）泡沫种类

1.AFFF泡沫

Aqueous Film Forming Foam（AFFF）是一种水性膜形成泡沫，具有良好的吸附性能，适用于灭液体火源。

2.AR-AFFF泡沫

Alcohol-Resistant Aqueous Film Forming Foam（AR-AFFF）是对含醇液体火源有抑制作用的AFFF泡沫。

3. 高膨胀泡沫

适用于灭电气设备火源的泡沫，能够迅速展开，形成较大的泡沫体积，有效隔离氧气。

（四）应用场景

1. 油罐区

泡沫灭火系统广泛应用于油罐区，通过覆盖油面形成泡沫屏障，实现有效隔离氧气，防止油类火源蔓延。

2. 机械设备房

对于一些机械设备房，尤其是含油液体的设备房，泡沫灭火系统能够提供快速且有效的灭火保护。

3. 电气设备区

对于一些电气设备集中区域，使用阻燃泡沫，能够在灭火的同时保护电气设备。

（五）系统维护

1. 定期排泡

泡沫灭火系统需要定期进行排泡，以防止管道中的泡沫液降解，从而保持系统的正常工作状态。

2. 喷头清理

定期清理喷头，防止因为堵塞导致泡沫无法正常喷洒，影响灭火效果。

（六）环保与安全考虑

1. 泡沫液环保性

在选择泡沫液时，需要考虑其环保性，选择对环境影响较小的泡沫液。

2. 系统安全性

设计和维护泡沫灭火系统时需要符合相关的安全标准和法规，确保系统在紧急情况下可以可靠、安全地工作。

泡沫灭火系统作为一种多功能、高效的消防系统，在液体火源和一些特殊场合都有广泛应用。通过精心设计、合理选择泡沫种类和维护系统，能够在火灾爆发时提供有效的、对人员和设备安全的消防保护。在实际应用中，需要根据建筑结构、火灾风险等因素精心设计和维护系统，以确保其在紧急情况下能够迅速、高效地发挥作用。

四、干粉灭火系统

（一）工作原理

1. 干粉作用机制

干粉灭火系统通过释放干粉颗粒，干扰火源的化学反应，达到灭火效果。干粉既可以吸收火焰的热量，又可以与火源的燃烧物质发生化学反应，从而达到灭火的效果。

2. 干粉颗粒的特性

干粉颗粒的特性包括颗粒大小、密度、化学成分等，这些特性直接影响干粉灭火的效果。合理选择干粉颗粒的特性，可以提高系统的灭火效率。

（二）设计特点

1. 快速灭火

干粉灭火系统具有快速灭火的特点，能够在火灾爆发后迅速投入使用，迅速形成覆盖层，抑制火源。

2. 适用多种火源

干粉灭火系统适用于固体、液体、气体等多种火源，具有广泛的适用性，是一种多功能的消防手段。

3. 对设备损伤小

相比水系统，干粉灭火系统对电子设备等灵敏设备的损伤较小，适用于需要保护特定设备的场合。

（三）干粉种类

1.ABC 干粉

ABC 干粉是一种通用型干粉，适用于灭除固体、液体和气体火源。其主要成分包括氨磷、硫酸铵、硅藻土等。

2.BC 干粉

BC 干粉适用于灭除液体和气体火源，不适用于固体火源。其主要成分包括硫酸铵、硅藻土等。

3.D 干粉

D 干粉主要用于灭除金属火源，如锂、镁、铝等。其成分通常包括氯化钠、氯化钾等。

（四）应用场景

1. 电气设备房

由于干粉对电气设备的损害相对较小，因此适用于电气设备房的消防保护。

2. 液化气体储存区

对于储存液化气体的区域，干粉灭火系统能够有效应对液化气体火源。

3. 机械设备区

干粉灭火系统适用于需要保护机械设备的场合，能够快速有效地进行灭火。

（五）系统维护

1. 定期检查干粉压力

定期检查干粉灭火系统的压力，确保系统处于正常工作状态，能够在需要时迅速投入使用。

2. 检查喷头状态

定期检查喷头的状态，确保喷头通畅，能够正常释放干粉颗粒。

（六）环保与安全考虑

1. 干粉成分选择

在选择干粉的成分时，需要考虑其对环境的影响，选择对大气、水质等环境因素影响较小的干粉。

2. 安全操作培训

在使用干粉灭火系统前，需要对相关人员进行安全操作培训，确保系统能够在紧急情况下得到正确使用。

干粉灭火系统以其快速、多功能的特点在各类建筑和设备中得到广泛应用。通过合理地设计、选择干粉种类以及定期的系统维护，可以保证系统在火灾发生时能够迅速、高效地提供灭火保护。在实际应用中，需要充分考虑建筑结构、火灾风险等因素，以确保干粉灭火系统能够在各类场合中可靠工作。

五、火灾报警系统

（一）组成部分

1. 火灾探测器

（1）光电感应探测器

光电感应探测器通过检测空气中的烟雾颗粒，当烟雾浓度达到一定程度时就会触发警报。

（2）离子感应探测器

离子感应探测器通过测量空气中的离子浓度，一旦检测到火源产生的离子，即发出报警信号。

（3）热感应探测器

热感应探测器通过检测周围温度的变化，当温度超过设定阈值时即触发报警。

2. 报警控制面板

报警控制面板是火灾报警系统的核心，负责接收和处理探测器传来的信号，并触发相应的报警装置。

3. 报警信号设备

报警信号设备包括声光报警器、手持式报警器等，用于提醒人们发生火灾并采取相应的应急措施。

（二）工作原理

火灾报警系统的工作原理是基于感知环境变化并做出响应。当探测器检测到烟雾、离子或温度超过设定阈值时，就会向报警控制面板发送信号，然后由控制面板判断是否需要触发报警信号设备。

（三）不同类型的探测器

1. 烟雾探测器

烟雾探测器主要分为离子型和光电型。离子型对燃烧产生的离子敏感，触发警报而光电型通过烟雾颗粒阻挡光线来触发报警。

2. 热探测器

热探测器分为固定温度型和速升温型。固定温度型在温度达到设定值时触发报警，而速升温型通过检测单位时间内温度的变化率触发报警。

3.气体探测器

气体探测器主要用于检测可燃气体或有毒气体的浓度，一旦超过安全阈值即发出报警。

（四）系统设计与布局

1.区域划分

根据建筑结构和功能划分不同的区域，合理设置探测器和报警设备，以确保每个区域都能及时响应火灾。

2.多层次监测

采用多层次监测，包括底层、中层和顶层，以确保在不同高度和位置都能及时发现火源。

3.智能联动

引入智能化技术，使火灾报警系统能够与其他安全设备联动，如自动关闭防火门、启动排烟系统等。

（五）智能化技术的应用

1.人工智能

通过人工智能算法对火源进行更精准的分析和判断，能够减少误报率，提高系统的可靠性。

2.物联网技术

通过物联网技术实现设备之间的信息共享，可以提高系统的整体响应速度和协同性。

（六）系统维护

1.定期检测

定期对火灾报警系统进行检测，确保各个部件的正常工作状态。

2.周期性维护

对探测器、报警设备等进行定期维护，更换老化部件，确保系统长期有效运行。

3.人员培训

对使用人员进行定期培训，使其熟悉火灾报警系统的操作流程，提高应急响应能力。

火灾报警系统是建筑安全管理的重要组成部分，通过不断引入先进的技术手段，如智能化、物联网等，不仅提高了系统的准确性和可靠性，也为人们提供了更安全的生活和工作环境。在系统的设计、布局和维护过程中，需要综合考虑建筑结构、功能区域划分、智能化技术的应用等多个因素，以确保火灾报警系统在关键时刻能够发挥最大的作用。

第二节　消防设备选型

一、灭火器的选择与配置

（一）灭火器的基本原理

灭火器是一种常见的便携式灭火设备，其基本原理是通过压缩气体或泡沫等介质，将灭火剂释放到火源上，达到灭火的效果。合理地选择和配置灭火器对于应对初期火灾至关重要。

（二）不同类型的灭火器

1. 干粉灭火器

（1）工作原理

干粉灭火器通过释放粉末形成覆盖层，抑制燃烧反应，是一种高效、多用途的灭火设备。

（2）适用场景

适用于固体、液体和气体火源，是一种通用型灭火器。

2. 气体灭火器

（1）工作原理

气体灭火器通过释放灭火气体，降低火源周围的氧气浓度，以达到扑灭火源的目的。

（2）适用场景

适用于密闭空间，对电气设备和易燃液体的火源灭火效果较好。

3. 泡沫灭火器

（1）工作原理

泡沫灭火器通过释放灭火泡沫，形成覆盖层，隔绝空气，从而降低火源温度。

（2）适用场景

适用于液体火源，如油类火灾，能够迅速形成覆盖层抑制火势。

（三）选择灭火器的考虑因素

1. 火灾风险评估

在选择灭火器之前，需要对建筑物或区域的火灾风险进行全面评估，考虑可能的火源类型和风险程度。

2. 灭火器的灭火效能

不同类型的灭火器对不同种类的火源有不同的灭火效果，选择时需根据实际需要和可能面临的火灾类型进行评估。

3. 使用简便性

灭火器的使用应简单直观，易于操作。特别是在火灾发生时，迅速正确地使用灭火器至关重要。

4. 适用场景

根据建筑物的用途和结构，选择适用于该场景的灭火器类型，能够确保能够在各种情况下有效灭火。

（四）灭火器的配置布局

1. 区域划分

建筑物内部应根据不同的功能区域划分，合理配置灭火器，确保各个区域都能迅速取得灭火器。

2. 易燃物品附近

在易燃物品储存区域和易发生火灾的地方，增加灭火器的密度，提高灭火效率。

3. 显眼位置

将灭火器放置在易被注意到的位置，如显眼的墙壁、过道等，方便人们在发生火灾时快速找到并使用。

（六）常见误区与注意事项

1. 定期检查

定期检查灭火器的压力、外观等，确保其处于正常工作状态。

2. 培训使用

为建筑物内的工作人员提供灭火器使用培训，以确保在火灾发生时能够正确有效地使用灭火器。

3. 不同灭火器的搭配

根据建筑物的特点，可以采用不同种类的灭火器进行搭配，提高适用性。

　　灭火器的选择与配置是建筑物灭火系统的重要组成部分，通过科学合理的选择和布局，可以在初期火灾阶段迅速、有效地扑灭火源，保障人员的生命安全和财产安全。在使用灭火器时，人们也应保持冷静，按照正确的操作步骤进行操作，确保最大限度地发挥灭火器的作用。同时，定期检查和培训使用是确保灭火器始终处于可靠状态的重要手段。

二、消防水带与灭火器材

（一）消防水带

1.结构和组成

　　消防水带是消防工程中常见的灭火设备之一，通常由内胶层、中间加强层和外胶层组成。内胶层通常采用橡胶或合成橡胶材料，中间加强层采用高强度合成纤维，外胶层则是防护层，用于防止外界因素对水带的损害。

2.不同类型的消防水带

（1）软质消防水带

　　软质消防水带具有柔软性好、携带方便等特点，适用于狭窄空间和复杂环境下的灭火工作。

（2）卷盘式消防水带

　　卷盘式消防水带通常固定在卷盘上，可以根据需要快速展开，适用于需要迅速投入使用的场合，如移动式消防设备。

（3）绕线式消防水带

　　绕线式消防水带采用金属丝绕制而成，具有较强的耐压性和抗磨损性，适用于一些恶劣环境下的消防工作。

3.使用与维护注意事项

（1）定期检查

　　消防水带在长时间的储存和使用过程中，可能受到阳光、高温等因素的影响，需要定期检查水带的表面是否有明显的老化、裂纹或磨损，确保其可以正常使用。

（2）技术培训

　　使用者应接受有关使用和保养消防水带的培训，掌握正确的使用方法和常见故障的排除方法，以确保在紧急情况下能够迅速、有效地使用水带。

（3）防止交叉污染

　　在使用过程中，要注意防止水带与有害化学物质接触，避免交叉污染，确保水源的纯净。

（二）灭火器材

1. 灭火器

（1）干粉灭火器

干粉灭火器是一种多用途的灭火设备，适用于固体、液体和气体火源。其灭火原理是通过干粉的化学反应，抑制火源的燃烧过程。

（2）二氧化碳灭火器

二氧化碳灭火器适用于电气设备、油类火源等，其灭火原理是通过释放二氧化碳，降低火源周围的氧气浓度，达到扑灭火源的效果。

（3）泡沫灭火器

泡沫灭火器主要用于液体火源，如油类火源。通过释放灭火泡沫，形成覆盖层，隔绝空气，从而达到灭火效果。

2. 灭火器材的选用和配置

（1）根据火灾风险评估选择

根据建筑物或区域的火灾风险评估，选择适用于不同火源类型的灭火器材。

（2）区域布局

在建筑物内，根据不同区域的火灾风险，合理布局灭火器材，确保每个区域都能迅速取得灭火器。

3. 使用和维护

（1）灭火器的正确使用方法

使用者应熟悉不同类型灭火器的使用方法，根据火源类型选择合适的灭火器进行操作。

（2）定期检查和维护

定期检查灭火器的压力、喷嘴等部件，确保其处于正常工作状态。如果发现问题，必须及时维修或更换。

（三）新技术在消防设备中的应用

1. 智能监控系统

通过在消防水带和灭火器上安装传感器和监控设备，能够实现对消防设备状态的实时监控，提高设备的可用性。

2. 无人机应用

无人机可以用于火灾勘察、灭火器材的空运等步骤，它的应用提高了灭火效率，降低了人员的风险。

3. 物联网技术

通过物联网技术，可以实现消防设备之间的信息互通，提高整体的联动性，使消防工作更加智能化和高效化。

消防水带和灭火器材作为建筑物灭火系统的重要组成部分，对于防范初期火灾起到了至关重要的作用。通过不断引入新技术，可以提高这些消防设备的性能和效率，更好地满足现代建筑消防的需求。使用者在使用这些设备时应遵循正确的操作方法，并定期检查和维护，以确保其在关键时刻能够发挥最大的作用。

三、消防喷头的选用

（一）消防喷头的基本原理

消防喷头是消防系统中的重要组成部分，其基本原理是通过控制水流和水压，在火灾发生时喷射水雾或水流，将火源降温、灭燃，起到扑救初期火灾的作用。不同类型的消防喷头适用于不同的场合和火灾类型。

（二）常见消防喷头类型

1. 喷水喷头

（1）工作原理

喷水喷头通过压力作用，将水流以雾状或直射状喷出，形成水雾或水流覆盖火源，从而达到灭火的目的。

（2）适用场景

适用于一般性建筑、仓库等场所，对固体火源有较好的灭火效果。

2. 喷雾喷头

（1）工作原理

喷雾喷头通过将水流分散成小水滴，形成雾状，增加水与空气的接触面积，提高了灭火效果。

（2）适用场景

适用于易燃液体或气体火源，如化工厂、油库等场所，能够有效灭火并防止火源扩散。

3. 干粉喷头

（1）工作原理

干粉喷头通过压力作用，将干粉颗粒喷洒到火源上，阻止火源氧气供应，以达到灭火效果。

（2）适用场景

适用于固体、液体和气体火源，特别适用于电气设备着火的场合，不导电特性能够确保人员安全。

（三）选用消防喷头的考虑因素

1. 火灾风险评估

在选用消防喷头之前，需要进行火灾风险评估，明确可能发生的火灾类型和场景，以确定合适的喷头类型。

2. 建筑结构和用途

不同的建筑结构和用途需要使用不同类型的消防喷头，例如高温场所需要耐高温的特殊喷头。

3. 水源供应能力

消防喷头的选择还需考虑水源供应的能力，确保消防系统能够提供足够的水流和水压。

4. 温度和环境条件

一些特殊环境条件下，如低温或高温环境，需要选择耐寒或耐热的消防喷头。

（四）消防喷头的布局与安装

1. 区域划分

根据建筑物的布局和火灾风险，合理划分消防区域，以确保每个区域都能够被喷头覆盖。

2. 喷头高度和角度

根据建筑的高度和结构，确定喷头的安装高度和喷射角度，确保以最大程度地覆盖可能发生火灾的区域。

（五）新技术在消防喷头中的应用

1. 自动感应技术

通过安装温度、烟雾或火焰感应器，实现消防喷头的自动启动，提高了系统的反应速度。

2. 智能控制系统

利用智能控制系统，实现消防系统的远程监控和控制，及时调整喷头工作状态，提高了系统的智能化程度。

3. 防冻技术

在寒冷地区，采用防冻技术，确保消防喷头在低温环境下仍能正常工作。

消防喷头作为消防系统的核心组成部分，其选用和布局对于建筑物的火灾防控至关重要。通过对不同类型的消防喷头的了解和合理的选择，可以更好地满足建筑物在不同场景下的防火需求。随着科技的发展，新技术的引入使消防喷头在灭火效果、反应速度和智能化方面都得到了进一步提升。在实际使用中，用户需定期检查和维护消防喷头，确保其始终处于良好工作状态。

四、消防栓系统的配置

（一）消防栓系统的基本概念

消防栓系统是建筑物消防设施的重要组成部分，主要用于应对建筑物内部火灾的扑救。它包括消防栓、水泵、管道等组成，通过这些设备的协同工作，能够实现对火灾的及时扑灭。在配置消防栓系统时，需要考虑建筑物的结构、用途、火灾风险等多方面因素。

（二）消防栓系统的构成

1. 消防栓

消防栓是消防系统中的出水口，一般安装在建筑物的走廊、楼梯间等易于操作的位置。消防栓的选择应根据建筑物的高度和用途进行，确保其能够提供足够的水流和水压。

2. 水泵

水泵是消防栓系统的动力设备，负责将水源抽送到消防栓，提供足够的灭火水流。水泵的选型需考虑建筑物的高度、水源的距离和高差等因素。

3. 管道系统

管道系统连接消防栓和水泵，将水流输送到消防栓。管道的材质、直径和布局都会直接影响系统的水流稳定性和供水能力。

（三）消防栓系统的配置原则

1. 区域划分

在建筑物内部，需要根据不同区域的火灾风险划分消防栓区域。例如，易燃物品储存区域、电气设备区域等可能是重点消防区域。

2. 消防栓密度

消防栓的配置密度应根据建筑物的用途和高度确定。一般来说，高层建筑、人员密集区域需要配置更多的消防栓，以确保在火灾发生时能够迅速得到扑救。

3. 水流覆盖

消防栓的设置要考虑到其水流的覆盖范围，确保在任何位置都能够收到足够的灭火水流。消防栓之间的布局要合理，避免死角。

4. 外部环境因素

消防栓系统的配置还需要考虑外部环境因素，如气候条件、温度变化等。在寒冷地区，要采取防冻措施，确保系统正常运行。

（四）消防栓系统的技术要求

1. 操作便捷性

消防栓应设置在易于操作、人员疏散的通道上，确保在火灾发生时能够迅速使用。

2. 抗冲击性能

消防栓系统的设备要具备一定的抗冲击性能，以防止在紧急情况下被人为损坏。

3. 自动报警功能

现代消防栓系统通常配备自动报警功能，能够在火灾发生时自动报警，提高反应速度。

（五）新技术在消防栓系统中的应用

1. 智能监控系统

通过在消防栓系统中引入智能监控系统，实现对水流、水压等参数的实时监控，提高系统的可靠性和智能化程度。

2. 远程控制技术

利用远程控制技术，可以实现对消防栓系统的远程监控和控制，及时响应火灾情况，提高系统的远程管理能力。

3. 水泵变频技术

采用水泵变频技术可以根据实际需求调整水泵的运行频率，提高系统的能效和节能性。

消防栓系统作为建筑物内部灭火系统的关键组成部分，其合理配置和技术要求对于提高火灾扑救效果至关重要。在配置消防栓系统时，需综合考虑建筑物的结构、用途、火灾风险等多方面因素，利用新技术提升系统的可靠性和智能化水平，以确保在火灾发生时能够迅速、有效地进行灭火。

五、自动喷水灭火系统的喷头选型

（一）喷头的基本原理

自动喷水灭火系统的喷头是系统中的核心组件之一，其基本原理是在火灾发生时自动释放水流，通过水的喷洒将火源降温、灭燃，起到灭火的作用。不同类型的喷头适用于不同类型的火灾，因此在选型时需要考虑多方面因素。

（二）常见自动喷水灭火系统喷头类型

1. 喷水喷头

（1）工作原理

喷水喷头通过压力作用，将水流以雾状或直射状喷出，形成水雾或水流覆盖火源，达到灭火的目的。

（2）适用场景

适用于一般性建筑、仓库等场所，对固体火源有较好的灭火效果。

2. 喷雾喷头

（1）工作原理

喷雾喷头通过将水流分散成小水滴，形成雾状，增加水与空气的接触面积，从而提高灭火效果。

（2）适用场景

适用于易燃液体或气体火源，如化工厂、油库等场所，能够有效灭火并防止火源扩散。

3. 干粉喷头

（1）工作原理

干粉喷头通过压力作用，将干粉颗粒喷洒到火源上，阻止火源得到氧气供应，达到灭火效果。

（2）适用场景

适用于固体、液体和气体火源，特别适用于电气设备着火的场合，不导电特性能够确保人员安全。

（三）喷头选型考虑因素

1. 火灾类型

在选型时需要考虑可能发生的火灾类型，不同类型的火灾需要选择不同的喷头以达到最佳的灭火效果。

2. 建筑结构和用途

建筑结构和用途对火灾的蔓延速度和类型有影响，需要根据实际情况选用合适的喷头。

3. 环境因素

考虑环境因素如温度、湿度等对喷头性能的影响，确保其在各种环境条件下都能正常工作。

4. 喷头布局

喷头的布局要合理，覆盖面积要充分考虑建筑结构，避免死角，确保火源能够被有效覆盖。

（四）喷头技术要求

1. 快速反应性能

喷头的快速反应是确保在火灾初期迅速启动喷水的关键，提高了系统的扑救效果。

2. 耐腐蚀性能

特殊环境下如化工厂，需选择耐腐蚀的喷头，确保其长期稳定运行。

3. 高温适应性

一些高温环境可能对喷头的材质和性能提出更高要求，需要确保喷头在高温环境下仍能正常工作。

（五）新技术在喷头中的应用

1. 智能感应技术

通过引入智能感应技术，使得喷头能够根据火源情况自动调整喷水量和喷水方向，提高了系统的智能化水平。

2. 火灾预测技术

结合火灾预测技术，喷头能够提前感知到潜在的火灾风险，提高了系统的预防性能。

3. 数据监测与报警

通过数据监测，喷头能够实时监测系统运行状态，一旦发现异常情况能够及时报警，提高了系统的可靠性。

自动喷水灭火系统的喷头选型是系统设计中的关键环节，需要综合考虑建筑结构、用途、环境因素等多方面因素。新技术的引入在提高系统的智能性、预防性和可靠性方面起到了积极作用，使得自动喷水灭火系统在各种火灾场景中都能够发挥最大的效益。在实际使用中，需定期检查和维护喷头设备，确保其始终处于良好工作状态，以保障系统的正常运行。

第三节 消防水源与水压

一、消防水池的概念与设计原则

（一）消防水池的基本概念

消防水池是建筑给排水与消防工程中的重要组成部分，其设计旨在储存足够的消防用水，以满足火灾发生时的灭火需求。消防水池的设计涉及多个方面，需要综合考虑建筑结构、用途、消防系统配置等因素。

（二）消防水池设计原则

1.容量计算与储水需求

（1）建筑结构和用途

不同建筑的结构和用途决定了其对消防水池的储水需求不同。高层建筑、大型商业综合体等需要更大容量的消防水池来保障灭火需求。

（2）消防系统配置

消防系统的类型和配置对消防水池容量有直接影响。自动喷水灭火系统、水带、灭火器等设备的需水量需要被充分考虑。

2.水池位置与布局

（1）近消防设施

消防水池应该布置在靠近消防设施的位置，以减少输水管道长度，提高输水效率。

（2）防火分区内

消防水池应该位于建筑的防火分区内，确保在火灾发生时能够及时供水，提高灭火效果。

3.水池结构与材料选择

（1）结构稳定性

消防水池的结构需要具备良好的稳定性，能够承受外部环境因素的影响，确保其长期安全运行。

（2）防渗透性

水池材料应具备良好的防渗透性，防止水分渗漏，避免浪费水资源，并减少地下水位下降的风险。

4. 水质保障与循环利用

（1）水质监测与处理

定期对消防水池的水质进行监测，必要时进行水质处理，以确保供水符合消防要求。

（2）循环利用

考虑采用雨水收集等技术，实现消防水池水资源的循环利用，确保水资源的可持续性利用。

5. 池壁防护与安全设施

（1）池壁防护

采用防护措施，如设置护坡、防护墙等，确保消防水池在地质条件不稳定的情况下也能够安全运行。

（2）安全设施

在消防水池周围设置安全设施，如护栏、警示标志等，防止人员非法进入或发生意外。

6. 管道设计与输水效率

（1）管道直径和长度

合理设计输水管道的直径和长度，减小水流阻力，提高输水效率。

（2）防冻措施

对于寒冷地区，应考虑采取防冻措施，防止水池和输水管道在寒冷季节冻结。

（三）新技术在消防水池设计中的应用

1. 智能监测与控制系统

通过智能监测系统，实时监测消防水池水位、水质等参数，提高系统的自动化程度。

2. 太阳能供能系统

利用太阳能供能系统为消防水池提供能源，降低运行成本，提高可持续性。

3. 远程监控与维护

采用远程监控技术，实现对消防水池的远程监控和维护，提高系统的运行可靠性。

消防水池的设计需要充分考虑建筑的实际情况、消防系统配置和环境因素，综合运用新技术，提高水池的智能化和可持续性。在设计中需要合理选择水池位置、结构、材料和管道设计，保障系统的稳定运行，确保在火灾发生时能够提供足够的、高质量的消防水源。

二、消防水泵的选型与配置

（一）消防水泵的基本概念

消防水泵是建筑给排水与消防工程中的核心设备之一，其作用是将水源供应到消防系统，确保在火灾发生时能够迅速提供足够的水压和流量，实现及时有效的灭火。消防水泵的选型与配置直接影响了消防系统的性能和可靠性。

（二）消防水泵选型原则

1. 流量与扬程需求

（1）建筑结构和高度

建筑的结构和高度直接影响了消防水泵的流量和扬程需求，高层建筑需要更高的扬程和更大的流量来满足消防系统的需求。

（2）消防系统配置

不同类型的消防系统对水泵的流量和扬程有不同的要求，例如自动喷水灭火系统、消防水带系统等。

2. 水泵类型选择

（1）平开泵与离心泵

根据建筑的具体需求，选择平开泵或离心泵。平开泵适用于低扬程、大流量的场景，而离心泵适用于高扬程、小流量的场景。

（2）柴油泵与电动泵

考虑到供电可靠性，可以选择柴油泵作为备用泵，确保在断电等紧急情况下依然能够正常供水。

3. 泵的可靠性与维护

（1）设备质量与品牌

选择质量可靠的消防水泵品牌，确保设备的长期稳定运行。

（2）定期维护计划

建立完善的定期维护计划，对水泵进行定期检查、清洗和保养，确保其始终保持良好的工作状态。

4. 系统的智能化与自动化

（1）远程监控与控制

引入远程监控技术，可以通过云平台实时监测水泵的运行状态，便于及时发现和解决问题。

（2）智能故障诊断

配置智能故障诊断系统，能够自动检测水泵运行中的异常，并提供详细的故障诊断报告，能够提高系统的可靠性。

（三）新技术在消防水泵设计中的应用

1. 变频调速技术

采用变频调速技术，可以根据消防系统的实际需求，调整水泵的运行速度，提高能效和节能性。

2. 节能驱动系统

引入节能驱动系统，例如高效电机、能效驱动器等，可以降低水泵的能耗，减少运行成本。

3. 智能预测与维护系统

结合大数据分析，建立智能预测与维护系统，能够提前预测水泵可能出现的故障，并进行及时的维护，降低停机时间。

消防水泵的选型与配置直接关系到消防系统的性能和可靠性，合理选择水泵类型、考虑消防系统的需求、引入新技术都是设计中需要重点考虑的因素。通过智能化、自动化的配置，能够提高水泵系统的运行效率、降低能耗，并通过远程监控实现对水泵的实时管理，确保在火灾发生时能够及时、有效地提供消防水源。在设计中还应充分考虑水泵的可靠性和维护性，建立完善的维护计划，延长设备的使用寿命，确保系统的长期稳定运行。

三、水源供给与水压稳定性

（一）水源供给的基本概念

水源供给是指建筑消防系统中消防水源的来源和供水方式。消防系统需要可靠的水源来满足消防用水的需求，因此水源供给的设计至关重要。

（二）水源供给的类型

1. 市政供水

市政供水是指建筑通过连接到城市的自来水管网来获取水源。这是常见的水源供给方式，管网能够提供稳定、持续的水源。

2. 局部水源

局部水源包括建筑内部的水池、水箱等设施。这种水源通常用于备用或作为辅助水源，确保在紧急情况下仍能够提供足够的消防水源。

3. 水源质量考虑

不同的水源可能具有不同的水质特点，消防系统在设计时需要考虑水质的要求，确保水源符合消防用水标准。

（三）水压稳定性的考虑因素

1. 管网设计

合理的管网设计能够减小水流阻力，提高水流稳定性。需要考虑管道的直径、长度、弯头等因素，优化管网结构。

2. 水泵配置

消防水泵的配置直接关系到水压的稳定性。通过合理的水泵配置和自动调节系统，能够在不同消防需求下维持水压的稳定。

3. 智能调压技术

引入智能调压技术，根据实际的用水需求对水泵进行智能调节，可以提高水压的稳定性。

4. 水池与水箱的设计

在系统中设置水池和水箱，通过这些设备能够在需要时提供储备水源，确保系统在紧急情况下仍能够维持水压的稳定。

（四）新技术在水源供给与水压稳定性中的应用

1. 无人机巡检技术

通过无人机巡检水源管道，能够及时发现漏水和损坏，确保管道系统的完整性，提高水源供给的可靠性。

2. 物联网技术

利用物联网技术，实时监测水源供给系统的运行状态，通过数据分析和预测，提前发现潜在问题，确保系统的可靠性。

3. 智能调度系统

采用智能调度系统，根据不同时间段和需求情况，灵活调整水泵运行状态，提高水压的稳定性。

水源供给和水压稳定性是建筑消防系统设计中需要重点考虑的问题。合理选择水源供给方式、考虑管网设计、配置合适的水泵和利用新技术，都是提高水源供给可靠性和水压稳定性的关键因素。通过智能化、自动化的配置，能够提高系统的运行效率、降低能耗，并通过远程监控实现对水源供给系统的实时管理，确保在火灾发生时能够及时、有效地提供稳定的消防水源。在设计中还应充分考虑水源质量、管网设计、水泵配置等因素，确保系统在长期运行中保持高水压稳定性。

四、消防水管网络的布局

（一）消防水管网络的概念

消防水管网络是指建筑中专门用于消防系统的水管布局和连接方式。合理的布局能够确保在火灾发生时迅速、高效地输送足够的水源到灭火现场，保障人员的生命安全和财产安全。

（二）消防水管网络布局的原则

1. 最短路径原则

确保消防水管网络的布局最短且直接，减少水源到灭火现场的输水路径，提高输水效率。

2. 多管备份原则

采用多管备份的设计，即在系统中设置备用水管，以应对主管道故障或维修时的需要，保证系统的可靠性。

3. 分区划分原则

将建筑划分为不同的消防水源分区，每个分区设有相应的水泵和水箱，以降低输水距离，确保每个分区都能够迅速获取足够的水源。

（三）消防水管网络的主要组成部分

1. 消防水泵房

消防水泵房是消防水管网络的关键组成部分，内设有水泵和控制系统，负责将水源输送到建筑的各个消防设施。

2. 消防水箱

设置消防水箱，用于存储备用水源，确保在紧急情况下系统能够持续供水。

3. 消防水池

消防水池作为大容量的储水设备，通过引入自然水源或市政供水，提供额外的水源。

4. 消防水管道

消防水管道是将水源从水泵房输送到建筑各层和各区域的管道系统，需要根据建筑结构和用途设计合理的管道布局。

5. 消防水带和喷头

将水源传递到实际灭火现场的关键组件，需要根据建筑的布局和火灾风险区域合理配置。

（四）消防水管网络的布局优化

1. 基于建筑类型的布局优化

不同类型的建筑，其消防水管网络的布局需要根据建筑的结构、高度和用途进行调整和优化。

2. 智能化监控与控制

引入智能监控系统，实时监测消防水管网络的运行状态，能够及时发现问题并进行调整，提高系统的自动化和智能化水平。

3. 新技术的应用

利用新技术，如物联网、大数据分析等，优化消防水管网络的布局，从而提高系统的响应速度和效率。

（六）消防水管网络与建筑结构的协调

1. 结构穿越设计

在建筑结构设计中考虑消防水管道的穿越，避免对建筑结构产生不良影响。

2. 消防设备的隐藏设计

将消防设备合理隐藏在建筑结构中，既不影响建筑美观，又确保了消防设备的功能。

消防水管网络的布局是建筑消防系统设计中至关重要的一环。通过遵循最短路径原则、多管备份原则和分区划分原则，结合智能监控与控制、新技术的应用以及与建筑结构的协调，可以优化系统的布局，提高系统的可靠性和灵活性。在设计中还需考虑建筑的类型和用途，灵活运用不同的水源供给方式，确保在不同的场景下都能够提供高效、稳定的消防水源。

五、消防水源的防冻措施

（一）防冻背景

消防水源在寒冷季节容易受到低温天气的影响而发生冻结，这会造成消防系统的失效，从而影响到火灾应急处理。因此，制定科学合理的防冻措施对于确保消防水源的正常运作至关重要。

（二）防冻原因分析

1.管道自由结冰

在极寒天气中，水管内的水会结冰，导致管道堵塞，进而影响到水源的正常供应。

2.设备结冰

消防水泵、水箱等设备在极寒环境中容易受到结冰影响，使其失去正常运转能力。

3.消防水源管道裂缝

水管因为冻结膨胀容易发生裂缝，从而造成漏水，减少了可用的水源。

（三）防冻措施

1.保温材料的选择

在消防水源的关键部位，如水泵房、水箱、管道等，需要选择高效的保温材料进行包覆，减缓冷空气对水源的影响，提高防冻能力。

2.加热设备的应用

对于水泵房、水箱等设备，安装加热设备，通过定期加热，防止设备结冰，保障设备的正常运行。

3.管道保温

在水源管道中使用保温套管或电加热带等设备，避免水管结冰，确保水源通畅。

4.防冻液的使用

在水箱中添加防冻液，提高水的结冰点，从而在低温环境中更好地保持水源的流动性。

5.定期检查与维护

建立定期检查与维护制度，包括检查保温层的完整性、加热设备的工作状态、管道的漏水情况等，及时发现问题并采取措施修复。

（四）技术创新应用

1.智能监测系统

引入智能监测系统，通过温度、湿度等传感器实时监测消防水源关键部位的环境情况，提前发现可能发生的冻结风险。

2.远程控制系统

建立远程控制系统，可通过远程手段控制加热设备的启停，灵活应对不同气温环境。

3. 预测模型应用

利用气象数据建立防冻预测模型，提前了解未来可能的低温天气，采取相应的预防措施。

（五）操作指南与培训

1. 操作指南

制定详细的操作指南，确保管理人员能够正确、迅速地应对低温环境下可能发生的问题，以及正确操作防冻设备。

2. 培训

定期对相关人员进行防冻知识的培训，提高其对防冻措施的认识，确保在寒冷天气中水源设备的正常运行。

通过科学合理的防冻措施，可以确保消防水源在极寒环境中的正常运行。采用保温、加热、防冻液等多重手段的组合应用，结合智能化监控系统的引入，能够更好地防范和解决消防水源的冻结问题，提高系统的可靠性和稳定性。同时，操作指南与培训的开展也是确保防冻措施有效实施的重要保障。

第四节 防火分区划分

一、防火墙的设计原则

（一）防火墙的基本概念

防火墙是建筑中的一种被动防火构筑物，其主要作用是在火灾发生时，阻止火势的蔓延，减缓火灾的发展速度，为人员疏散和灭火工作争取时间。

（二）防火墙的设计原则

1. 分区划分原则

防火墙应根据建筑的使用性质、火灾危险性等因素进行合理的分区划分。不同分区的防火墙要根据建筑用途和设计要求的防火等级进行合理设置，确保在火灾发生时能够有效地隔离不同区域，减缓火势蔓延。

2. 结构完整性原则

防火墙的设计要求其具有良好的结构完整性，即在火灾发生时能够保持其原有的结构稳定性，不轻易坍塌。这需要在选材、连接方式等方面进行合理设计，确保防火墙在火灾中能够承受一定的热辐射和冲击。

3. 耐火极限原则

防火墙的耐火极限是指其在火灾条件下能够承受一定时间的火焰、高温和热辐射而不坍塌。设计防火墙时，需要根据建筑的用途和防火等级确定其耐火极限，以确保其在火灾发生时能够起到预期的防火作用。

4. 封闭性原则

防火墙要具有良好的封闭性，即在火灾发生时，能够有效地阻止烟气和火焰穿越防火墙，防止火势蔓延到相邻区域。这需要考虑防火墙的密封性能，包括防火门、防火窗等的设计和安装。

5. 防火墙与其他构筑物的协调性原则

防火墙的设计要与建筑的整体结构和其他构筑物协调一致。在建筑平面和立面布局中，要合理设置防火墙，避免出现结构瑕疵，确保防火墙在建筑中起到良好的防火隔离作用。

（三）防火墙的建材选择

1. 耐火材料的选择

防火墙的主要构成材料应选择耐火性能好的材料，如防火砖、防火板等。这些材料在火灾中能够更好地保持结构完整性，防止火势蔓延。

2. 密封材料的选择

防火墙的密封性能需要依赖于密封材料，如防火胶条、防火密封胶等。这些材料应具有良好的耐火性能和密封性能，以确保在火灾中能够有效地阻止烟气和火焰的穿越。

（四）防火墙的施工与验收

1. 施工管理原则

在防火墙的施工过程中，需要严格按照设计要求和相关标准进行施工管理，确保施工质量和工艺符合要求。

2. 施工工艺原则

防火墙的施工工艺应考虑材料的连接方式、封闭性能的实现等因素，合理选择施工工艺，确保防火墙的设计要求得以满足。

3. 防火门窗的安装

防火墙中的防火门窗是防火隔离的重要组成部分，其安装要符合相关标准和设计要求，保证其在火灾中能够正常关闭并发挥作用。

4.验收标准

防火墙的验收应依据相关国家标准和设计文件进行，包括防火墙的耐火极限、结构完整性、封闭性等性能指标的检测，要确保防火墙的施工质量符合设计要求。

防火墙作为建筑防火的重要组成部分，其设计要符合科学合理的原则，施工过程中需要遵循相应的管理和工艺要求。通过合理的材料选择、施工工艺和验收标准，确保防火墙在火灾中能够发挥良好的防火隔离作用，为人员的生命安全和财产安全提供有力的保障。

二、防火门与防火隔离带

（一）防火门的设计与功能

1.防火门的基本概念

防火门是一种具有一定防火性能的门体，其主要作用是在火灾发生时阻止火势蔓延，确保人员有足够的时间疏散或进行灭火。防火门通常安装在建筑的出口、通道等位置，起到隔离不同区域的作用。

2.防火门的分类

防火门根据其材质、结构和防火性能的不同，可以分为多种类型，包括金属防火门、木质防火门、玻璃防火门等。其防火性能也有不同等级，如30分钟、60分钟、90分钟等，根据建筑的需要进行选择。

3.防火门的设计原则

材料选择：防火门的材料应具备一定的防火性能 -- 耐高温、不易燃烧，常用的防火门材料有钢板、耐火木材等。

（1）密封性能：防火门应具备良好的密封性能，以阻止烟气和火焰穿越，防止火势蔓延。

（2）连接方式：防火门的连接方式应采用耐高温的连接件，确保在火灾中连接部位不易熔化，保持门体的结构完整性。

（二）防火隔离带的作用与设置

1.防火隔离带的定义

防火隔离带是指在建筑中设置的一段区域，其目的是在火灾发生时阻止火势的蔓延，保护人员的生命安全和财产安全。防火隔离带一般设置在建筑的不同功能分区之间，起到隔离的作用。

2. 防火隔离带的设置原则

合理划分：防火隔离带的划分应根据建筑的用途、火灾危险性等因素进行合理划分，确保其能够有效隔离不同区域。

（1）宽度要求：防火隔离带的宽度应符合相关标准和设计要求，保证在火灾时人员有足够的空间进行疏散。

（2）材料选择：防火隔离带的地面材料应选择阻燃性能好的材料，以防止火灾时地面燃烧蔓延。

（三）防火门与防火隔离带的协调设计

1. 门的位置与数量

防火门的设置要考虑到防火隔离带的布局，确保在火灾发生时人员能够迅速、顺利地进入防火隔离带进行疏散。门的位置和数量应符合相关标准和设计要求。

2. 防火门的尺寸和开启方向

防火门的尺寸和开启方向要考虑到人员疏散的流线性，确保在火灾时能够快速打开，且不影响人员的疏散通道。

3. 防火隔离带的标识与照明

在防火隔离带中，应设置明显的标识，指示人员疏散方向。此外，防火隔离带的照明系统应保证在火灾时能够正常工作，确保人员有足够的光线进行疏散。

（四）防火门与防火隔离带的施工与验收

1. 施工管理

防火门与防火隔离带的施工过程中，应按照相关标准和设计文件进行合理的施工管理，确保施工质量和工艺符合要求。

2. 防火门的安装

防火门的安装要求必须严格按照相关标准进行，包括连接件的选用、固定方式的设计等，确保防火门在火灾中能够正常工作。

3. 防火隔离带的验收

防火隔离带的验收应依据相关国家标准和设计文件进行，包括地面材料的检测、标识的合格性等，以确保防火隔离带能够满足设计要求。

防火门与防火隔离带作为建筑中的重要防火构筑物，在设计、施工和验收过程中需要严格按照相关标准和设计要求进行，以确保其在火灾中发挥预期的防火作用。通过科学合理的设计和精细的施工管理，可以为建筑的火灾防控提供有力的支持，确保人员的生命安全和财产安全。

三、防火窗的设计与选用

（一）防火窗的基本概念与作用

1. 防火窗的定义

防火窗是一种具有防火性能的窗户，它能够在火灾发生时防止火势蔓延，确保建筑内部的人员有足够的时间疏散或进行灭火。防火窗一般被应用于建筑物的疏散通道、楼梯间等位置，是建筑防火系统的重要组成部分。

2. 防火窗的作用

防火窗的主要作用是在火灾发生时起到防火隔离的作用，阻止火势通过窗户传播，保障人员的生命安全。其次，防火窗还可以提供疏散通道内的可视化，帮助人员更好地识别逃生方向。

（二）防火窗的分类与性能等级

1. 防火窗的材质分类

防火窗根据材质的不同可以分为金属防火窗、玻璃防火窗、复合材料防火窗等。每种材质都有其特定的防火性能和适用场景。

2. 防火窗的性能等级

防火窗的性能等级通常按照其耐火时间来划分，包括 30 分钟、60 分钟、90 分钟等。不同的建筑场所和要求需要不同性能等级的防火窗。

（三）防火窗的设计原则

1. 材料选择

防火窗的材料选择至关重要，通常采用具有良好耐火性能的金属、玻璃和耐火复合材料等。设计时要考虑材料的密封性、耐高温性和抗冲击性。

2. 结构设计

防火窗的结构设计应考虑其整体的密封性能，确保在火灾时不会产生明显的漏气现象，防止烟气通过窗户传播。

3. 开启方式

防火窗的开启方式应灵活可靠，确保在紧急情况下能够快速打开，方便人员疏散。常见的开启方式包括推拉式、翻转式等。

（四）防火窗的安装与维护

1. 安装要求

防火窗的安装要符合相关的国家标准和设计文件要求，确保其与建筑墙体的连接牢固、密封性好。

2. 维护保养

防火窗的定期维护是确保其长期有效性的关键。包括检查密封条是否完好、防火玻璃是否清晰、开启机构是否灵活等部分。

（五）防火窗的选用与配置

1. 合理选型

在建筑设计阶段，需要根据建筑的功能、结构和防火要求，合理选择防火窗的材料和性能等级。

2. 合理配置

防火窗的配置要考虑到建筑内部的疏散通道、楼梯间等关键位置，确保其在火灾时能够发挥最大的防火作用。

（六）防火窗的市场发展趋势

1. 智能化

随着科技的发展，智能化防火窗将成为未来的发展趋势，具备远程监控、自动报警等功能。

2. 节能环保

防火窗的材料和设计将更注重节能环保，采用可再生材料和绿色设计理念。

防火窗作为建筑防火系统中的关键组成部分，其设计与选用需要兼顾建筑功能和防火性能。通过科学合理的设计、合适的材料选择以及规范的安装和维护，防火窗能够在火灾中发挥重要作用，确保人员的生命安全和财产安全。随着科技和社会的发展，防火窗的智能化和绿色化将成为未来的发展方向。

四、防火楼梯间的构造

（一）防火楼梯间的基本概念与重要性

1. 防火楼梯间的定义

防火楼梯间是指在建筑中设置的用于疏散的楼梯空间，其设计和构造能够在火灾发生时阻止火势蔓延，确保人员安全疏散。

2. 防火楼梯间的重要性

防火楼梯间是建筑内部的主要疏散通道之一，其防火性能直接关系到火灾时人员的生命安全。合理的构造设计和材料选择是确保防火楼梯间功能完备的关键。

（二）防火楼梯间的结构设计原则

1. 材料选择

防火楼梯间的构造应选择能够提供一定防火时间的建筑材料，如耐火墙板、耐火楼梯扶手等。

2. 结构设计

防火楼梯间的结构设计应符合国家防火标准，确保在火灾发生时能够阻止火势蔓延，同时要考虑其通风性能，以减少烟气对人员的危害。

3. 防火门的设置

在防火楼梯间的出口处应设置防火门，以确保在火灾时可以有效地隔离火源。

（三）防火楼梯间的施工与验收

1. 施工过程监控

防火楼梯间的施工应符合相关的设计文件和国家标准，施工过程中要进行严格的监控，确保结构的质量符合设计要求。

2. 设备与系统验收标准

在防火楼梯间完工后，需要进行设备与系统的验收，以确保楼梯间内的疏散设备、照明、通风等系统正常运行。

3. 防火门的防火性能测试

防火门作为防火楼梯间的重要组成部分，其防火性能应进行严格的测试，确保其耐火时间和密封性能符合要求。

（四）防火楼梯间的装饰与标识

1. 装饰原则

防火楼梯间的装饰应考虑到防火性能，不仅要避免使用易燃材料，同时要保持楼梯间的整体美观。

2. 安全标识

在防火楼梯间内应设置清晰可见的安全标识，包括疏散指示标识、楼层标识等，以指导人员正确疏散。

（五）防火楼梯间的维护与管理

1.定期检查

防火楼梯间应定期进行检查，包括防火门的密封性能、通风系统的运行状态等，确保其在平时能够保持良好的状态。

2.清理与整治

楼梯间内不应堆放杂物，定期清理楼梯间，保持通道畅通，防止火灾时存在障碍物。

（六）防火楼梯间的未来发展趋势

1.智能化设计

未来的防火楼梯间设计将更加注重智能化，包括疏散指示灯、智能感应设备等，用以提高疏散效率。

2.绿色环保

在材料选择和施工过程中，将更注重使用环保材料，减少对环境的影响。

防火楼梯间作为建筑内部重要的疏散通道，在设计和构造时应该充分考虑其防火性能，确保在火灾发生时能够提供安全有效的疏散通道。通过合理的结构设计、材料选择和定期的维护管理，防火楼梯间能够更好地保障人员的生命安全。未来，随着科技和环保意识的提升，防火楼梯间将朝着智能化和绿色环保的方向发展。

五、防火分区与建筑逃生设计

（一）防火分区的基本概念

1.防火分区的定义

防火分区是指将建筑区域划分为相对独立的、能够阻止火势蔓延的区域，以减小火灾对建筑整体的影响，确保人员安全疏散和灭火。

2.防火分区的作用

（1）防止火灾蔓延：防火分区通过设置防火墙等隔离措施，阻止火势在建筑内的扩散，从而减小火害范围。

（2）保障疏散通道：确保人员在火灾发生时能够有足够的时间和空间进行疏散，提高逃生效率。

（3）为消防人员提供作战时间：防火分区的设置可以为消防人员提供更多的时间，使其有针对性地灭火和救援。

（二）防火分区的划分原则

1. 功能分区原则

根据建筑的功能特点，将建筑划分为相应的功能区域，用以确保不同功能区域的火灾不会相互影响。

2. 垂直分区原则

通过设置防火墙、防火楼梯间等垂直分区隔离火源，能够减小火灾传播的可能性。

3. 水平分区原则

通过设置防火墙、耐火楼板等水平分区隔离火源，限制火势在同一楼层的扩散。

（三）防火墙的设计与构造

1. 防火墙的材料选择

防火墙的构造材料应选择具有一定耐火性能的材料，如耐火砖、耐火混凝土等。

2. 防火墙的施工要点

防火墙施工应符合相关的国家标准，确保其稳固性和密封性，防止火势穿透。

3. 防火墙与建筑结构的协调

防火墙的设置要考虑与建筑结构的协调，确保防火墙的设置不影响建筑整体的稳定性。

（四）建筑逃生设计原则

1. 疏散通道的设置

建筑应设置合理、畅通的疏散通道，确保人员能够迅速有序地疏散。

2. 避难层的设置

在高层建筑中，应设置避难层，为人员提供安全避难的空间，防止火灾时人员被困。

3. 安全疏散指示系统

建筑内应设置清晰可见的安全疏散指示标识，用以引导人员正确、迅速地疏散。

（五）紧急疏散通道的规划

1. 疏散楼梯的设计

疏散楼梯应符合国家标准，具备一定的宽度和承载能力，确保人员快速疏散。

2. 消防电梯的设置

建筑中应设置符合防火要求的消防电梯，以提高火灾时人员的疏散效率。

3. 防烟楼梯间的设计

防烟楼梯间应设计具备阻隔烟气的能力，确保疏散通道内的空气相对清新。

防火分区和建筑逃生设计是建筑消防工程中极其重要的部分，直接关系到人员在火灾中的生命安全。通过科学合理的分区设计、防火墙构造和疏散通道规划，可以最大限度地减小火灾的危害，为人员提供安全疏散的条件。在未来的建筑设计中，应继续加强对防火分区和逃生设计的研究，不断提升建筑的整体防火水平。

第五节　紧急疏散通道规划

一、疏散楼梯的位置与数量

（一）疏散楼梯的设计原则

1. 安全性原则

疏散楼梯的位置应考虑建筑结构、功能分区等因素，保障在火灾等紧急情况下，人员能够迅速、安全地到达疏散楼梯口，并通过楼梯安全撤离。

2. 疏散效率原则

合理设置疏散楼梯的数量，确保在建筑内的各个区域都有足够的楼梯可供使用，提高疏散效率。这需要考虑建筑的使用人数、功能分区、楼层面积等因素。

3. 空间布局原则

疏散楼梯的位置应考虑建筑的整体空间布局，避免设置在容易被火灾侵袭的区域，同时要考虑楼梯与其他建筑构件的协调，保障建筑结构的完整性。

（二）影响疏散楼梯位置与数量的因素

1. 建筑用途

不同用途的建筑对疏散楼梯的需求不同，例如住宅楼、商业建筑、办公楼等，其使用人数和疏散需求会有所不同。

2. 建筑高度

建筑的高度直接影响到疏散楼梯的数量和位置，高层建筑通常需要设置多个疏散楼梯，以确保疏散通道的通畅性。

3. 使用人数

建筑内的使用人数是确定疏散楼梯数量的重要因素，使用人数多的建筑需要设置更多的疏散通道，以应对紧急情况下的大规模疏散。

4. 建筑形状

建筑的形状也会对疏散楼梯的设置产生影响，建筑形状复杂或不规则的情况下，可能需要增加疏散楼梯的数量，以确保覆盖到所有区域。

二、疏散通道的宽度与高度

（一）疏散通道宽度的设计原则

1. 人流量考虑

疏散通道的宽度应根据建筑使用的人流量合理设计。根据建筑用途和规模，不同区域的人流量会有所不同，因此宽度的设计需要根据实际情况灵活调整。

2. 空间布局原则

考虑建筑的空间布局，合理设置疏散通道的宽度，确保在不同功能区域能够满足人员疏散的需要。通常，主要疏散通道的宽度要比次要通道大，以确保主要人流能够快速撤离。

3. 紧急情况下的行为分析

在紧急情况下，人们的行为会发生变化，可能会出现推挤、拥堵等状况。因此，疏散通道的宽度设计需要考虑人员在紧急情况下的行为特点，预留一定的安全余地。

（二）疏散通道高度的设计原则

1. 人身安全空间

疏散通道的高度应考虑到人的身体尺寸，确保人员在疏散通道内能够自由行走，避免发生碰撞或受伤。一般来说，通道的净高度不应低于标准的人体身高。

2. 明暗过渡设计

在通道高度设计中，考虑到人的心理感受，可以通过逐渐升高或降低的设计，实现明暗过渡，减缓人员疏散过程中的紧张情绪，提高疏散效率。

3. 安全设施与装饰物的设置

通道高度的设计还需考虑到紧急情况下的逃生工具、指示标识等安全设施的设置，确保这些设施不会妨碍通道的使用。此外，装饰物的选择也应避免对通道高度的有效利用产生负面影响。

（三）影响疏散通道宽度与高度的因素

1.建筑用途

不同建筑用途对通道宽度与高度的需求不同，例如，商业建筑、住宅楼、办公大楼等，其人员密度和使用频率各异，需要结合实际情况进行调整。

2.空间结构

建筑的结构形式对通道的设计也有一定影响，例如柱网结构、梁结构等，都需要在设计时充分考虑通道的设置，避免结构影响通道的畅通性。

3.法规标准

不同国家和地区对建筑疏散通道宽度与高度都有相关的法规标准，设计时需要严格遵循当地的相关规定，以确保建筑的合规性。

疏散通道的宽度与高度是建筑设计中需要仔细考虑的重要因素。设计师在规划建筑疏散通道时，需综合考虑建筑用途、人流量、紧急情况下的人员行为特征等多方面因素，以确保通道宽度与高度的科学合理性，提高建筑紧急疏散的效率，保障人员的安全。

三、疏散楼梯与出口的标识

（一）设计原则

1.易识别性

标识应具有明显的易识别性，使人们在任何紧急情况下都能够迅速辨认，包括清晰的图形和文字，确保信息一目了然。

2.明确的方向指引

标识要提供明确的方向引导，告知人们疏散的正确方向。箭头、文字或图示应当清晰地指向疏散楼梯和出口的位置。

3.高度可见性

标识的位置应当考虑到不同场景下的可见性，包括正常照明和紧急照明条件下的可见性，以确保在各种光照情况下都能够清晰可见。

4.与建筑风格协调

标识的设计要与建筑风格协调一致，既满足功能性要求，又不破坏建筑整体的美感。

（二）标准规范

1. 尺寸标准

标识的尺寸应符合相关的国家或地区标准规范，确保在远处和近处都能够清晰辨认。

2. 颜色标准

不同类型的标识可以采用不同的颜色，以提高区分度。例如，疏散通道标识通常采用绿色或白色，火警报警器标识通常采用红色。

3. 发光标识

在一些特殊场所，如电影院、大型商场等，可以考虑采用发光标识，以确保在光线较暗或烟雾较大的情况下仍然能够清晰看见。

4. 标识的维护与更新

为了确保标识的有效性，定期的维护和更新是至关重要的。维护包括清理标识表面，确保其可见性；更新则包括根据建筑结构的变化和新的标准规范进行标识的更新，以保持其与建筑环境的协调一致。

疏散楼梯与出口的标识设计是建筑安全的重要环节之一。合理的设计原则、符合标准规范的设置以及定期的维护与更新，都能够保障人们在紧急状况下的安全疏散。在建筑设计中，标识的考虑应当贯穿于整个规划与执行过程中，以确保其最大程度的有效性和可靠性。

四、紧急疏散照明系统

（一）紧急疏散照明系统的重要性

紧急疏散照明系统是建筑物安全设计中至关重要的一部分。它在火灾、电力故障或其他紧急情况下提供额外的照明，确保人员能够迅速、有序地疏散到安全区域。在设计和使用过程中，紧急疏散照明系统的合理性和可靠性直接关系到建筑物的安全性和应急响应能力。

（二）紧急疏散照明系统的设计原则

1. 明确的疏散路径标识

紧急疏散照明系统应明确标识疏散路径，包括疏散通道、楼梯、出口等关键位置。这有助于在紧急情况下，人们能够清晰地辨认最短、最安全的疏散路径。

2. 高度可见性和鲜明度

照明系统的设备应具备足够的亮度，以确保在恶劣的光照条件下仍然能够提供充足的照明。同时，颜色应选择醒目的标准颜色，如绿色或白色，以增强可见性。

3. 电源备份和自检功能

为确保照明系统在电力故障等紧急情况下依然可使用，系统应当配备备用电源，如应急电池或发电机。此外，系统应具备自检功能，定期检测设备的运行状态，及时发现并修复潜在故障。

4. 适应性和灵活性

不同建筑的布局和结构各异，照明系统应具备适应性和灵活性，能够根据建筑的特点进行定制。这包括照明设备的位置、数量和亮度的调整。

（三）紧急疏散照明系统的类型

1. 应急照明灯具

这是最常见的一种紧急疏散照明系统，通常安装在建筑的关键位置，如走廊、楼梯口、出口等地方。它们装有紧急电池，一旦主电源中断，这些灯具会自动亮起，为人员提供足够的照明。

2. 沿途疏散指示灯

这些灯具通常安装在疏散通道的地面或墙壁上，指示着人们沿着正确的方向疏散。它们在疏散过程中起到引导的作用。

3. 应急出口标识

紧急出口标识通常带有照明装置，以确保在黑暗中仍然清晰可见。这种标识通常配备了自发光材料，确保在停电时仍能提供足够的亮度。

（四）系统维护与定期检测

为确保紧急疏散照明系统的可靠性，定期的维护和检测是必不可少的。这包括对电源系统、灯具及其控制系统的检查，以及紧急电池的更换和功能自检。

紧急疏散照明系统在建筑物安全中扮演着不可或缺的角色。通过合理的设计原则、适应性的类型选择以及系统的定期维护，可以保障这一系统在紧急状况下始终发挥作用，保障人员的生命安全。建筑设计者和管理者应当高度重视紧急疏散照明系统的规划与实施，以提高建筑的整体安全性。

五、疏散演练与紧急情况预案

（一）疏散演练的重要性

1. 安全意识培养

疏散演练是建筑内部人员和访客培养安全意识的重要途径。通过模拟紧急情况，人们可以更好地理解疏散路径、紧急出口位置以及在紧急情况下的行为准则，提高应对紧急情况的能力。

2. 团队协作与配合

疏散演练是一个团队协作的过程，通过演练，团队成员可以更好地了解各自的责任和任务，提高协同作战的效率。这对于建筑物内部各个部门、组织和单位的协同应急响应至关重要。

3. 紧急情况下的冷静应对

在紧急情况下，人们往往出现恐慌和混乱，而疏散演练可以帮助他们在紧急情况中保持冷静，迅速而有序地采取正确的行动，降低事故的风险。

（二）疏散演练的组织与实施

1. 制订详细演练计划

在进行疏散演练之前，建筑管理者和安全人员应制订详细的演练计划，明确演练的时间、地点、参与人员以及演练的具体流程。计划中应包括不同紧急情况的演练方案，确保全面覆盖可能发生的紧急状况。

2. 通知与沟通

在进行疏散演练之前，必须提前通知参与演练的人员，保障他们知晓演练的目的、时间和流程。有效的通知和沟通可以提高演练的真实性和参与度。

3. 模拟真实紧急情况

疏散演练应当尽可能地模拟真实的紧急情况，包括触发疏散警报、模拟火灾烟雾等。这样可以更好地检验疏散路径的有效性，评估人员的疏散速度和协作能力。

4. 演练后总结与改进

每次疏散演练结束后，都应进行总结与评估。参与人员可以提出建议和意见，以帮助改进演练计划和提高演练的实效性。这些总结可以成为今后改进安全预案和疏散策略的依据。

（三）紧急情况预案的编制与优化

1. 紧急情况分类

建筑管理者应当根据建筑的特点和可能发生的紧急情况，制订不同类型的紧急情况预案。例如，火灾、地震、电力故障等各种情况都需要有针对性的应急措施。

2. 清晰的责任分工

紧急情况预案中应明确不同人员和部门的责任和任务。例如，安全人员负责组织疏散演练，消防人员负责灭火，医务人员负责伤员救治等。明确的责任分工有助于在紧急情况中有序应对。

3. 与相关部门的协调

建筑管理者在编制紧急情况预案时，应与相关部门进行充分的协调。这包括与消防部门、医疗救援部门等沟通，确保在紧急情况发生时能够得到及时、有效的支持。

4. 定期演练和更新

紧急情况预案不是一成不变的，应定期进行演练并根据演练结果进行更新和优化。只有通过实际演练，才能不断完善情况预案，提高应对紧急情况的能力。

（四）高科技手段在疏散与预案中的应用

1. 疏散路径模拟软件

利用先进的疏散路径模拟软件，可以更精确地评估不同紧急情况下的疏散时间和路径。这种软件可以帮助建筑设计者优化疏散通道的设置，提高疏散效率。

2. 紧急情况通信系统

高科技通信系统的应用，如紧急情况下的定位系统、通信设备，可以在紧急情况下提供更快速、可靠的信息传递，保障人员及时获得紧急情况的通知和指导。

3. 数据分析与预测

通过数据分析技术，可以对建筑内部的人流、疏散路径等进行预测和优化。这有助于在设计阶段就考虑到疏散效果，提高建筑的整体安全性。

（五）紧急情况预案的社会化宣传

1. 紧急情况教育活动

通过定期的紧急情况教育活动，提高建筑内部人员和访客的安全意识。这可以包括安全演讲、紧急情况知识测试等形式，增强人们在紧急情况下的应对能力。

2. 紧急情况漫画和宣传册

通过易懂的漫画和宣传册，向建筑内部人员介绍紧急情况预案和疏散流程。生动形象的表达方式有助于人们更好地理解和记忆应对策略。

　　疏散演练和紧急情况预案是建筑安全管理中不可或缺的一部分。通过有计划的演练和科学合理的预案，建筑内部的人员和访客能够在紧急情况中保持冷静、有序地疏散，最大程度地降低生命和财产的损失。建筑管理者应认识到紧急情况预案的重要性，并采用高科技手段不断提升演练和预案的水平，以应对不断变化的安全挑战。

第五章　灭火系统设计

第一节　灭火系统种类

一、干粉灭火系统

（一）干粉灭火系统的工作原理

1. 干粉的灭火机制

干粉灭火系统是一种常用于多种火灾类型的灭火设备。其工作原理是基于干粉对火灾源的作用，主要包括物理和化学两个方面。

（1）物理作用：干粉具有覆盖和隔离的作用。当干粉喷射到火源上时，会形成一层覆盖物，阻隔空气和燃料的接触，削弱火源的氧气供应，从而窒息火灾。

（2）化学作用：干粉中的化学成分可以妨碍火焰的化学反应，抑制燃烧链条的传播，达到灭火的作用。

2. 灭火剂的选择

不同类型的火灾需要选择不同种类的干粉灭火剂。常见的干粉灭火剂包括氨基甲酸盐、磷酸二铵、氯化铵等。这些灭火剂在灭火时起到物理隔离和化学抑制的作用。

（二）干粉灭火系统的组成

1. 储粉装置

干粉灭火系统的核心是储粉装置，它负责储存干粉灭火剂，并在触发条件下将其释放到火源位置。

2. 喷嘴与管道

喷嘴和管道构成了干粉传递的通道。喷嘴的设计影响着干粉的均匀喷洒，而管道的布局要考虑到被保护区域的特点，确保干粉能够迅速到达火源。

3. 控制系统

控制系统是干粉灭火系统的智能核心，通常包括感应器、控制面板和触发装置。感应器可以监测火灾的各项参数，控制面板对系统进行监控和控制，而触发装置则根据感应器的信号触发释放干粉。

（三）干粉灭火系统的应用领域

1. 工业场所

干粉灭火系统在工业场所得到广泛应用，特别是对于涉及到可燃气体、液体的场所，如化工厂、油库等。

2. 车辆和交通工具

干粉灭火器常被用于车辆和交通工具，因为它对各种类型的火灾都有较好的灭火效果，且对设备和车辆导致的损害相对较小。

3. 商业和居住场所

商业和居住场所也常安装干粉灭火系统，以保障人员的生命安全和财产安全。

（四）干粉灭火系统的优势和不足

1. 优势

（1）全能性：干粉灭火系统适用于多种类型的火源，具有全能性，可以有效灭火。

（2）对设备的损害小：干粉对电气设备的腐蚀相对较小，因此在电气设备场所得到广泛运用。

（3）操作简便：干粉灭火器的操作相对简便，适用于各类人员使用。

2. 不足

（1）残留物清理：干粉在灭火后会留下一定的残留物，清理相对麻烦。

（2）不适用于特定场所：在一些对残留物要求较高的场所，如实验室、博物馆等，干粉灭火系统可能不是首选。

（五）干粉灭火系统的维护与检查

1. 定期检查

定期检查包括对储粉装置、喷嘴、管道等各个部分的检查，保障系统处于良好工作状态。

2. 周期性维护

定期对系统进行维护，包括更换老化的部件、检查控制系统的稳定性等，以确保系统在需要时能够可靠地工作。

（六）干粉灭火系统的未来发展

未来，随着科技的不断进步，干粉灭火系统可能会在以下方面得到进一步发展：

1. 智能化

引入更智能化的控制系统，通过先进的感应技术实现更精准的火源定位和更快速的响应速度。

2. 精细化

优化喷嘴设计，实现更加精细化的喷洒，提高灭火效果的同时减少残留物。

3. 环保性

在灭火剂的选择和配方上进行优化，减少对环境的影响，提高系统的环保性。

综上所述，干粉灭火系统作为一种多功能、全能性强的灭火设备，在各个领域得到广泛应用。通过不断的技术创新和系统优化，它将在未来发挥更为重要的作用，为各类场所的火灾防护提供可靠的保障。

二、惰性气体灭火系统

（一）惰性气体灭火系统的概念

惰性气体灭火系统是一种通过释放惰性气体来抑制火灾的灭火系统。与传统的水、泡沫、干粉灭火系统相比，惰性气体灭火系统具有无残留、对设备无损伤等优点，逐渐成为许多特殊场所和重要设备的首选灭火方式。

（二）惰性气体的种类

1. 二氧化碳（CO_2）

二氧化碳是一种无色、无味、无臭的气体，常温常压下为气态。它是一种优秀的惰性气体灭火剂，主要通过降低氧气浓度来达到灭火的目的。

2. 惰性气体混合物

除了二氧化碳，惰性气体灭火系统还可以采用惰性气体混合物，如氩气、氮气、氦气等的混合。这些混合物能够更精准地适应不同的火灾场景。

（三）惰性气体灭火系统的工作原理

1. 氧气浓度调控

惰性气体灭火系统的核心工作原理是通过释放惰性气体，减少火源周围的氧气浓度，从而窒息燃烧，达到灭火的效果。二氧化碳和惰性气体混合物都能在火灾现场实现对氧气浓度的调控。

2.快速响应

惰性气体灭火系统具有快速响应的特点，一旦检测到火灾信号，系统能够在短时间内释放足够的惰性气体，迅速将火源控制在可接受的范围。

（四）惰性气体灭火系统的应用领域

1.电气设备房

由于惰性气体灭火系统对电气设备无损伤，常用于电气设备房、计算机机房等对设备要求较高的场所。

2.文化遗产保护

对于一些对水、干粉等有损害的文物、文献资料等文化遗产，惰性气体灭火系统成为保护的最佳选择。

3.化工生产场所

在化学品储存、生产等场所，惰性气体灭火系统能够有效灭火，同时避免因灭火剂本身带来的危险。

（五）惰性气体灭火系统的优势与劣势

1.优势

（1）无残留：惰性气体灭火系统灭火后不留任何残留物，无需清理。

（2）对设备无损伤：惰性气体不会对设备造成损伤，适用于电气设备房等场所。

（3）适用性广泛：适用于多种火源，包括电器火灾、油类火灾等。

2.劣势

（1）高成本：惰性气体灭火系统的设备和维护成本相对较高。

（2）需要密封性好的场所：惰性气体灭火系统对火源周围的密闭性要求较高，否则灭火效果会减弱。

（六）惰性气体灭火系统的维护与检查

1.定期检查

定期对惰性气体灭火系统的各个部件进行检查，保证喷嘴、管道等通道畅通无阻，控制系统灵敏可靠。

2.周期性维护

对系统进行定期的维护，包括更换气瓶、检查压力等，以保障系统在需要时能够正常工作。

（七）惰性气体灭火系统的未来发展

1. 高效混合气体

未来的惰性气体灭火系统可能会通过混合不同种类的惰性气体，以实现更高效的灭火效果。

2. 智能化控制

引入先进的感应技术和智能控制系统，使惰性气体灭火系统能够更加智能地适应不同的火源特性。

3. 环保型灭火剂

研发更环保、对人体无害的惰性气体灭火剂，以适应社会对环保的不断提高的要求。

惰性气体灭火系统作为一种高效、无残留、对设备无损伤的灭火方案，在特定场所和应用领域有着广泛的应用前景。通过不断的技术创新和系统优化，惰性气体灭火系统将在未来发挥更为重要的作用，为各类场所提供可靠的火灾防护。

三、水雾灭火系统

（一）水雾灭火系统的概念

水雾灭火系统是一种利用微小水滴形成的雾状水流进行灭火的系统。对比传统的喷水系统，水雾系统的水滴更加细小，能够在吸热蒸发的过程中吸收更多热量，从而迅速冷却和灭火。水雾灭火系统广泛应用于各种场所，包括商业建筑、住宅、机场等。

（二）水雾灭火系统的工作原理

1. 喷嘴设计

水雾灭火系统的关键在于喷嘴的设计，喷嘴能够将水压力转化为高速喷射的微小水滴，形成均匀的雾状水流。

2. 微小水滴的特性

与传统的大水滴相比，微小水滴有更大的表面积，能够更好地吸收热量并快速蒸发，进而达到更好的灭火效果。

3. 热量吸收原理

水雾灭火系统的热量吸收主要通过水滴的蒸发过程实现，吸收大量热量的同时，有效降低火源周围的温度，阻止火势蔓延。

（三）水雾灭火系统的分类

1. 高压水雾系统

高压水雾系统通常采用高压泵将水送至喷嘴，形成微小水滴。这种系统适用于需要精确控制水雾范围的场所，如图书馆、博物馆等。

2. 低压水雾系统

低压水雾系统通过气体推动水流，形成雾状水滴。这种系统通常适用于需要覆盖大面积的场所，如仓库、大型商场等。

（四）水雾灭火系统的应用领域

1. 电气设备房

由于水雾系统的微小水滴能够避免对电气设备的损伤，因此广泛应用于电气设备房的灭火防护。

2. 住宅和商业建筑

在住宅和商业建筑中，水雾系统因其对人体无害、无残留的特性，成为一种理想的灭火选择。

3. 交通运输场所

水雾系统适用于地铁站、机场等交通运输场所，其快速、高效的灭火特性有助于保障乘客和财产的安全。

（五）水雾灭火系统的优势与劣势

1. 优势

（1）高效灭火：微小水滴具有较大的表面积，能够更充分地吸收热量，提高灭火效果。

（2）对设备无损伤：水雾系统对电气设备等敏感设备无损伤。

（3）对人体无害：水雾灭火系统的水滴大小使其对人体无害，适用于人员密集场所。

2. 劣势

（1）安装成本较高：与传统的喷水系统相比，水雾系统的安装成本较高。

（2）维护要求高：喷嘴等关键部件需要定期检查和维护，以保障系统的正常运行。

（六）水雾灭火系统的维护与检查

1. 定期检查

定期检查水雾系统的喷嘴、水泵、管道等关键部件，确保其畅通无阻，能够在发生火灾时迅速启动。

2. 水质管理

水雾系统的喷嘴容易受到水质的影响，定期检测和处理水质，防止堵塞和腐蚀。

（七）水雾灭火系统的未来发展

1. 智能化控制

未来水雾灭火系统可能会引入智能感应技术，实现更加准确的灭火控制，提高系统的自适应性。

2. 环保型灭火剂

研发更环保、生态友好的水雾系统灭火剂，以适应社会对环保的日益增强的需求。

3. 高效能耗技术

引入更高效的能耗技术，提高水雾系统的能源利用效率，降低使用成本。

水雾灭火系统作为一种先进的灭火技术，在众多领域都展现出良好的应用前景。通过不断的技术创新和系统优化，水雾灭火系统将在未来为各类场所提供更为高效、安全的灭火防护。

四、蒸发性液体灭火系统

（一）蒸发性液体灭火系统的概念

蒸发性液体灭火系统是一种灭火技术，通过释放具有蒸发性质的液体，利用其蒸发过程中吸收热量的特性来抑制火灾的蔓延。这种系统常用于对特殊火源或对传统水雾灭火系统不适用的场景。

（二）工作原理

1. 蒸发性液体的选择

蒸发性液体灭火系统中使用的液体通常是易于蒸发的物质，例如丙酮、丁酮等。这些液体在释放后通过蒸发形成雾状，迅速吸收火源周围的热量，实现灭火的效果。

2. 蒸发性液体喷射系统

系统中包括储存蒸发性液体的容器、喷嘴和控制系统。当系统检测到火灾时，通过控制系统释放蒸发性液体，经喷嘴喷洒到火源周围，形成雾状。

3. 热量吸收与火源抑制

蒸发性液体在蒸发的过程中吸收大量热量，降低火源周围的温度，从而抑制火势的发展。同时，雾状液体还能包裹火源，阻止氧气进入，达到灭火的效果。

（三）蒸发性液体灭火系统的分类

1. 单一成分系统

这种系统使用单一成分的蒸发性液体，适用于对特定火源的灭火需求，例如电气设备房。

2. 多成分系统

多成分系统结合了多种蒸发性液体，通过混合释放，可适应不同类型的火源，提高系统的适用性。

（四）应用领域

1. 电气设备房

蒸发性液体灭火系统在电气设备房中广泛应用，由于其蒸发性质，避免了传统水雾系统可能对电气设备产生的损害。

2. 实验室和化学品储存区

对于实验室和化学品储存区域，蒸发性液体系统能够快速控制火势，减少化学品泄漏的风险。

3. 机械设备房

在机械设备房，蒸发性液体系统可以高效地灭火，确保设备的安全运行。

（五）优势与劣势

1. 优势

（1）高效灭火：蒸发性液体通过蒸发迅速吸收热量，具有较好的灭火效果。

（2）对设备无损伤：与传统水雾系统相比，蒸发性液体对电气设备等敏感设备无损伤。

（3）适用性广：可依据不同场景选择不同成分的蒸发性液体，提高系统的适用性。

2. 劣势

（1）成本较高：蒸发性液体系统的安装成本相对较高，包括液体储存设备、喷嘴系统等。

（2）液体成分选择：需要根据具体场景选择合适的蒸发性液体，可能需要定制设计。

（六）维护与检查

1. 定期检查系统状态

定期检查蒸发性液体系统的储液容器、喷嘴等关键部件，确保系统处于良好状态。

2. 替换蒸发性液体

根据系统规定的周期，对液体进行更替，确保系统能够在发生火灾时提供有效的灭火效果。

（七）未来发展趋势

1. 智能化控制

蒸发性液体系统可能在未来引入智能控制技术，提高系统的响应速度和灵活性。

2. 环保型液体研究

研究更为环保的蒸发性液体，降低系统的环境影响，符合可持续发展的要求。

蒸发性液体灭火系统作为一种先进的灭火技术，在特定场景中展现出独特的优势。通过不断的技术创新和改进，它将在未来为各类建筑和设施提供更为高效、安全的灭火保护。

五、专用气体灭火系统

（一）专用气体灭火系统的概念

专用气体灭火系统是一种广泛运用于多种场景的灭火技术。这类系统采用特殊设计的气体，通过释放气体来抑制火源的氧气供应，达到灭火的效果。专用气体灭火系统主要用于对电气设备、计算机房、档案室等对水灭火敏感或对设备造成损害的场所。

（二）工作原理

1. 选择适用的气体

专用气体灭火系统中使用的气体通常包括但不限于惰性气体（如氮气、氩气）、卤化气体（如卤化甲烷）、化学气体（如二氧化碳）。不同的气体在灭火过程中有着不同的工作原理。

2. 系统释放控制

系统通过火灾检测器或手动操作触发，释放预定量的气体进入受保护区域。这些系统通常配备有先进的监测和控制技术，确保在火灾发生时能够快速而准确地响应。

3. 气体扩散和灭火效果

释放的气体迅速扩散到整个受保护区域，降低氧气浓度，进而抑制火源的燃烧。灭火效果主要通过降低氧气浓度、冷却燃烧区域和阻止火源的氧气供应来实现。

（三）专用气体灭火系统的分类

1.惰性气体灭火系统

惰性气体系统采用不可燃的气体，例如氮气或氩气。这类气体主要通过降低氧气浓度来抑制火源。

2.卤化气体灭火系统

卤化气体系统采用卤代烷类气体，如卤代甲烷。这些气体主要通过化学作用抑制火源的燃烧。

3.二氧化碳灭火系统

二氧化碳灭火系统采用高浓度的二氧化碳气体，通过降低氧气浓度和冷却的方式来达到灭火的目的。

（四）应用领域

1.电气设备房

专用气体灭火系统在电气设备房中得到广泛应用，因为这些气体不会导致电气设备受损。

2.计算机房与数据中心

对于计算机房和数据中心等对水敏感的场所，专用气体灭火系统是一种理想的选择，能够迅速、有效地灭火而不影响设备的正常运行。

3.档案室和文物保护区

由于专用气体系统不会留下残留物质，适用于对文物、档案等有保护要求的场所。

（五）优势与劣势

1.优势

（1）无残留物：专用气体系统不会留下任何残留物，适用于对清洁度要求较高的场所。

（2）快速灭火：系统能够在火灾检测后迅速响应，降低火灾造成的损失。

（3）设备保护：适用于对水或其他灭火介质敏感的设备。

2.劣势

（1）高成本：安装专用气体灭火系统的成本较高，包括系统本身、气瓶、监测系统等。

（2）对人员的潜在危险：部分气体在高浓度下可能对人员有潜在的危险，需要谨慎使用。

（六）维护与检查

1. 定期检查系统状态

定期检查气瓶、喷嘴、监测系统等关键部件，确保系统时刻处于正常工作状态。

2. 替换气瓶

根据系统规定的周期，对气瓶进行更替，确保系统在需要时能够提供足够的灭火气体。

（七）未来发展趋势

1. 智能化控制

专用气体灭火系统可能在未来引入更智能化的控制技术，通过先进的感知系统提高系统的响应速度和准确性。

2. 更环保的灭火气体

研究更环保的灭火气体，降低系统的环境影响，符合可持续发展的要求。

专用气体灭火系统作为一种先进的灭火技术，在特定场景中展现出独特的优势。通过不断的技术创新和改进，它将在未来为各类建筑和设施提供更为高效、安全的灭火保护。

第二节　灭火剂选择

一、不同灭火剂的特性

（一）灭火剂的概念

灭火剂是用于扑灭火灾的物质，结合火灾的性质和场景的不同，选择合适的灭火剂至关重要。本章将深入探讨不同灭火剂的特性，包括物理性质、化学性质、应用场景等方面的内容。

（二）水

1. 物理性质

水是最常见的灭火剂之一，其物理性质具有高热容、高导热性等特点，使其能够迅速吸收火源的热量。

2. 化学性质

水是一种无机物，不具有化学反应灭火的特性。但由于其能够降低火源温度，使其燃烧条件不满足，因而能够有效灭火。

3. 应用场景

水适用于大多数火灾场景，特别是涉及可燃物质为固体的火灾。然而，对于涉及电气设备等特殊场景，水并不是最佳选择。

（三）二氧化碳

1. 物理性质

二氧化碳是一种无色、无味、无臭的气体，具有较高的密度，可在火灾发生时形成惰性气体层。

2. 化学性质

二氧化碳不支持燃烧，通过降低氧气浓度来达到灭火的目的。

3. 应用场景

二氧化碳广泛应用于电气设备房、计算机服务器室等场所，因为它不导电且不留残留物。

（四）泡沫

1. 物理性质

泡沫灭火剂是由水、发泡剂和稳泡剂组成的混合物，形成泡沫液体。其物理性质包括低表面张力和高黏度。

2. 化学性质

泡沫的灭火机理主要是通过覆盖可燃液体表面，隔绝氧气，阻止燃烧过程。

3. 应用场景

泡沫广泛运用于涉及液体燃料的火灾，如油库、油船等。

（五）干粉

1. 物理性质

干粉是由各种干燥的、微细的固体颗粒组成，具有较好的流动性。

2. 化学性质

干粉通过在火源上形成抑制化学链反应的粉尘云，实现灭火。

3. 应用场景

干粉适用于涉及多种可燃气体和液体的火源，也可以用于固体火源。

（六）惰性气体

1. 物理性质

惰性气体，如氮气、氩气，具有高密度和不易燃烧的特点。

2. 化学性质

惰性气体主要通过降低氧气浓度，使火源失去燃烧条件。

3. 应用场景

惰性气体适用于对电气设备、计算机服务器等灵敏设备进行灭火，因为它们不导电且不留下残留物。

不同的火灾场景需要选择合适的灭火剂。了解各种灭火剂的特征，包括物理性质、化学性质和应用场景，对于有效应对火灾具有重要意义。在实际应用中，综合考虑不同因素，选择合适的灭火剂。

二、灭火剂的环保性评估

灭火剂在灭火过程中不仅要确保高效扑灭火源，同时还需要考虑其对环境的影响。本章将深入探讨不同灭火剂的环保性评估，包括对大气、水源、土壤等方面的影响，并介绍一些环保灭火剂的新技术和发展趋势。

（一）大气影响

1. 温室气体排放

传统的灭火剂中，一些氟利昂类物质可能对大气臭氧层有破坏作用，导致温室气体排放。然而，随着技术的进步，出现了更环保的替代物质，如氢气、氮气等，它们对大气层的影响较小。

2. 持久性有机污染物

一些传统的灭火剂中含有持久性有机污染物，可能在大气中长时间滞留，对环境造成潜在威胁。环保灭火剂的发展趋势之一就是减少或消除这些持久性有机污染物的使用，降低其对大气的影响。

（二）水源与水质影响

1. 生态系统影响

在火灾扑灭过程中使用水作为灭火剂时，可能对附近的水源和生态系统造成一定的影响。过量的水使用可能导致水体污染，影响水生生物的生存。

2. 新型水基灭火剂

为了减少对水源的影响，近年来出现了一些新型的水基灭火剂，其成分更为环保，对水质的影响相对较小。这些新型水基灭火剂在灭火效果上也能够实现传统水剂的水平。

（三）土壤与植被影响

1. 土壤污染

一些灭火剂在使用过程中可能对土壤产生污染，影响植被生长。因此，环保性评估需要考虑土壤的生态系统影响。

2. 生物降解性灭火剂

新型的生物降解性灭火剂在灭火效果的同时，更加重视对土壤和植被的友好性。这些灭火剂在使用后能够更快地分解和降解，减少对土壤的持久性影响。

（四）新技术与趋势

1. 纳米技术应用

纳米技术在灭火剂领域的应用，不仅提高了灭火效果，而且还有助于降低对环境的影响。纳米颗粒的设计可以使灭火剂更为精准地作用于火源，减少使用量，从而减轻对环境的负担。

2. 微生物降解技术

一些灭火剂采用了微生物降解技术，通过微生物的作用，加速灭火剂在环境中的降解过程。这种技术有望降低灭火剂的残留物，减少对生态系统的影响。

灭火剂的环保性评估是灭火技术发展的重要方向之一。通过采用新技术、替代物质以及改进工艺，可以使灭火剂更加环保，降低其对大气、水源和土壤等环境要素的影响。在未来的发展中，将继续追求更为绿色、可持续的灭火技术，为防火工作和环境保护做出更大贡献。

三、对特定火灾类型的灭火效果

不同类型的火灾可能涉及不同的燃烧物质，因此需要特定的灭火剂来应对。本章将深入探讨对特定火灾类型的灭火效果，包括常见的固体物质、液体和气体火灾，以及在复杂环境中的应对措施。

（一）固体物质火灾

1. 木质材料火灾

木质材料的火灾常见于建筑结构、家具等场所。对于这类火灾，传统的水剂和泡沫剂都表现出较好的灭火效果。水的冷却作用能够有效控制火势，并防止火源扩散。泡沫剂通过抑制氧气供应，达到窒息灭火的目的。

2. 电气设备火灾

电气设备着火时，由于无法使用水剂，通常采用干粉灭火剂。干粉灭火剂具有快速灭火和电气绝缘的特点，能够有效扑灭电气设备火源，并降低二次爆炸的风险。

3. 金属火灾

金属火灾常见于金属粉尘、液体等情况。对于这类火灾，常采用特殊的金属灭火剂，如金属磷化剂。金属磷化剂能够形成磷化层，有效隔离氧气，达到金属火灾的灭火效果。

（二）液体火灾

1. 油类火灾

油类火灾通常采用泡沫剂、干粉剂等灭火。泡沫剂通过形成覆盖层抑制火源氧气供应，干粉剂则通过吸附燃烧物质表面，阻止火焰蔓延。近年来，一些专门设计的生物降解性灭火剂也逐渐应用于油类火灾，减少对水源的污染。

2. 酒精类火灾

酒精类火灾对水非常敏感，因为水可能导致酒精扩散。对于这类火灾，常采用泡沫剂、二氧化碳等灭火。泡沫剂能够在液体表面形成覆盖层，抑制火源的氧气供应。二氧化碳通过降低氧气浓度达到灭火的效果。

（三）气体火灾

1. 天然气火灾

天然气火灾通常采用二氧化碳、惰性气体等灭火。二氧化碳通过淹没火源区域，减少氧气浓度，达到窒息灭火的效果。惰性气体则通过排除氧气，降低燃烧条件，实现灭火目的。

2. 化学气体火灾

化学气体火灾需要根据具体的气体性质选择合适的灭火剂。对于可燃气体，如氢气，常采用惰性气体灭火。对于有毒气体，需要采用特殊的灭火剂，同时要考虑排毒和防护措施。

（四）复杂环境中的应对措施

1. 高温环境

在高温环境下，需要考虑灭火剂的抗高温性能。一些高温环境专用的灭火剂，如耐高温泡沫剂，能够在极端温度下保持较好的灭火效果。

2. 封闭空间

在封闭空间中，通风条件较差，对灭火剂的选择提出了更高的要求。在这种情况下，通常使用泡沫剂、惰性气体等，以在封闭空间中形成有效的灭火屏障。

对特定火灾类型的灭火效果评估是确保灭火工作顺利进行的重要一环。针对不同的火灾场景，选择合适的灭火剂至关重要。未来的发展方向应聚焦于研发更为精准、高效、环保的灭火剂，以提高灭火工作的效率和安全性。

四、灭火剂的储存和输送

灭火剂的储存和输送是保障灭火系统正常运行的重要环节。不同种类的灭火剂，如水、泡沫、干粉、惰性气体等，有着各自独特的储存和输送要求。本章将深入探讨灭火剂的储存和输送系统，包括储存设施的设计、灭火剂的保存要求、输送管道的布局等方面的内容。

（一）储存设施的设计

1. 储存场地选择

灭火剂的储存场地应远离火源、高温区域和易燃物质，以确保储存环境安全。在选择场地时，需要考虑周围环境的通风情况，防止发生泄漏时，灭火剂扩散到无关区域。

2. 储存容器的选用

储存容器的选用直接关系到灭火剂的保质期和安全性。常见的储存容器包括压力容器、储罐、气瓶等。不同种类的灭火剂需要使用相应类型的容器，并且容器应符合国家相关标准，具备一定的耐腐蚀性能。

3. 安全设施

储存设施应配备相应的安全设施，包括防火墙、防爆设备、泄漏探测器等。防火墙用于隔离储存区域，减少火势蔓延的可能性。防爆设备用于控制储存区域内的压力，防止容器发生爆炸。泄漏探测器能够及时发现泄漏并启动报警系统。

（二）灭火剂的保管要求

1. 温度要求

不同类型的灭火剂对温度的敏感性各异，因此需要在适宜的温度范围内进行储存。特别是像泡沫剂等一些液体灭火剂，在低温环境下可能发生结冰，影响喷洒性能。因此，储存环境的温度应根据具体灭火剂的特性进行控制。

2. 湿度要求

一些灭火剂对湿度较为敏感，可能导致化学反应或腐蚀容器。因此，在储存区域内需要采取措施，保持适宜的湿度。这可以通过安装除湿设备、保持通风等方式来实现。

3. 光照要求

光照对某些灭火剂的稳定性也有影响，因此储存区域应避免阳光直射。在储存容器的选用上，可以选择带有防紫外线涂层的容器，降低光照对灭火剂的不良影响。

（三）输送管道的布局

1. 管道材料选择

输送管道的材料选择要考虑到灭火剂的性质，以防止出现化学反应或腐蚀。例如，对于腐蚀性较强的灭火剂，通常采用耐腐蚀的不锈钢管道。

2. 管道布局设计

灭火系统的管道布局设计应符合国家相关标准和建筑消防设计规范。合理的管道布局能够确保在火灾发生时，灭火剂能够快速、均匀地覆盖到火源区域。

3. 安全阀与调压器

在输送管道中，需要设置安全阀和调压器，以确保系统内部压力在安全范围内。安全阀能够在系统压力超过设定值时释放压力，防止管道破裂。调压器则用于调整系统内的压力，保证喷洒灭火剂的正常流动。

储存和输送系统是灭火系统中不可忽视的一环，直接关系到整个系统的可靠性和安全性。在设计和运行过程中，需要严格遵循相关标准和规范，确保储存和输送设施的稳定性，提高火灾应对的效率和成功率。未来，随着科技的不断进步，新型的储存和输送技术将不断涌现，为灭火工作带来更多的可能性。

五、灭火剂的替代与新技术应用

（一）生物灭火剂

生物灭火剂采用生物技术的手段，通过微生物发酵产生的特殊物质来实现灭火。

相较于传统的化学灭火剂，生物灭火剂具有更环保的特点，不会对人体和环境造成长期危害。目前，研究者们已经在利用微生物生成生物活性物质方面取得了一些突破，这些物质在灭火效果上表现出色且对环境比较友好。

（二）惰性气体替代

传统的惰性气体灭火系统主要采用氮气或二氧化碳，然而这些气体在使用过程中可能存在一定的安全隐患。近年来，一些新型的惰性气体灭火剂，例如惰性气体混合物和氩气等，逐渐受到关注。这些新型惰性气体在灭火效果上具有优势，并且对人体相对安全，有望逐渐替代传统的惰性气体。

（三）新技术的应用

1. 智能感知技术

智能感知技术在灭火系统中的应用日益广泛。通过在建筑内部布设备类传感器，系统可以实时监测温度、烟雾、火源等信息，并通过物联网技术实现数据的实时传输。一旦系统检测到火灾风险，能够迅速启动灭火系统，提高灭火的响应速度。

2. 激光灭火技术

激光灭火技术是一种基于激光束对火源进行干预的先进技术。通过激光束产生等离子体，使火源降温、减少火源氧气供应，进而实现灭火的效果。相较于传统的灭火剂，激光灭火技术不需要使用额外的化学物质，减少了对环境的污染，且具有高效、精准的特点。

3. 空气动力学灭火技术

空气动力学灭火技术是一种利用高速气流对火源进行控制的技术。通过喷射高速气流，形成气流屏障将火源隔离，达到控制火势的目的。相较于传统的水、泡沫灭火方法，空气动力学灭火技术更为节水、环保，且不会造成二次污染。

（四）现有挑战与展望

尽管灭火剂的替代和新技术的应用在提高灭火效果、减少环境影响方面取得了一些进展，但仍然面临一些挑战。首先，新技术的成本相对较高，需要进一步降低成本以促进广泛应用。其次，一些新技术的安全性和稳定性需要经过长时间的验证和检验。未来的发展方向应该是继续加强基础研究，提高新技术的可行性和可靠性。

灭火剂的替代和新技术的应用是建筑给排水与消防工程领域的一项重要研究方向。通过引入更为环保、高效的灭火剂和新技术，可以提高灭火系统的性能，减轻对环境的影响。然而，在推广应用过程中，需要克服一系列技术、经济和安全上的挑战，持续推动新技术的创新和发展。

第三节　系统布局与管道设计

一、灭火系统布局原则

（一）灭火系统布局的重要性

灭火系统布局是建筑给排水与消防工程中的关键环节之一，直接关系到对火灾的快速响应和控制。一个科学合理的灭火系统布局可以有效地提高灭火的效果，最大程度地减小火灾带来的损失。因此，在进行灭火系统布局时，需要遵循一系列的原则和规范，以保障系统的可靠性、高效性和安全性。

（二）基本原则

1.区域划分与分区灭火

在进行灭火系统布局时，首先需要对建筑进行合理的区域划分。不同区域的火灾风险和火源特点各异，因此需要根据实际情况将建筑划分为若干灭火区域，以便在发生火灾时能够实现有针对性的灭火。分区灭火可以最大程度地减小灭火系统的投入，提高灭火效果。

2.设备合理配置

在灭火系统的布局中，设备的合理配置是至关重要的。各类灭火设备，如消防栓、灭火器、自动喷水灭火系统等，需要根据建筑的结构、用途和火灾风险来进行合理的配置。合理配置可以保证设备的使用效果，防止设备集中在某一区域而导致其他区域的薄弱。

3.水源充足与水压稳定

水是灭火的重要介质之一，因此灭火系统的布局需要确保水源充足且水压稳定。合理设置水泵和水箱，确保在火灾发生时能够迅速投放足够的水量，有效地压制火源。水源的配置需要考虑建筑周边的水源条件，确保在紧急情况下有足够的供水能力。

4.防火分区与通道布局

建筑内部的防火分区划分和通道布局直接影响到火灾时人员疏散和灭火的效果。合理设置防火墙、防火门，划分不同的防火分区，可以有效地阻止火势蔓延，为灭火提供更有利的条件。疏散通道的合理设置可以确保人员在火灾时能够迅速安全地撤离。

5.考虑建筑结构与材料

灭火系统布局需要充分考虑建筑的结构和材料特性。不同的建筑结构和材料对灭火系统的适用性有一定的影响。在布局时，需要根据建筑的特点选择合适的灭火设备和灭火剂，确保在不同的建筑环境下都能够达到最佳的灭火效果。

（三）现代技术的应用

1.智能化监测与控制

随着科技的不断发展，智能化监测与控制技术在灭火系统中的应用越来越广泛。通过在建筑内部布设各类传感器和智能控制装置，可以实现对火灾风险的实时监测和对灭火设备的远程控制。这种智能化的布局能够大大提高灭火系统的灵活性和响应速度。

2.数据分析与优化

利用大数据分析技术，可以对建筑灭火系统的运行数据进行实时监测和分析。通过对数据的处理，可以及时发现系统运行中的问题，优化系统布局，提高灭火系统的效能。数据分析还能为预测火灾风险、制定灭火策略提供有力支持。

3.虚拟仿真技术

虚拟仿真技术可以通过模拟火灾场景，对灭火系统的布局方案进行全面的测试和评估。这种虚拟仿真技术可以在实际投入之前发现潜在问题，提高灭火系统的可靠性和适用性。通过虚拟仿真，可以更好地指导实际的灭火系统布局。

灭火系统布局是建筑给排水与消防工程中至关重要的环节。合理科学的布局可以最大程度地提高灭火系统的效能，保障人员的安全和财产的安全。在布局过程中，需要充分考虑建筑的特点、火灾风险以及现代技术的应用，以确保系统在实际应用中发挥最大的作用。未来，随着科技的不断发展，灭火系统布局也将更加智能化、精细化。

二、管道网络设计与布置

（一）管道网络设计的基本原则

在建筑给排水与消防工程中，管道网络设计是确保水源供应、排水畅通和消防系统正常运行的关键环节。管道网络设计的基本原则直接影响到系统的稳定性和效率，因此需要遵循以下几个基本原则：

1.合理布局

管道网络设计应根据建筑的结构和用途进行合理布局，确保每个区域都能够得到充分的水源供应。合理布局还需要考虑到灭火系统、给水系统和排水系统的协调，以实现综合高效的运行。

2. 多点供水

为了提高系统的可靠性，管道网络设计应考虑多点供水。多点供水可以防止单点故障导致整个系统失效，提高系统的抗灾能力。通过设置多个水源点和相应的水泵站，可以有效应对突发情况。

3. 不同用途分流

管道网络设计需要将不同用途的水源进行分流，保障不同用途的水源互不干扰。例如，建筑的生活用水、消防用水和工业用水应设置独立的管道，避免因为一个用途的需求过大而影响其他用途的正常运行。

4. 防止死水区

死水区是指管道中的水流速过慢，容易导致水质恶化和管道生锈。在管道网络设计中，需要合理设置水泵和加压装置，确保水流畅通，避免死水区的产生。这有助于提高水质，延长管道的使用寿命。

（二）给水系统管道网络布置

1. 主管道布置

给水系统的主管道是整个系统的血脉，主要负责将水源引入建筑内。主管道的布置应考虑到建筑的结构和用途，一般沿着建筑主体结构布置，确保水源能够迅速到达建筑各个区域。

2. 分支管道设计

在主管道引入建筑后，需要设置分支管道将水源引入各个用水设施。分支管道的设计需要根据建筑内不同区域的用水需求进行合理设置，确保水源能够覆盖到建筑每个角落。

3. 楼层供水系统

在多层建筑中，楼层供水系统的设计尤为重要。需要设置合适的水箱和加压设备，保证每一层楼的水压和水量都能够满足生活和消防用水的需求。同时，需要考虑消防水源的布置，确保在紧急情况下能够迅速启动。

（三）排水系统管道网络布置

1. 排水管道布置

排水系统的管道布置需要考虑到建筑内部的排水需求。主要包括生活污水、雨水以及工业废水等。在排水管道的布置中，需要合理设置坡度和检查井，确保排水畅通，防止死水区的产生。

2. 防水层与排水系统的协调

在建筑设计中，排水系统与防水层的协调也是至关重要的。防水层需要与排水系统相配合，确保在发生水灾时水能够迅速排出，减小损失。合理的排水系统布置可以避免防水层的破坏，保持建筑的结构稳定。

3. 地下排水管道

地下排水管道的设计需要考虑到地质条件、建筑结构和周边环境，以防止地下水位对建筑的影响。合理设置防渗透措施和防腐蚀材料，延长地下排水管道的使用寿命。

（四）消防系统管道网络布置

1. 消防供水管道

消防系统的供水管道需要与主管道相连，确保在火灾发生时能够迅速供水。布置时需要考虑到消防设施的位置，尽量缩短管道长度，提高供水效率。

2. 喷淋系统管道

消防喷淋系统的管道布置需要根据建筑的结构和用途进行合理设置。主要包括公共区域、电气设备房等需要重点保护的区域。布置时需要考虑到灭火剂的传递路径，确保喷淋系统的灭火效果。

3. 消防栓系统布局

消防栓系统是建筑消防的重要组成部分，其管道网络的布置需要考虑到消防栓的覆盖范围，确保能够在建筑的每个区域提供及时有效的灭火水源。

（五）管道网络的智能化与监控

1. 智能水表应用

随着物联网技术的发展，智能水表的应用逐渐成为建筑给排水系统的新趋势。智能水表能够实现对用水量的实时监测和远程控制，帮助建筑管理者更好地了解和管理水资源的使用情况。

2. 管道监控系统

为了提高管道网络的运行效率和故障检测能力，管道监控系统应运而生。通过安装传感器和监控设备，可以实时监测管道的水流情况、压力变化和温度波动，及时发现并解决潜在问题。

3. 远程控制与维护

智能化的管道网络设计还应考虑远程控制和维护。通过远程控制系统，管理者可以在不同地点实时监控和调整管道系统的运行状态，提高了管理的便捷性和效率。

管道网络设计是建筑给排水与消防工程中至关重要的一部分。合理的设计能够保证水资源的充足供应、排水系统的高效运行以及消防系统的稳定性。随着科技的发展，智能化的管道网络设计将为建筑管理者提供更多便捷和可靠的管道运行解决方案。

三、管道直径计算与优化

管道直径的计算与优化是建筑给排水与消防工程中至关重要的一环。正确的管道直径设计直接影响着系统的运行效率、能源消耗以及水资源的利用。在进行管道直径计算与优化时，需要考虑多方面的因素，包括水流速度、流量需求、管道材料等。以下将详细探讨管道直径计算与优化的相关内容。

（一）水流速度的影响

1.水流速度与摩擦损失

管道内的水流速度直接影响到摩擦损失的大小。较高的水流速度会增加摩擦损失，进而导致管道内能量损失增大。因此，在进行管道直径计算时，需要确保水流速度在一定范围内，既要满足流量需求，又要尽量减小摩擦损失。

2.避免过高水流速度的问题

过高的水流速度不仅会增加能耗，而且还可能引起管道内的水锤现象，对管道和设备造成损害。因此，管道直径的计算需要综合考虑水流速度的经济性和系统的稳定性，寻找一个最佳平衡点。

（二）流量需求与管道直径的匹配

1.确定流量需求

在进行管道直径计算时，首先需要准确测算各个用水设施的流量需求，包括生活用水、消防用水等。根据建筑的用途和结构，确定每一段管道上的流量需求，为后续的直径计算提供准确的基础数据。

2.匹配管道直径与流量需求

通过匹配管道直径与流量需求，可以实现系统的高效运行。较大的流量需求需要相对较大的管道直径，以确保足够的水量供应。但过大的管道直径也可能导致系统能耗增加，因此需要在满足流量需求的前提下，尽量选择经济合理的管道直径。

（三）管道材料的选择

1.不同材料对管道直径的影响

不同的管道材料对管道直径的选择有一定的影响。不同材料的管道在相同流量条件下可能会有不同的流体摩擦系数，影响到管道直径的计算。在实际设计中，需要充分考虑材料的经济性、耐腐蚀性以及施工难易程度。

2. 管道材料的优化

在管道直径的优化中，选择合适的管道材料也是一个重要的方面。优化不仅仅是为了降低系统的运行成本，而且还需要考虑到材料的可持续性和环保性。例如，一些新型的环保管道材料可能在降低系统成本的同时，还能减小对环境的影响。

（四）经济性与可持续性的平衡

1. 考虑系统的整体经济性

管道直径的计算与优化需要综合考虑系统的整体经济性。这既包括了建设成本，也包括了长期运行和维护成本。一个经济合理的系统设计应该在建设初期投资适度的前提下，能够在运行阶段降低能耗，减少维护成本。

2. 追求可持续性

随着社会对可持续发展的重视日益增强，管道直径的计算与优化也需要考虑到系统的可持续性。选择环保材料、减少能耗、提高水资源的利用效率等都是可持续性设计的重要方面，有助于减小系统对环境的负担。

在建筑给排水与消防工程中，管道直径的计算与优化是一项复杂而综合的任务。正确的计算与优化能够确保管道系统的高效运行，满足流量需求的同时降低能耗，实现系统的经济与可持续发展。在实际设计中，需要充分考虑水流速度、流量需求、管道材料等多个因素，通过科学合理的优化，构建出既符合工程实际又具有经济性和可持续性的管道系统。

四、灭火系统与建筑结构的融合

（一）设计理念的整合

在建筑给排水与消防工程中，灭火系统与建筑结构的融合是为了更好地保护建筑及其内部设施免受火灾侵害。这一融合不仅仅是技术层面上的结合，更需要在设计理念上进行整合，实现安全与实用的平衡。

1. 安全设计理念

安全设计理念是将建筑设计中的灭火系统考虑为整体的一部分，而非简单的附属设备。建筑结构的设计应该考虑到火灾风险，使灭火系统能够更加有效地介入，保障人员生命安全和建筑物的完整性。

2. 实用性设计理念

与安全设计相辅相成的是实用性设计，确保灭火系统在平时不仅不影响正常使用，还能够便捷地投入使用。这需要考虑灭火设备的布局与建筑结构的融合，以保持建筑的美观性和实用性。

（二）消防通道与建筑布局

1. 消防通道的设计

消防通道是灭火系统与建筑结构融合的一部分，其设计应与建筑的布局相协调。通道的设置应考虑到灭火设备的运输和人员疏散的需要，保证在紧急情况下能够迅速、有序地撤离人员。

2. 紧急疏散楼梯的结构设计

灭火系统的融合还涉及到紧急疏散楼梯的结构设计。楼梯的设置应符合消防规范，使得消防人员能够迅速进入建筑，同时确保居民在火灾发生时能够安全、迅速地撤离。

（三）建筑材料与防火设计

1. 材料的阻燃性考虑

融合灭火系统与建筑结构需要考虑建筑材料的防火性能。选择阻燃性能较好的建筑材料有助于防止火灾的蔓延，减缓火势，为灭火系统提供更多的时间。

2. 防火隔离设计

灭火系统与建筑结构的融合还包括防火隔离设计，通过合理设置防火墙、隔烟带等结构，有效阻止火势蔓延，为灭火工作提供更有利的条件。

（四）智能化技术在融合中的应用

1. 智能感知与监控

融合灭火系统与建筑结构可以借助智能化技术，如传感器、监控摄像头等，实现对建筑内部火灾风险的实时感知和监控。这样的设计不仅提高了灭火系统的响应速度，而且也为建筑结构提供了更加智能的保护。

2. 自动化灭火系统

将自动化技术融入灭火系统，使其能够自主判断火灾风险并采取相应的灭火措施，提高了系统的可靠性和灵活性。与建筑结构的融合使得自动化灭火系统能够更好地适应建筑的特殊结构和布局。

（五）系统维护与更新

1. 周期性检查与维护

融合灭火系统与建筑结构不仅仅是一次性的设计工作，还需要建立完善的周期性检查与维护机制。定期对灭火设备和建筑结构进行检查，保障系统的长期稳定运行。

2.更新与升级

随着科技的发展和建筑安全标准的提升，融合设计需要不断更新与升级。及时采用新的灭火技术和建筑设计理念，使系统始终保持在最佳状态。

灭火系统与建筑结构的融合是为了更好地保护建筑和其中的生命财产。通过合理设计消防通道、疏散楼梯，整合智能化技术，以及选择防火性能良好的建筑材料，可以实现灭火系统与建筑结构的有机融合。此外，系统的定期检查、维护和及时更新也是确保系统长期稳定运行的重要环节。这一融合不仅提高了火灾应对的效率，而且也提升了建筑结构的整体安全水平。

五、管道支持与防震设计

（一）管道支持设计

1.支持方式选择

在给排水系统中，管道支持的方式多种多样，包括吊架、支架、吊杆等。选择合适的支持方式需考虑管道的材质、重量、温度变化以及系统的运行环境。合理的支持方式可以有效减少管道的振动和变形，确保系统的正常运行。

2.支持点布置

支持点的布置需要根据管道的布局和管道上各个部位的重量来进行合理规划。支持点的设置不仅要考虑到管道的水平和垂直方向的稳定，而且还需要避免对建筑结构造成不必要的负荷。合理的支持点布置能够保证管道系统的整体稳定性。

3.弹性支持的应用

弹性支持在管道系统中的应用有助于吸收由于管道温度变化、介质流动引起的振动和冲击，避免这些因素对管道和支持结构造成的损坏。合理设置弹性支持点，可以提高系统的耐久性和可靠性。

（二）防震设计

1.地震对管道系统的影响

地震是建筑结构和其中设备设施最常见的自然灾害之一。在地震发生时，管道系统容易受到地面震动的影响，从而产生振动和应力，进而导致管道的破裂和损坏。因此，防震设计对于给排水系统至关重要。

2.防震设计原则

（1）结构强度

首先，管道和支持结构的设计要有足够的强度，能够承受地震时的水平和垂直应力。强度设计是防震设计的基础，要符合当地的建筑抗震规范和标准。

（2）柔性连接

采用柔性连接是一种常见的防震设计方式，它能够在地震时吸收部分振动能量，减缓震动对管道系统的影响。这可以通过设置柔性软管或者弹性支架来实现。

（3）阻尼器的应用

在管道系统中引入阻尼器，可以有效地控制管道的振动幅度。阻尼器的设置需要根据管道的长度和质量来确定，以确保在地震时能够实现预期的减震效果。

3. 防震设计的实际操作

（1）地质勘察

在设计阶段，进行充分的地质勘察是防震设计的基础。了解地下地层的情况，包括土壤类型、地下水位等，有助于预测地震时土壤的行为，为管道系统的设计提供依据。

（2）结构的抗震加固

在现有建筑中，可以通过结构的抗震加固来提高整体的抗震性能。这包括加固建筑的主体结构，以及对管道系统和支持结构的相应加固。

（3）应急预案

在防震设计中，制订合理的应急预案显得尤为重要。预案包括了地震发生时的紧急处理措施，旨在减少损失和确保人员的安全疏散。

管道支持与防震设计是建筑给排水系统中不可或缺的环节，其合理设计直接关系到系统的稳定性和安全性。通过选择合适的支持方式、弹性支持的应用以及防震设计的实际操作，可以提高给排水系统在地震等突发事件中的抗灾能力，保障系统的正常运行和建筑结构的安全性。

第四节　灭火设备配备

一、灭火器材的分布原则

（一）消防法规与标准的遵循

1. 国家消防法规

首先，灭火器材的分布需要严格遵循国家和地方的消防法规。这些法规通常规定了建筑物不同类型和用途的最低消防要求，包括灭火器的种类、数量和分布位置等方面的要求。设计师和工程师在进行灭火器布置时必须充分了解并遵守这些法规。

2.消防设施标准

消防设施标准是指关于建筑消防设施设计与使用的具体技术规范。在灭火器的分布中，要根据相关标准对建筑物的不同区域进行合理划分，确定每个区域所需的灭火器数量和类型。这有助于确保灭火器材的分布符合规范，提高灭火效果。

（二）建筑物内部的特殊区域

1.高风险区域

在建筑物内，存在一些特殊区域，如厨房、化学实验室、机房等，由于其高风险性质，需要设置更多和更专业的灭火器设备。这些区域的灭火器应该根据可能发生的火灾类型而选择不同种类的灭火器，以确保在紧急情况下能够迅速而高效地扑救火灾。

2.人员密集区域

人员密集区域通常是指公共场所、商场、办公楼等，对于这些区域，灭火器的分布要考虑到人员疏散的方便性和灭火器的易于察觉性。灭火器宜放置在显眼易触及的位置，方便非专业人员在发生火灾时迅速采取灭火措施。

（三）不同类型的灭火器搭配

1.多种类型的灭火器

考虑到不同类型的火灾可能发生在建筑物的不同区域，灭火器的分布要搭配多种类型。常见的灭火器包括二氧化碳灭火器、干粉灭火器、泡沫灭火器等。根据火灾的可能性，选择合适类型的灭火器进行搭配，提高灭火器材的适用性。

2.根据灭火器特点选择位置

不同类型的灭火器在灭火效果和使用方法上存在差异，因此在设置位置时，需要根据灭火器的特征进行合理安排。例如，二氧化碳灭火器适用于电气设备的火灾，应放置在电气房附近；泡沫灭火器适用于液体火灾，可以设置在厨房等易发生液体火灾的地方。

（四）建筑结构和布局的考虑

1.建筑结构

建筑结构对于灭火器的分布也有一定影响。例如，大空间、高层建筑和异型结构的建筑需要更多的灭火器来覆盖不同的区域。建筑的结构类型和复杂程度应成为确定灭火器分布的考虑因素之一。

2.布局合理性

灭火器的分布要保证布局的合理性，不同区域之间应有一定的间隔，以免因过度集中设置而造成一部分区域的灭火能力不足。此外，要考虑到灭火器的维护和检查，确保在紧急情况下所有的灭火器都能够正常使用。

（五）定期检查和维护

无论灭火器分布多么合理，都需要定期的检查和维护。定期检查可以确保每个区域的灭火器都处于可用状态，如果有发现问题，需要及时更换或修理。维护工作包括检查灭火器的压力、阀门、喷嘴等部件，确保其完好无损。

灭火器材的分布原则是消防工程设计中的重要环节，关系到火灾紧急情况下的迅速应对和扑灭。通过合理遵循法规标准、考虑建筑特点、搭配多种类型的灭火器以及定期检查和维护，可以加强灭火器材的使用效果，最大程度地保障人员和财产的安全。

二、系统传感器的位置选择

（一）火灾传感器的种类

在考虑传感器的位置之前，首先需要了解不同类型的火灾传感器。常见的火灾传感器包括：

1. 光电式烟感应器

光电式烟感应器通过检测空气中的微小烟雾颗粒来识别火灾的迹象。它在早期阶段对慢燃烧火灾的响应较快，适用于较为清洁的环境。

2. 离子式烟感应器

离子式烟感应器则通过测量空气中离子的变化来检测烟雾，对快速燃烧火灾的响应更为迅速。然而，它对尘埃和湿度等外部因素较为敏感。

3. 温度传感器

温度传感器主要用于检测环境温度的异常升高，是火灾的另一种指示。一旦温度超过预设阈值，系统会发出警报并启动相应的灭火设备。

4. 火焰传感器

火焰传感器通过检测火焰的辐射光谱来识别火灾，对明火火灾传感有很好的响应。这对于一些需要快速探测明火的场所非常重要。

（二）传感器位置的选择原则

1. 区域划分

建筑物内部可以划分为不同的区域，每个区域的火灾风险不同。根据这些区域的特点，选择适合的传感器类型和位置。例如，厨房可以选择火焰传感器，卧室和走廊则更适合光电式烟感应器。

2. 高风险区域

一些高风险区域，如厨房、电器房等，往往更容易发生火灾。在这些区域，可以设置多种类型的传感器，以提高火灾检测的准确性和速度。

3. 避免误报

为避免传感器误报，应避免将传感器安装在易受到尘埃、水汽等影响的区域。另外，考虑到厨房等可能产生蒸气或烟雾的地方，选择具有一定抗干扰能力的传感器。

4. 高天花板和大空间

对于有高天花板或大空间的区域，需要根据建筑物的结构和布局，选择安装高灵敏度的传感器或者采用多个传感器协同工作，确保整个区域都能得到有效监测。

5. 定期检测和维护

传感器的准确性和可靠性需要定期检测和维护。建议定期清理传感器表面，检查电源和信号线，确保传感器能够正常工作。

（三）具体位置的选择

1. 厨房

在厨房，由于可能产生蒸气和烟雾，可选择光电式烟感应器和火焰传感器的组合。传感器宜安装在离烹饪设备适当距离的位置，避免直接暴露于烟雾源。

2. 卧室和走廊

在卧室和走廊等区域，选择光电式烟感应器是一种常见的做法。传感器应安装在走廊的中央位置，以确保对整个区域的有效监测。

3. 电器房

对于电器房，除了光电式烟感应器外，还可以考虑安装温度传感器，及时监测到电气设备的过热情况。

4. 大型公共场所

在大型公共场所，可以通过建筑物的布局，使用多个传感器形成一个网络，实现全面覆盖和多角度监测，提高火灾检测的准确性。

传感器的位置选择对于建筑物的消防系统至关重要。合理选择传感器类型、根据区域特点划分不同区域、避免误报、定期检测和维护，以及在具体位置选择上的巧妙安排，都能够提高火灾检测的准确性和系统的可靠性。系统传感器的有效运用可以为火灾的早期预警和迅速扑灭提供重要支持，确保建筑物内部的安全。

三、灭火设备的维护与监测

（一）定期检查与保养

1.灭火器的检查

灭火器是最常见的灭火设备之一，其有效性直接取决于内部灭火剂的储存状态。定期检查灭火器的压力表，确保指针处于正常范围内，同时检查外观是否有损坏或腐蚀。定期进行摇晃，以防止出现灭火剂固化。对于干粉灭火器，还需定期倒置摇晃，防止粉末结块。

2.自动喷水灭火系统的检查

自动喷水灭火系统是大型建筑物常见的防火设备，其正常运行需要保证管道、阀门、喷头等部件的完好无损。定期检查水泵的运行状态，清理水箱中的杂物，确保水泵能够迅速启动。检查喷头，查看堵塞的情况，确保水流畅通。对系统进行定期的压力测试，确保管道不漏水。

3.惰性气体灭火系统的检查

惰性气体灭火系统主要包括气瓶、管路、喷头等部分。定期检查气瓶的压力是否正常，确保阀门处于关闭状态。检查管路是否有泄漏，对于气体喷头，需要确保其不被堵塞。同时，需要对系统进行压力测试，确保在发生火灾时能够迅速释放惰性气体。

（二）火灾报警系统的监测

火灾报警系统对于及时发现火灾，启动灭火设备至关重要。因此，其监测也是非常重要的一环。

1.火灾探测器的检查

火灾探测器包括烟感应器、温度探测器等，需要定期检查其敏感度是否正常。对于光电式烟感应器，需要清理灵敏区域的尘埃，确保其正常工作。温度探测器需要确保其测量的温度范围符合建筑物的需要。

2.报警设备的监测

火灾报警系统中的声光报警器、显示屏等设备也需要进行定期检查。测试报警器的音量和亮度，确保在火灾发生时能够有效吸引人们的关注。对于显示屏，需要检查其显示信息是否准确。

3.系统联动性的测试

火灾报警系统通常与灭火系统、紧急疏散系统等相互关联。定期进行系统联动性的测试，确保火灾报警系统能够准确地触发其他相关设备和系统的运行。

（三）电源与电池的维护

火灾设备的正常运行需要稳定的电源供应，因此电源系统的维护也是非常关键的。

1. 电源线路的检查

定期检查火灾设备的电源线路，确保电缆没有老化、磨损或损坏。对于有电池备用的设备，也要定期检查电池的电量和运行状态。

2. 电源系统的备份

在火灾发生时，电力供应可能会中断。因此，对于灭火设备的电源系统，需要有备用电源设备，如发电机或 UPS 系统。定期检查备用电源设备的运行状态，保障在需要时能够及时切换。

（四）记录与报告

所有的维护和监测工作都需要有详细的记录和报告。这些记录包括每次维护的具体内容、发现的问题和解决方案、设备的运行状态等。这些记录有助于及时发现问题、分析设备的运行状况，并能够为设备的升级和更换提供重要参考。

维护与监测是确保灭火设备长期有效运行的重要环节。通过定期的检查和保养，可以预防设备故障，提高设备的可靠性和稳定性。同时，及时发现问题并进行处理，也能够保障火灾设备在关键时刻的有效性，最大程度地减小火灾带来的损失。

四、灭火系统与其他消防设备的集成

（一）灭火系统与火灾报警系统的集成

1. 报警信号的及时传递

灭火系统与火灾报警系统的集成是确保在火灾初期及时探测到火源并启动相应灭火设备的重要环节。当火灾报警系统检测到烟雾、温度升高等异常信号时，应能迅速传递信号给灭火系统，以便系统能够及时做出相应的应对措施。

2. 自动启动灭火设备

在火灾报警系统发出警报后，灭火系统应能够自动启动相关设备，如自动喷水灭火系统、惰性气体灭火系统等。这要求两个系统之间有良好的联动设计，确保在最短的时间内采取有效的灭火措施。

（二）灭火系统与紧急疏散系统的集成

1.疏散指令的同步发布

在火灾发生时，灭火系统与紧急疏散系统需要协同工作。灭火系统的启动可能伴随着紧急疏散的需要。因此，两个系统需要集成，确保在灭火过程中，紧急疏散系统能够发布相应的指令，引导人员有序疏散。

2.防烟措施的同步执行

灭火过程中可能会产生大量烟雾，影响人员的疏散。灭火系统与排烟系统的集成需要保证在灭火同时，排烟系统能够同步启动，及时清除烟雾，为人员的疏散提供良好的条件。

（三）灭火系统与防火墙的集成

1.防火墙的自动开启

在火灾情况下，防火墙是阻止火势蔓延的关键。灭火系统与防火墙的集成应确保在火灾初期，防火墙能够自动开启，形成有效的阻隔，防止火势蔓延。

2.防火墙与灭火设备的协同工作

灭火系统应与防火墙协同工作，确保在灭火过程中，防火墙能够保持开启状态，为灭火系统提供必要的支持，同时有效地隔离火源。

（四）灭火系统与排烟系统的集成

1.排烟系统的自动启动

灭火系统与排烟系统的集成需要确保在灭火启动的同时，排烟系统能够迅速启动，及时排除烟雾，提高疏散通道的可用性。

2.同步控制烟雾的传播

集成后的灭火系统与排烟系统要能够同步工作，以防止烟雾在建筑内传播。这可能涉及通风口的控制、风机的启停等措施，确保烟雾不会对人员造成威胁。

灭火系统与其他消防设备的紧密集成是建筑消防系统高效运行的关键。这种集成需要通过先进的自动化技术和联动控制实现，确保在火灾发生时，各个系统能够协同工作，形成一个整体的灭火和疏散体系，最大程度地减小火灾带来的损失。同时，合理的集成也能够提高整个建筑消防系统的可靠性和稳定性。

五、多层次的灭火手段应用

（一）自动喷水灭火系统的多层次应用

1.灭火剂选择的多样性

自动喷水灭火系统不仅可以使用传统的水作为灭火剂，还可以结合防冻液、泡沫剂等多种灭火剂。在寒冷气候条件下，防冻液可以确保系统正常运行；而在对液体火灾有更好灭火效果的情况下，泡沫剂则可以用于灭火。

2.区域性灭火

系统可以根据建筑结构和布局划分为不同的区域，实现局部区域的灭火，从而减小火势蔓延的风险。这样的多层次设计使得系统更加灵活，可以有选择性地进行灭火。

（二）灭火器的层次性应用

1.灭火器类型的搭配

建筑内不同区域的火灾可能需要不同类型的灭火器进行扑救。例如，可配置干粉灭火器用于扑灭可燃固体火源，二氧化碳灭火器用于扑灭电器火源。这样的多样性保证了对各类火源的有效灭火。

2.灭火器的密度分布

根据火灾风险，可以在建筑内设置不同密度的灭火器，高火灾风险区域配置更多的灭火器，从而提高灭火效果。这种层次性的配置使得灭火器能够更有针对性地应对潜在的火灾威胁。

（三）灭火系统与智能技术的结合

1.智能监测与预测

通过集成智能监测技术，系统能够实时监测建筑内的环境参数，预测潜在的火灾风险。当监测到异常情况时，系统可以提前采取灭火措施，降低火灾发生的可能性。

2.智能控制与灭火手段协同

通过智能控制系统，可以实现不同灭火手段的协同工作。例如，当火灾发生时，系统可以自动启动灭火器、喷水系统，并调节排烟系统，形成一个智能化的全面灭火应对。

（四）气体灭火系统的层次性配置

1. 气体选择的多样性

气体灭火系统可以选择不同种类的惰性气体，如氮气、氩气等，用于扑灭火源。这种多样性使得系统能够根据不同场景的需要选择合适的灭火剂。

2. 局部灭火区域划分

气体灭火系统可以根据建筑的不同区域进行局部划分，实现局部灭火，避免将灭火气体浪费在不需要的区域。这样的层次性设计既能提高灭火效果，又能减小系统运行的成本。

多层次的灭火手段应用是现代建筑消防设计的重要特征。通过合理选择和集成各类灭火技术和设备，可以提高系统的灭火效果和灵活性，更好地保障人员生命财产安全。与此同时，结合智能技术的应用，使得消防系统能够更加智能、预测性地应对各类火灾威胁。

第五节　报警系统与监控

一、火灾报警系统的组成

（一）火灾报警控制中心

火灾报警控制中心是整个火灾报警系统的核心，负责接收、处理和响应报警信息。其主要功能包括：

1. 信息接收与处理

控制中心通过与各类探测器、传感器连接，实时接收建筑内各个区域的火灾相关信息，包括烟雾浓度、温度升高等。

2. 火灾状态监控

监控中心实时监测火警设备的运行状态，确保各个组件正常工作。同时，它还能够对建筑内的火警设备进行远程控制，提高火警应对的灵活性。

3. 信息记录与报告

控制中心负责对报警信息进行记录和报告，为事后分析提供数据支持。同时，它能够生成实时的火灾报告，供相关部门参考。

（二）火灾探测器与传感器

1. 烟雾探测器

烟雾探测器是最常见的火灾探测器之一，通过检测空气中的烟雾浓度来判断是否发生火灾。其工作原理包括光电式、离子式和光散射式等。

2. 温度传感器

温度传感器通常用于监测室内温度的升高，一旦温度超过设定值，即发出火警信号。这对于检测火源的温度变化是十分敏感的。

3. 气体探测器

气体探测器用于检测可燃气体或有毒气体的泄漏，从而预警火灾风险。常见的气体探测器包括甲烷、丙烷、一氧化碳等。

4. 光纤感温探测器

光纤感温探测器是一种新型的温度探测技术，通过光纤的变化来监测温度的升高，具有高灵敏度和定位精准的特点。

（三）火警报警设备

1. 火警报警器

火警报警器是在发生火警时发出警报的设备。它可以通过声音、光闪等方式提醒人们注意，并启动疏散程序。火警报警器的声光信号应设计明显，确保在建筑内各个区域都能清晰听到和看到。

2. 语音广播系统

语音广播系统可与火灾报警系统集成，通过预先录制的语音提示，向建筑内的人员提供详细的疏散指示和安全提示，提高疏散效率和秩序。

（四）联动设备与自动控制装置

1. 联动控制器

联动控制器负责将火警信号传递给其他系统，如空调、电梯、电源等，以便系统自动作出相应的调整和控制，确保火灾不会进一步蔓延。

2. 灭火系统联动

当火警发生时，火灾报警系统应能够与灭火系统实现联动。这包括自动启动喷水系统、释放灭火剂等，以最大程度地控制火势蔓延。

（五）电源和备用电源

1. 电源系统

电源系统提供火灾报警设备和控制中心所需的电能，确保系统的持续稳定运行。它应设计有相应的电源保护装置，防止因电源问题导致系统失效。

2. 备用电源

备用电源，如蓄电池或发电机，用于在主电源故障时维持火灾报警系统的正常运行，保证系统在断电情况下仍能及时响应火警。

火灾报警系统的组成部分相互协同，形成一个多层次、多功能的网络，以确保在火灾发生时能够快速、准确地发出警报，并采取相应的措施，最大限度地降低人员伤亡和财产损失。为保障建筑安全，确保火灾报警系统的每个组成部分都需要得到精心设计和合理配置。

二、检测技术与探测器选择

（一）检测技术的演进

火灾检测技术的不断演进是建筑安全领域的一个显著特点。从最早的简单烟雾探测器到如今的多元化、智能化探测系统，技术的发展为提高火警的准确性和响应速度提供了有力支持。

1. 光电式检测技术

光电式探测技术是最早应用于火灾探测的技术之一。其原理是通过检测空气中的烟雾颗粒对光的散射或吸收，从而触发火警。这种技术在对烟雾产生较快反应的同时，也相对较为灵敏。

2. 离子式检测技术

离子式探测技术利用空气中的离子流动的原理，当有烟雾进入探测器时，会干扰离子流动，从而引发火警。离子式探测器对于燃烧物的检测灵敏，但也存在对尘埃和湿度较为敏感的问题。

3. 光纤感温探测技术

光纤感温探测技术是近年来的新兴技术，通过在光纤中引入探测元件，实时监测光纤周围的温度变化。这种技术不仅具有高灵敏度，而且可以实现对火源温度分布的精准掌握。

4. 气体检测技术

气体检测技术广泛用于检测可燃气体或有毒气体的泄漏，以预防火灾的发生。常见的气体探测器包括甲烷、丙烷、一氧化碳等。这些探测器在工业场所和商业建筑中得到广泛应用。

5. 热敏检测技术

热敏检测技术通过监测环境温度的升高来判断是否发生火灾。这种技术简单、成本较低，特别适用于一些对其他检测技术敏感的环境，如厨房和车库等。

（二）控制系统与探测器选择

1. 智能化控制系统

随着物联网和人工智能技术的发展，智能火灾探测系统逐渐成为主流。智能控制系统能够实现对探测器的远程监控、故障自诊断和数据分析，提高了系统的可靠性和智能化水平。

2. 区域联动控制

建筑结构通常被划分为不同的区域，每个区域配备相应的火灾探测器。这些探测器与控制系统联动，实现对特定区域的快速响应，减小误报率，提高了系统的精准度。

3. 多元化探测手段

在选择探测器时，可以考虑多元化的探测手段。例如，在同一区域同时使用光电式和离子式探测器，可以提高系统对不同火源的检测准确性，减小漏警和误警的可能性。

4. 环境适应性

根据不同的使用环境选择适应性强的探测器。比如，在潮湿环境中，要选择具有抗湿性的探测器，以保证系统的长期稳定运行。

（三）探测器布局与维护

1. 布局原则

探测器的布局需要考虑到建筑结构、空气流动、热量分布等因素。合理的布局能够提高系统的检测效率。例如，在厨房等易发生火灾的区域，要增加探测器密度。

2. 定期维护

火灾探测器是建筑安全的重要组成部分，需要定期进行维护。维护工作包括检查电池、清洁灵敏元件、测试报警装置等，以确保探测器的正常运行。

3. 远程监测与诊断

现代火灾探测系统通常具备远程监测和诊断功能，可以通过云平台实时监测每个探测器的状态。一旦发现异常，系统会及时发送警报信息，方便及时处理。

随着科技的不断进步，火灾探测技术在灵敏度、可靠性和智能化方面都取得了显著的提升。在选择检测技术和探测器时，建筑设计者和管理者应根据具体的使用环境、建筑结构和预期风险综合考虑，以搭建更为安全可靠的火灾报警系统。

三、报警信号的传递与处理

（一）信号传递技术的演进

随着科技的不断进步，报警信号的传递与处理技术也在不断演进，从最早的有线传输到如今的无线传输，为火灾报警系统提供了更为可靠和灵活的解决方案。

1. 有线传输技术

有线传输技术是最早应用于火灾报警系统的一种信号传递方式。通过电缆将探测器采集到的信号传输至中央控制室，实现火灾报警。这种传输方式稳定可靠，但在布线上存在一定的局限性，尤其在建筑改造和扩建时会带来不便。

2. 无线传输技术

无线传输技术的应用使得报警系统的安装更加便捷。通过使用无线通信模块，探测器与中央控制室之间可以进行稳定的信号传递，无须大量的有线布线。这对于一些历史建筑为大空间建筑的改造提供了更为灵活的选择。

3. 云平台与物联网技术

云平台与物联网技术的崛起为报警信号的传递与处理提供了更为智能化的解决方案。通过将火灾探测系统与云平台相连接，实现对报警信号的实时监测和数据分析。这种方式使得远程监控变得更加方便，同时可以通过物联网技术实现设备之间的互联互通。

（二）报警信号的处理与分析

1. 自动报警处理

现代火灾报警系统通常配备了自动报警处理功能。一旦探测器发现火灾迹象，系统会自动触发报警，并通过事先设定的报警级别进行处理。这种方式大大缩短了响应时间，提高了火灾处置的效率。

2. 数据分析与智能处理

通过对报警信号进行数据分析，系统可以更准确地判断火警发生的位置、规模和危险程度。智能处理技术使得系统能够区分真实火灾和误报，减少误警率，提高系统的稳定性和可靠性。

3. 远程监控与远程干预

云平台的应用使得报警信号可以实现远程监控。当火灾发生时，无论身处何地，管理者都能通过云端平台实时获取报警信息，从而可以及时采取措施，减少火灾造成的损失。

（三）报警信号的处理流程

1. 报警信号的采集

报警信号的采集是整个处理流程的第一步。各类传感器和探测器根据预定的条件，监测环境的变化，一旦检测到火灾迹象，即产生报警信号。

2. 报警信号的传递

采集到的报警信号通过事先设置的通信方式传递至中央控制室。有线传输通过电缆传递，无线传输通过无线通信模块，云平台则通过物联网技术进行传递。

3. 报警信号的处理

中央控制室收到报警信号后，系统会进行自动处理，包括判断报警级别、触发报警装置、启动紧急通道等。同时，系统会记录报警信息，为后续的事故调查提供数据支持。

4. 报警信号的通知

一旦报警信号被确认，系统会通过声光报警器、短信、邮件等方式通知相关人员。这有助于实现快速响应，及时疏散人员，降低伤亡和财产损失。

5. 远程响应

在云平台应用下，管理者可以通过手机、平板等设备实现远程响应。这包括查看实时监控画面、远程操控报警系统、与当地消防部门协作等，以最大程度地保障人员和财产安全。

（四）问题处理与系统优化

1. 误报处理

在实际应用中，误报是火灾报警系统常见的问题之一。为了降低误报率，系统可以采用智能分析算法，对采集到的信号进行深度学习和模式识别，提高系统对真实火灾和误报的判断能力。

2. 技术升级与系统优化

随着科技的不断进步，火灾报警系统的技术也在不断升级。管理者应密切关注新技术的应用，及时对系统进行优化升级，以提高系统的可用性和适应性。

报警信号的传递与处理是现代火灾报警系统的重要组成部分。随着科技的不断发展，传递技术、智能处理和远程监控等方面的应用使得系统更加智能、可靠。未来，随着新技术的出现，火灾报警系统将不断迈向更加智能、高效、安全的方向。

四、监控系统与远程控制

（一）监控系统的基本构成

监控系统是建筑安全管理的核心组成部分，它通过实时监测和记录建筑内外环境的状态，为建筑的安全运营提供数据支持。一个完善的监控系统通常包括以下几个基本构成要素：

1.摄像头与视频监控

摄像头是监控系统中最常见的设备之一。现代监控系统采用高清晰度摄像头，能够实现对建筑内外区域的全方位、多角度监控。视频监控系统通过实时录制和存储视频，不仅可以用于事后溯源，还能在事件发生时提供实时的图像信息。

2.传感器与环境监测

监控系统中的传感器用于监测建筑内外的环境参数，包括温度、湿度、气体浓度等。通过这些传感器，系统可以及时感知到潜在的危险因素，如火灾、气体泄漏等，从而采取及时的措施。

3.入侵检测与门禁系统

为了加强建筑的安全性，监控系统通常集成入侵检测和门禁系统。入侵检测通过红外传感器等设备监测建筑内部的异常行为，门禁系统通过卡片、指纹等身份验证方式控制人员的出入，保障建筑的安全。

4.智能分析与识别技术

随着人工智能技术的发展，监控系统开始应用智能分析和识别技术。通过图像识别、人脸识别等技术，系统可以自动识别出建筑内出现的人员和物体，实现对异常行为的智能检测。

（二）远程控制与应用

远程控制是监控系统的重要功能之一，它使得管理者可以随时随地通过网络对监控系统进行实时控制和监管。远程控制的核心在于提供灵活、便捷的管理手段，以适应不同场景和需求。

1.远程监控与实时查看

远程监控通过网络连接，管理者可以通过计算机、平板或手机等终端设备实时查看监控画面。这为建筑的安全管理提供了极大的便利，管理者无须亲临现场，就能够全方位了解建筑内外的情况。

2. 远程报警与事件响应

监控系统一旦检测到异常事件，如入侵、火灾等，会及时通过网络向管理者发送报警信息。管理者可以远程接收报警信息并采取相应的措施，例如远程解锁门禁、触发灭火系统等，实现对事件的及时响应。

3. 远程配置与维护

远程控制不仅包括监控画面的查看和事件的响应，还包括对监控系统的远程配置和维护。管理者可以通过远程手段调整监控摄像头的方向、监控区域的设置，甚至进行软件升级和故障排除。

（三）远程控制的优势与挑战

1. 优势

（1）实时性

远程控制实现了对监控系统的实时管理，无论身在何处，管理者都能够及时获取建筑内外的实时信息，提高了应急响应的速度。

（2）灵活性

远程控制使得管理者不再受限于特定的办公地点，可以通过互联网随时随地对监控系统进行操作，提高了工作的灵活性和便捷性。

（3）高效性

远程控制大大提高了管理效率。管理者可以通过远程手段对监控系统进行集中管理，同时可以分配不同权限，实现团队协同工作。

2. 挑战

（1）网络安全

远程控制的实现离不开网络，而网络安全一直是一个备受关注的问题。建筑管理者需要采取有效的网络安全措施，防范网络攻击和数据泄露的风险。

（2）数据隐私

随着监控系统的普及，涉及大量的个人和机构数据。远程控制的过程中，对于数据隐私的保护显得尤为重要，需要建立健全的隐私保护机制。

（3）技术依赖

远程控制依赖于先进的信息技术，一旦系统出现故障或者技术陈旧，可能导致远程控制功能的失效。因此，建筑管理者需要不断更新技术设备，保持系统的可靠性。

（四）未来发展趋势

1.人工智能的应用

未来，随着人工智能技术的不断发展，监控系统将变得更加智能化。人脸识别、行为分析等人工智能算法的应用将使得监控系统能够更准确地识别异常行为，从而减少误报率。

2.云计算与大数据

云计算和大数据技术的发展为监控系统提供了更强大的数据处理和存储能力。未来的监控系统将更加注重数据的分析和挖掘，为建筑管理提供更多有价值的信息。

3.边缘计算技术

为了减轻中心服务器的压力，未来的监控系统可能会采用边缘计算技术，即将一部分数据处理和分析工作下放到监控设备本身，提高系统的响应速度和实时性。

监控系统与远程控制是现代建筑安全管理不可或缺的重要组成部分。其通过不断引入先进的技术手段，使监控系统不仅提高了建筑的安全性能，同时也为管理者提供了更加便捷、高效的管理方式。在未来，随着技术的不断创新，监控系统将进一步演进，为建筑安全管理带来更多的可能性。

五、防误报与系统可靠性保障

（一）误报对建筑安全的影响

误报是指监控系统错误地发出警报，但实际上并没有发生危险事件。虽然监控系统的目的是提高建筑的安全性，但频繁的误报可能会对建筑安全产生负面影响。

1.恶化紧急情况

频繁的误报可能使人们对警报信号产生麻木感，当真正发生紧急情况时，人们可能会对警报产生漠视，延误了采取紧急措施的最佳时机，从而使紧急情况恶化。

2.资源浪费

误报会导致应急资源的浪费。例如，误报触发了灭火系统，消防人员前去处理，最终却发现是误报，这不仅浪费了时间和人力资源，还可能增加了维护成本。

3.影响建筑正常运营

频繁的误报可能会影响建筑的正常运营。例如，在商业建筑中，误报可能导致商户和顾客的恐慌，从而影响业务。

（二）防误报策略与技术

为了防止误报对建筑安全带来的负面影响，监控系统需要采取一系列的策略和技术手段来提高系统的可靠性。

1. 精准的检测算法

采用精准的检测算法是防止误报的关键。现代监控系统中的人工智能技术，如深度学习，其能够更准确地识别真正的安全威胁，从而降低误报率。

2. 多传感器融合

采用多传感器融合技术，综合利用视频监控、温度传感器、烟雾传感器等多种传感器的信息，可以提高监控系统对于异常事件的准确性和可靠性，减少误报的可能性。

3. 异常行为分析

监控系统可以通过分析人员的行为模式，识别出异常行为。例如，在夜间商业建筑关闭后如果突然有人进入，系统则可以通过行为分析判断是否触发警报，从而减少因为误报而对建筑正常运营造成的影响。

4. 假设验证与实地演练

监控系统的设计需要考虑各种可能的情况，并进行假设验证。通过模拟各种场景，可以验证系统在不同情况下的性能，及时发现和修复潜在的误报问题。此外，定期进行实地演练，提高工作人员对系统的熟悉度，降低误报的概率。

（三）系统可靠性保障

为确保监控系统的可靠性，需要在设计、建设和运维阶段采取一系列措施。

1. 设备可靠性

选择高质量、经过认证的监控设备是保障系统可靠性的基础。定期检测和维护设备，及时替换老化或故障的部件，能够提高设备的寿命和可靠性。

2. 数据备份与存储

建立完备的数据备份系统，确保监控数据的安全性和完整性。采用分布式存储技术，防止单点故障，提高系统的容错性。

3. 网络安全

强化监控系统的网络安全性，采用防火墙、入侵检测系统等网络安全设备，保障监控系统不受网络攻击的影响。

4. 系统更新与升级

定期进行监控系统的软件和硬件更新，及时应用安全补丁，保障系统处于最新的安全状态。同时，兼容老旧设备，确保系统的平稳升级。

（四）未来发展方向

1. 智能化与自适应性

未来的监控系统将更加智能化，能够通过学习算法不断提升对于异常事件识别的准确性。系统还将具备自适应性，能够根据不同场景自动调整参数，以适应复杂多变的建筑环境。

2. 区块链技术应用

区块链技术的引入可以加强监控系统中数据的安全性，防止数据被篡改。通过去中心化的数据存储方式，可以提高系统的抗攻击性，还可以确保监控数据的可信度。

3. 人机协同

未来监控系统将更加强调人机协同，通过与人工智能的协同作业，可以提高对于异常事件的响应速度和准确性。人工智能将成为监控系统的强大助手，减轻人工的负担。

在建筑安全管理中，防误报与系统可靠性保障是监控系统设计与运营中需要重点关注的方面。通过科学合理的策略和技术手段，可以降低误报率，提高监控系统的可靠性，为建筑安全提供更加全面有效的保障。未来，随着技术的不断发展，监控系统将在智能化、自适应性、人机协同等方面迎来新的发展机遇。

第六章 建筑给排水与消防工程材料

第二节 建筑给排水材料

一、选材原则

（一）强度与稳定性

1. 抗压强度

在给排水与消防工程中使用的管道、管件等构件需要具备足够的抗压强度，以承受系统内的水压力和外部荷载。特别是在高楼大厦的消防水源系统中，抗压强度的要求更为严格。

2. 抗拉强度

则一些特殊工程中，如地下给水管道或消防系统的连接部位，对于材料的抗拉强度提出了明确的要求，以确保系统的牢固性和稳定性。

3. 耐水压性能

在排水系统中，管道和管件需要具有出色的耐水压性能，以应对系统内水流的压力，尤其是在排水管道垂直向下的部分。

（二）耐久性

1. 耐腐蚀性

由于给排水系统中常常存在水质差异和化学物质的影响，所以材料的耐腐蚀性成为一个至关重要的功能性要求。特别是在排水管道中，需要能够承受污水对材料的腐蚀。

2. 耐磨性

在排水系统的雨水管道、消防水带等部位，耐磨性是一个关键的功能性要求。其可防止材料因水流冲刷而损耗，确保系统的长期可靠运行。

3.耐候性

排水系统、消防设备常暴露在室外环境中，因此对于材料的耐候性提出了严格要求，以确保其在不同气候条件下不受影响。

（三）导热性与隔热性

1.导热性

在给水系统中，对导热性能的要求较低，以防止水在输送过程中过度散热。而在排水系统中，对导热性能的要求相对较高，以防止在寒冷环境中水在管道内结冰。

2.隔热性

对于消防水带等在火灾场景下的使用，需要着重考虑材料的隔热性，以确保在高温环境中仍能正常运行。

（四）导电性与绝缘性

1.导电性

在一些特殊场合，如需要监测管道内液体电导率的系统，可能对管道材料具有一定的导电性要求。

2.绝缘性

在给排水系统中，材料的绝缘性是非常重要的。尤其是在电气设备周围或需要阻止电流流动的地方需要使用绝缘材料，确保系统的安全性。

（五）可塑性与可加工性

1.可塑性

给排水系统中的管道和管件需要具备一定的可塑性，以适应各种弯曲和连接形式。这有助于系统的灵活性和施工的便捷性。

2.可加工性

材料的可加工性对于制造各种形状和尺寸的管道、阀门等构件至关重要。材料需要容易切割、连接、焊接，以满足不同工程的需求。

（六）密封性

1.抗渗透性

给排水系统中的管道和接头需要具有优异的抗渗透性，以防止水分渗漏到建筑结构中，影响建筑物的安全和耐久性。

2. 防水性

在消防系统中，对阀门、水带等部位的密封性要求较高，以确保在火灾发生时能够及时响应和使用。

（七）健康与环保性

1. 不含有害物质

给水系统中使用的材料需要符合卫生标准，不能含有对人体健康有害的物质，确保用水的卫生安全。

2. 环保性

对于排水系统中的材料，需要考虑其可回收性和可再利用性，以减少对环境的影响。

以上所述为建筑给排水与消防工程材料的功能性要求，这些要求的充分满足能够确保系统的可靠运行、建筑的安全性和持续的可维护性。在实际应用中，根据具体工程需求，选择合适的材料是保障建筑工程顺利进行的重要一环。

二、给水管道材料选择

（一）PVC（聚氯乙烯）

1. 强度与稳定性

PVC 管道具有良好的强度和稳定性，能够承受正常的水压，适用于常见的给水系统。

2. 耐久性

PVC 管道不易受到腐蚀，对于一般水质，其耐久性较好，能够长时间保持系统的稳定运行。

3. 导热性与隔热性

PVC 管道的导热性较低，适用于冷热水系统。其隔热性能良好，不易受到外部温度的影响。

（二）PPR（聚丙烯）

1. 强度与稳定性

PPR 管道具有较高的抗压强度和耐热性，适用于热水系统。连接方式采用热熔技术，连接牢固。

2. 耐久性

PPR 管道不易受到化学物质的侵蚀，具有较好的耐久性，所以适用于长期运行的给水系统。

3. 导热性与隔热性

PPR 管道的导热性较低，其有助于在热水系统中减少能量损失。其隔热性能也较好，在高温环境下也能保持管道的稳定性。

（三）不锈钢管道

1. 强度与稳定性

不锈钢管道具有优异的抗压强度和耐腐蚀性，适用于对强度要求较高的给水系统。

2. 耐久性

不锈钢具有卓越的抗腐蚀性，能够应对各种水质，具有长期的使用寿命。

3. 导热性与隔热性

不锈钢的导热性能较好，有助于在热水系统中快速传热。在一些需要隔热的环境中，可以通过添加绝缘层来提高隔热性。

（四）铜管道

1. 强度与稳定性

铜管道具有较高的抗压强度，而且连接方式多样，能够适应各种给水系统的需求。

2. 耐久性

铜管道对氧气和水的腐蚀有较好的抵抗力，具有较长的使用寿命。

3. 导热性与隔热性

铜管道的导热性能极好，适用于需要快速传热的热水系统。但相对而言，其隔热性能较差，可能需要额外的隔热措施。

（五）HDPE（高密度聚乙烯）

1. 强度与稳定性

HDPE 管道具有较高的强度，且轻质，适用于一些需要轻便材料的工程。

2. 耐久性

HDPE 管道对腐蚀具有较强的抵抗力，不易受到化学物质的侵蚀，具有长寿命的特征。

3. 导热性与隔热性

HDPE 管道的导热性较低，适用于一些需要减少能量损失的场合。其隔热性能相对较好。

在选择给水管道材料时，需根据具体工程要求、预算和环境条件进行权衡。不同材料具有各自的优势和适用场景，正确选择适合工程需求的管道材料将有助于系统的高效运行和长期稳定性。

三、排水管道材料特性

（一）PVC（聚氯乙烯）

1.强度与耐久性

PVC 管道是一种高强度、耐久性较好的材料，其强度主要受墙厚和直径的影响。在正常使用条件下，PVC 管道能够承受一定的水压和外部负荷，具备长期使用的耐久性的特点。

2.耐腐蚀性

PVC 管道对水中的常见化学物质和生物腐蚀有较好的抵抗力，不易受到腐蚀而损坏。这使得 PVC 管道在处理含有化学物质的废水时表现出色。

3.轻质、安装方便

PVC 管道相对轻质，便于搬运和安装。然而，在埋地安装时，则需要注意管道的支撑和固定，以防止变形和破裂。

4.绝缘性能

PVC 管道的绝缘性能较好，不易受外部温度影响，有助于防止管道冷凝和结露，减少系统的维护难度。

（二）铸铁管道

1.高强度与耐压性

铸铁管道由于其结构特点，具有较高的抗拉强度和耐压性，更适用于大型排水系统，其能够承受高水头和较大的水流量，适用于城市排水管网。

2.耐腐蚀性

铸铁管道的内壁常常采用防腐涂层，以提高其对腐蚀的抵抗力。在处理酸碱性废水或含有腐蚀性物质的场景中，铸铁管道显示出优越的性能。

3.长寿命

铸铁管道在正常使用和维护的情况下，能够保持较长的使用寿命。其结构稳定，不易受到外部环境的影响，适用于长期运行的排水系统。

4.隔音性能

铸铁管道的质地较为致密，使其具备较好的隔音性能。这对于一些需要降低排水系统运行噪声的场所非常重要，如住宅区域或办公楼。

（三）HDPE（高密度聚乙烯）

1. 轻质高强度

HDPE 管道具有相对较低的密度，使其在维持高强度的同时还能够减轻整体重量，且便于搬运和安装，特别适用于需要在较大范围内铺设管道的场合。

2. 耐腐蚀性

HDPE 管道对于酸碱等腐蚀性物质有较好的抵抗力，适用于一些特殊环境下的排水系统。然而，对于一些有机溶剂可能会产生溶解，所以需要谨慎选择使用场景。

3. 长寿命

HDPE 管道具有较长的使用寿命，但需注意避免长时间暴露在紫外线下，以免降低其抗老化性能。在户外或阳光直射的场所，建议进行合理的遮挡或保护。

4. 环保性

HDPE 是一种环保材料，具有可回收性，其有助于减少对环境的影响。在追求可持续发展的工程中，选择 HDPE 管道有助于降低对资源的消耗。

（四）不锈钢排水管

1. 耐腐蚀性

不锈钢排水管对水质的腐蚀有极佳的抵抗能力，所以其更适用于长期处理腐蚀性污水的系统。这使得不锈钢排水管在工业排水领域得到广泛应用。

2. 强度与稳定性

不锈钢排水管具有高强度和稳定性，能够承受复杂排水系统中的各种力和压力。在需要长跨越和承受大水头的场景中表现出色。

3. 高温抗性

不锈钢排水管能够在高温环境下保持其性能，适用于热水排水系统。在工业、商业厨房等需要排放高温废水的场合中，不锈钢排水管是理想的选择。

4. 易清洁性

不锈钢表面光滑，不易附着杂质，容易清洁，有助于保持排水系统的卫生。特别适用于对卫生要求较高的场所，如医疗机构或食品加工厂。

以上对不同排水管道材料的特性进行了更为详细的分析，以便在实际工程中更好地选择合适的材料。在选择时，建筑工程师需要全面考虑工程的实际需求、使用环境、预算等多方面因素，以确保排水系统的稳定性和可靠性。

四、排水设备材质选用

（一）排水管道

1.PVC（聚氯乙烯）

（1）弯头、三通等连接部件

PVC 弯头、三通等连接部件通常采用 PVC 材质。PVC 具有良好的耐腐蚀性，不易生锈，适用于一般排水系统。然而，在寒冷地区则需要考虑其低温脆化的问题，应选择符合当地温度特点的 PVC 型号。

（2）水管

排水管道主体可采用 PVC 材质，具有重量轻、安装方便、不易生锈的特点。在一般建筑以及家庭排水系统中，PVC 管道广泛应用，但在高温环境下需避免使用。

2.HDPE（高密度聚乙烯）

（1）弯头、法兰等连接部件

HDPE 的连接部件通常采用相同材质，以确保连接的密封性和稳定性。HDPE 材质耐腐蚀、抗冲击，适用于地下、地面排水系统。

（2）排水管道

HDPE 排水管道具有优越的耐化学腐蚀性，因此适用于酸碱废水处理系统。其重量轻、高强度的特点使其在大直径排水管道中得到广泛应用。

（二）排水阀门

1.不锈钢阀门

在排水系统中，需要使用调节阀、截止阀等阀门进行流量的控制和切断。不锈钢阀门因其耐腐蚀、抗高温的特性，在一些对水质要求较高、温度较高的场合得到广泛应用。

2.铸铁阀门

铸铁阀门在一般排水系统中也有一定的应用，其优势在于结构稳定、密封性好。但需注意防锈措施，避免生锈影响阀门的使用寿命。

（三）排水泵

1.不锈钢泵体

排水泵由于需要经常接触水质，因此泵体的选材非常重要。不锈钢泵体具有较好的耐腐蚀性，适用于处理含有腐蚀性物质的废水，如化工排水系统。

2. 铸铁泵体

铸铁泵体在一些一般的排水系统中使用广泛。由于其结构强度高，所以更适用于一些特殊环境下需要承受较大水压的场合。

（四）排水井盖

1. 铸铁井盖

铸铁井盖因其强度高、耐磨、承载能力大的特点，在道路排水系统中常见。但需防锈处理，以延长使用寿命。

2. 玻璃纤维井盖

玻璃纤维井盖轻质、绝缘、防腐蚀，适用于一些对重量要求不高、防腐蚀性能要求较高的场合，如化工厂排水系统。

在排水设备的选材中，需要全面考虑设备的使用环境、介质特性、使用寿命等因素。只有综合考虑各种材质的特点，灵活运用在不同部位，才可以使排水系统更加稳定、耐用。建筑工程师在实际工程中应根据具体情况，选择最合适的排水设备及材质，以确保排水系统的长期稳定运行。

五、防水层与隔热材料

（一）防水层

1. 防水层的分类

（1）沥青基防水材料

沥青基防水材料常用于屋顶、地下室等区域，具有优异的耐水性和耐老化性能。其厚重的质地能够有效抵御渗水，但在施工过程中需要加热处理，施工周期相对较长。

（2）弹性涂料防水材料

弹性涂料防水材料具有较好的延展性和附着力，适用于复杂形状的结构表面，如天花板、墙面等。其施工简便，但需要注意高温或极寒条件可能影响涂料的性能。

（3）丙烯酸防水涂料

丙烯酸防水涂料是一种环保型涂料，具有无毒、无味、耐候性好的特点。常用于室内外墙面、卫生间等区域，对人体无害，施工后无异味。

2. 防水层的施工要点

（1）表面处理

在施工防水层之前，对建筑表面进行必要的处理是关键的一步。确保表面平整、无尘、无油污，有助于防水层的附着力和性能。

（2）交叉处理

在施工防水层时，需要进行交叉处理，确保涂料或卷材之间的接缝紧密、无漏。特别是在角部和管道附近，应加强处理，防止水分渗透。

（3）检测与维护

施工完成后，需要及时进行防水层的检测工作。可以采用水压测试等方法，确保防水效果。定期维护也是防水层长期稳定运行的关键。

（二）隔热材料

1. 隔热材料的种类

（1）玻璃纤维隔热材料

玻璃纤维隔热材料具有较好的保温性能，同时具备轻质、易施工的特点。常用于墙体、屋顶等部位，其有效降低热量传导。

（2）聚苯板隔热材料

聚苯板隔热材料因其密度轻、导热系数低的特点，广泛应用于建筑墙体隔热，特别是外墙保温系统。

（3）集成墙体隔热材料

集成墙体隔热材料是近年来的一种创新型材料，其结合了保温材料和墙体结构，具有施工便捷、整体性好的特点。

2. 隔热材料的施工技术

（1）合理搭配

在选择隔热材料时，需要根据建筑的实际情况和所在地的气候条件，合理搭配不同类型的隔热材料，以达到最佳的保温效果。

（2）施工工艺

隔热材料的施工工艺包括固定、粘贴、封缝等步骤。合理的施工工艺有助于提高隔热效果，确保施工质量。

（3）质量监控

在施工过程中，需要进行质量监控，及时检测隔热材料的厚度、密度等参数，确保隔热效果符合设计要求。

防水层和隔热材料在建筑工程中扮演着不可替代的角色。正确选择和合理应用这些材料，不仅能够增加建筑的使用寿命，还能提高建筑的舒适度，降低能耗，是建筑工程中不可忽视的重要环节。建筑工程师在设计和施工中应充分考虑环境、气候等因素，科学合理地选用和搭配防水层与隔热材料，为建筑的可持续发展作出贡献。

六、地板与墙面装饰材料选择

（一）地板装饰材料

1.地板材料的分类

（1）实木地板

实木地板是以天然木材为原料制成的地板，具有自然的木纹和色彩，给人一种质朴、温馨的感觉。然而，实木地板容易受潮变形，需要在干燥通风的环境中使用。

（2）复合地板

复合地板是由多层不同材质的板材组合而成，具有耐磨、防潮的特点。其表面层常采用高密度纤维板，使地板更加稳固，是一种经济实用的选择。

（3）强化地板

强化地板是在高密度纤维板上添加有木纹纸层、耐磨层等，最后经高温压缩而成。其表面硬度高，不易受潮，适用于客厅、卧室等多种空间。

（4）仿瓷砖地板

仿瓷砖地板常用石塑、PVC等材料制成，具有瓷砖的外观，同时兼具柔软舒适的特点。比较适用于需要保温、吸音的地方，如卧室、儿童房等。

2.地板选择原则

（1）空间用途

不同空间的用途决定了选择什么样的地板。例如，客厅通常选择美观舒适的实木地板或仿瓷砖地板，卧室则可以考虑柔软的复合地板。

（2）家庭成员

如果家中有小孩或老人的情况下，可以选择耐磨、易清洁的地板，如复合地板或强化地板。这样不仅方便清理，还能降低地板的磨损程度。

（3）风格需求

个人对室内风格的追求也是选择地板的重要因素。实木地板适合追求自然、原生态风格的人群，而仿瓷砖地板则更适合现代简约风格。

（二）墙面装饰材料

1.墙纸

墙纸是一种贴在墙面上的纸质装饰材料，具有丰富的花色和图案选择。它不仅可以遮盖墙体缺陷，还能为室内空间增添艺术氛围。

2.壁画

壁画是一种直接在墙面上绘制的装饰形式，其可以根据个人喜好而选择不同的题材和风格。壁画不仅独具艺术性，还能打破单调，让空间更富有层次感。

3.瓷砖

瓷砖作为墙面装饰材料，不仅防潮防污，而且易于清洁。在厨房和卫生间等湿润环境中，选择瓷砖是一种常见的做法。

4.木饰面板

木饰面板以其自然木纹和质感，成为许多人喜爱的墙面装饰材料。它适用于客厅、卧室等空间，其能够营造温馨的居家氛围。

（三）墙面装饰材料选择原则

1.色彩搭配

选择墙面装饰材料时，要考虑与家具、地板等的色彩搭配，要确保整体空间的和谐与统一。

2.空间光线

考虑墙面材料对光线的反射与吸收，要选择适合空间采光状况的装饰材料，使室内更明亮。

3.个人喜好

墙面装饰是表达个性的重要方式，因此要充分考虑个人喜好，选择符合自己审美观念的装饰材料。

地板与墙面装饰材料的选择需要根据不同空间的用途、家庭成员、个人风格等因素进行综合考虑。通过精心的选择，不仅可以提升居住品质，还能为室内空间增色添彩，创造出令人满意的居住环境。

第三节　消防设备材料

一、消防水源设备材质

（一）消防水池

1.水池材质的选择

消防水池是消防系统的重要组成部分，其材质的选择直接关系到水池的使用寿命和稳定性。常见的水池材质有：

（1）钢材

钢材是制作消防水池的常见选择之一。它具有强度高、抗腐蚀性好的优点，适用于大型消防水池。然而，其需要提前进行防腐处理，以防止钢材在潮湿环境下生锈。

（2）混凝土

混凝土消防水池是一种结构稳定、造价相对较低的选择。混凝土的耐腐蚀性较好，但需要做防水处理以防止渗漏。适用于地下水池的建设。

（3）玻璃钢

玻璃钢具有重量轻、强度高、抗腐蚀等特点，适用于制作消防水池。它可以根据需要进行成型，同样适用于不规则形状的水池制作。

2.水池的防腐措施

（1）内层涂覆

对于钢材和混凝土水池，常常采用特殊的涂层进行内层覆盖，增加抗腐蚀性。这种涂层可以有效隔离水池内水分与外部环境的接触。

（2）防腐漆

钢材水池表面可进行防腐漆处理，增加其抗腐蚀性。这种处理方法要求定期检查和维护，以确保漆层的完整性。

（3）环氧树脂涂层

玻璃钢水池常使用环氧树脂涂层，这种涂层不仅可以提高水池的耐腐蚀性，还有一定的阻燃效果，增加水池的安全性。

（二）消防水泵

1.水泵的主要部件材质选择

（1）泵体

水泵的泵体通常采用铸铁或不锈钢。铸铁泵体具有强度高、成本低的特点，但在腐蚀性环境下容易生锈。不锈钢泵体则具有良好的抗腐蚀性，适用于潮湿环境。

（2）叶轮

叶轮材质多为铸铁、不锈钢或铜。不锈钢叶轮具有良好的抗腐蚀性，适用于需要抗腐蚀要求较高的环境。

2.水泵的密封结构

（1）机械密封

机械密封常采用耐磨的陶瓷材料，如硬质合金。这种密封结构适用于清水条件下，能够有效防止水泵泄漏。

（2）液下电机

某些消防水泵采用液下电机，即电机与水泵部分隔离，避免了电机直接与水接触，从而提高了水泵的使用寿命。

（三）消防水管

1.水管的材质选择

（1）碳钢管

碳钢管是常见的水管材质之一，具有良好的强度和焊接性能。但在潮湿环境中容易生锈，因此需要进行防腐处理。

（2）不锈钢管

不锈钢管抗腐蚀性好，适用于湿度较大的环境，但成本相对较高。

（3）塑料管

塑料管材质轻，不易生锈，适用于一些特殊环境。但其耐压性相对较低，所以需谨慎选择。

2.消防水管的连接方式

（1）螺纹连接

螺纹连接是一种常见的连接方式，常用于一些小口径的水管。其连接简便，但在高压条件下密封性较差。

（2）对焊连接

对焊连接适用于大口径、高压力的消防水管。焊接后连接牢固并且耐高压。

在消防水源设备的选择中，合理的材质搭配不仅能够保障设备的使用寿命，还能提高消防系统的整体性能。因此，在设计与建造过程中，需要仔细考虑不同材质的特性，结合具体场地条件和预算要求，选择最适合的消防水源设备材质。同时，定期检查和维护也是确保设备长期稳定运行的重要环节。

二、灭火器材的材料与制造工艺

（一）灭火器外壳材料选择

1.钢材

钢材是常见的灭火器外壳材料，因其强度高、耐腐蚀、易于成型等优点而被广泛采用。外壳经过特殊的防锈处理，以确保在潮湿环境中的长期使用。

2.铝合金

铝合金轻巧且具有良好的成形性，适用于制造轻型、便携式灭火器。然而，铝合金的强度相对较低，适用于一次性使用或较为轻微的火灾。

3. 塑料

在一些特殊场合，也会选用轻型、非导电的塑料外壳。这种外壳常用于低压灭火器，如灭火器的手提部分，以减轻整体重量。

（二）灭火剂容器材质

1. 不锈钢

不锈钢具有优异的耐腐蚀性和抗压性能，适用于高压灭火器。不锈钢容器的制造工艺需要考虑焊接工艺，以保障容器的密封性。

2. 铝合金

铝合金容器广泛应用于中小型灭火器。其制造工艺相对简单，所以成本较低，但在耐腐蚀性上略逊于不锈钢。

3. 复合材料

复合材料如碳纤维增强塑料，因其轻量、高强度等特性，被用于一些高性能的灭火器。然而，其制造工艺较为复杂，成本相对较高。

（三）灭火剂与推进剂

1. 干粉灭火器

干粉灭火器常采用磷酸铵铵盐作为灭火剂，通常搭配氮气作为推进剂。这些材料的选择需要综合考虑灭火效果、安全性以及环境友好性。

2. 气体灭火器

气体灭火器通常使用惰性气体，如二氧化碳（CO_2）或氮气。这些气体不会导致二次污染，适用于灭火对象对干粉不适用的场合。

（四）制造工艺

1. 冲压成型

外壳的冲压成型是一种常见的工艺，即通过模具将金属板材冲压成外壳的形状。这种工艺速度快，成本相对较低。

2. 焊接工艺

对于容器的制造，常使用焊接工艺将金属件连接起来。焊接需要考虑材料的薄弱环节，以保障容器的密封性和强度。

3. 注塑成型

塑料部件通常采用注塑成型工艺，将熔化的塑料注入模具中成型。这种工艺适用于生产外壳的一些小型部件。

灭火器材的材料选择和制造工艺直接关系到其性能和使用寿命。在设计与制造过程中，需要根据不同类型的灭火器，合理选择外壳和容器的材质，并采用适当的制造工艺，以确保灭火器在关键时刻能够可靠地发挥作用。同时，质量控制和定期检测也是保障灭火器性能稳定的重要环节。

三、消防管道与喷头的材料选择

（一）消防管道材料选择

1. 钢管

（1）碳钢管

碳钢管是消防系统中常见的材料，因其价格相对较低、强度高以及易于安装而被广泛采用。但需注意碳钢容易受腐蚀，特别是在湿度较高的环境中，需采取措施保护。

（2）不锈钢管

不锈钢管因其抗腐蚀性能强，适用于湿度大、腐蚀性较强的场合。然而，不锈钢价格相对较高，因此需要在成本与性能之间做出平衡。

2.PVC 管

（1）PVC-U 管

聚氯乙烯（PVC-U）管道具有良好的耐腐蚀性、绝缘性和价格低廉等优势，但其耐压性相对较差，通常适用于低压消防系统。

（2）CPVC 管

氯化聚氯乙烯（CPVC）管道是在 PVC 的基础上进行改性的一种材料，具有较好的耐高温性能，适用于一些需要耐高温的场合，如火灾时水温较高的灭火系统。

3. 玻璃钢管

玻璃钢复合管结构轻巧、耐腐蚀，适用于一些特殊环境，如化工厂房。但其价格相对较高，需在实际情况中权衡利弊。

（二）消防喷头材料选择

1. 铜质喷头

铜质喷头因其导热性能好、耐腐蚀性强等特点，常用于需要快速响应的灭火系统，如自动喷水灭火系统。

2. 不锈钢喷头

不锈钢喷头具有出色的抗腐蚀性，适用于一些特殊环境，如食品加工厂房、化工厂房等。

3. 铝合金喷头

铝合金喷头常用于一些对重量要求较高的场合，如移动式消防设备。因其强度高、重量轻的特点使其适用于各种应急场合。

（三）工艺和注意事项

1. 焊接工艺

钢管在连接过程中，常采用焊接工艺。在实际操作中需注意控制焊接温度、采用合适的焊接材料，以确保焊缝的质量。

2. 防腐处理

对于容易受到腐蚀的材料，如碳钢，通常需要进行防腐处理，常见的方法包括涂层、镀锌等。

3. 清洗和维护

无论是管道还是喷头，在安装后需要定期清洗和维护，以确保其畅通无阻，随时可以发挥作用。

消防管道与喷头的材料选择是一个需要综合考量多个因素的问题，需要根据具体的使用场合、预算等因素进行合理的选择。同时，在使用过程中的维护保养也是确保系统长期可靠运行的重要环节。

四、防火材料与隔热层

（一）防火材料

1. 防火涂料

（1）水性防火涂料

水性防火涂料是一种环保型涂料，通常适用于室内建筑表面，如墙壁、天花板。其具有无毒、无味、防火性能好等特点，广泛用于公共场所。

（2）油性防火涂料

油性防火涂料常用于对防火要求较高的场所，如大型商场、仓库等。其具有较强的附着力和耐久性，但由于含有有机溶剂，因此需保持通风良好。

2. 阻燃材料

（1）阻燃涂料

阻燃涂料可以在材料表面形成一层抑制火势蔓延的保护膜，常用于木质结构、纸张等易燃材料的防火处理。

（2）阻燃剂添加剂

阻燃剂是一类添加到材料中的化学物质，其能够在火源作用下产生惰性气体，可以有效减缓火势蔓延。常见的阻燃剂包括氮、磷、硼等。

（二）隔热层

1. 保温材料

（1）矿物棉

矿物棉是一种常见的保温材料，具有优异的隔热性能，广泛用于墙体、屋顶、地板等部位的保温。

（2）聚苯板

聚苯板是一种轻质、保温性能良好的隔热材料，通常适用于墙体、屋顶等部位的隔热。

2. 隔热膜

（1）铝箔隔热膜

铝箔隔热膜具有优异的隔热性能，可以在屋顶、墙体等位置起到反射太阳辐射、减缓室内温度上升的作用。

（2）聚乙烯隔热膜

聚乙烯隔热膜因其轻便、易安装的特点，常用于建筑外墙的隔热处理。

（三）工艺和注意事项

1. 安装工艺

在进行防火材料和隔热层的安装过程中，需严格按照厂家规定和相关标准进行，要确保每一步骤都符合防火要求。

2. 防火涂料的均匀涂刷

在涂刷防火涂料时，需确保均匀涂刷，避免漏刷、重复刷漆，以保证整体的防火效果。

3. 隔热材料的选择

在选择隔热材料时，需要考虑材料的保温性能、环保性以及耐久性等因素，全面评估材料的适用性。

防火材料与隔热层的合理选择和正确施工对于提高建筑的整体防火性能和能效至关重要。在实际应用中，需根据建筑结构、用途和防火等级等因素进行综合考虑，确保建筑在面临火灾时能够提供有效的保护。

五、消防设备外壳与防护材料

（一）消防设备外壳的材料选择

1. 钢铁

（1）钢板外壳

钢板是一种常见的消防设备外壳材料，具有高强度、耐腐蚀的特点，适用于各类消防器材，如消防水泵、水箱等。

（2）铸铁外壳

铸铁外壳通常用于制造一些重型消防设备，如消防栓、阀门等，其耐磨损、抗压性能比较优越。

2. 塑料

（1）工程塑料外壳

工程塑料外壳常用于小型便携式消防设备，如灭火器、喷水器，具有轻质、耐腐蚀等特点。

（2）环保塑料外壳

环保塑料外壳在消防设备制造中得到广泛应用，其具有可回收利用、低污染等优势，更符合现代社会的可持续发展理念。

（二）防护材料的应用

1. 防水防尘材料

（1）橡胶密封条

橡胶密封条常用于消防栓、水箱等设备的连接处，具有优异的防水性能，能有效防止雨水或灰尘侵入设备内部。

（2）防水喷涂涂料

防水喷涂涂料可用于消防泵房、控制室等建筑结构的外壳表面，形成一层坚固的防水膜，提高设备的防护性能。

2. 防腐材料

（1）防腐漆

防腐漆常用于钢铁外壳表面，可有效防止氧气、水分等因素对金属表面的腐蚀，延长设备的使用寿命。

（2）不锈钢外壳

不锈钢外壳具有耐腐蚀、美观的特点，常用于海边、腐蚀性环境较强的地区，保障设备长时间稳定运行。

（三）防爆材料的选择

1. 防爆外壳

防爆外壳是一些用于特殊场所的消防设备所配备的防护外壳，其材料具有防爆性能，通常适用于易燃气体、粉尘较多的环境。

2. 防爆涂料

防爆涂料可用于消防设备外表面的涂装，以提高设备的整体防爆等级，确保设备在危险环境中可以安全运行。

（四）工艺和注意事项

1. 表面处理工艺

在制造消防设备外壳时，常采用喷砂、喷涂等工艺进行表面处理，以增加外壳的附着力和耐腐蚀性。

2. 色彩标识

根据不同类型的消防设备，外壳颜色的标识也具有一定的规范，以便在紧急情况下更容易被识别和操作。

3. 定期检查和保养

消防设备外壳的定期检查和保养是确保设备长时间有效运行的重要环节，及时发现并处理外壳磨损、腐蚀等问题。

消防设备外壳及防护材料的选择对于提高设备的使用寿命、防护性能至关重要。在实际应用中，根据设备类型、使用环境等因素进行科学合理的材料选择，再结合适当的防护措施，可以有效提高消防设备的可靠性和安全性。

第四节　材料性能与规格

一、材料的物理性能要求

（一）金属材料

1. 不锈钢

（1）强度和韧性

不锈钢作为一种耐腐蚀的金属材料，在建筑给排水系统中常用于制作管道、阀门等。其强度和韧性是关键指标，要求具备足够的抗拉强度和冲击韧性，以确保在使用中不易发生变形或破裂。

（2）耐腐蚀性

由于给排水系统中会接触到各种介质，所以不锈钢需要具备优异的耐腐蚀性，特别是对酸碱性物质的稳定性，以保证系统长期稳定运行。

2.铸铁

（1）压力承受能力

铸铁常用于制作排水管道、阀门等部件，其物理性能要求具备足够的压力承受能力，以适应不同工况下的排水需求，确保系统畅通。

（2）防腐性

铸铁在潮湿环境中容易发生锈蚀，因此要求其具备一定的防腐性能，可以通过表面处理或涂层等方式来提高其抗腐蚀性。

（二）塑料材料

1.PVC(聚氯乙烯)

（1）抗拉强度

PVC 作为一种常见的塑料材料，常用于制作给水管道等。其抗拉强度是关键性能指标，要求具备足够的强度，以承受水流压力和外部冲击。

（2）耐化学性

PVC 要求具有良好的耐化学性，能够抵抗水中化学物质的侵蚀，并保持管道表面的光滑，且不易产生水垢或异物堵塞。

2.PE(聚乙烯)

（1）弯曲强度

PE 常用于制作排水管道，其弯曲强度要求较高，以适应不同弯曲半径的布置，确保系统的灵活性和可操作性。

（2）耐磨性

PE 在排水系统中常受到颗粒物的摩擦，要求具备一定的耐磨性，以延长管道的使用寿命。

（三）橡胶材料

1.橡胶密封条

（1）压缩变形率

橡胶密封条在给排水系统中用于防水密封，要求具有较高的压缩变形率，以确保在不同压力下能够有效密封。

（2）耐老化性

橡胶密封条需要具备较好的耐老化性能，以保持其弹性和密封性能，确保在长期使用中不易硬化或开裂。

（四）玻璃钢

1. 抗拉强度

玻璃钢常用于制作储水箱等设备，其抗拉强度是关键的性能指标，要求具备足够的强度，以承受储水和水压力。

2. 耐腐蚀性

玻璃钢要求具有优异的耐腐蚀性，尤其是在含有化学物质的水质环境下，能够保持材料的稳定性。

（四）砂浆

1. 抗压强度

砂浆在建筑中用于连接管道与建筑结构，其抗压强度是关键性能，要求具备足够的强度，以确保连接牢固。

2. 抗渗透性

砂浆要求具有良好的抗渗透性，其能够有效防止水分渗漏，保持建筑结构的干燥。

材料的物理性能要求是建筑给排水与消防工程中至关重要的一环，涉及到系统的稳定性、耐久性和安全性。不同材料根据其用途和工作环境有不同的性能要求，因此在选择和使用过程中，需要综合考虑各项指标，以确保系统的长期可靠运行。

二、材料的化学稳定性考虑

（一）金属材料

1. 不锈钢

不锈钢以其卓越的耐腐蚀性而在建筑工程中得到广泛应用。其主要成分中含有铬元素，能够形成一层致密的氧化铬膜，有效防止了金属表面的进一步腐蚀。在酸碱环境下，不锈钢具有较强的抗腐蚀性，可适用于不同的给排水系统。

2. 铸铁

铸铁作为一种传统的给排水管道材料，对于一般的中性介质具有良好的稳定性。然而，在强酸或强碱环境中，铸铁可能发生腐蚀，因此在这些特殊情况下需要额外的防护措施，例如防腐涂层。

（二）塑料材料

1.PVC（聚氯乙烯）

PVC 由于其分子结构的稳定性，所以具有较好的耐化学腐蚀性。然而，在一些高温或特殊化学介质中，PVC 可能发生溶解或变形，因此在选择此材料时需要充分考虑工作环境。

2.PE（聚乙烯）

聚乙烯具有较好的化学稳定性，能够抵抗多数酸碱介质的侵蚀。然而，对于一些有机溶剂或高温介质，其化学稳定性可能较差，则需要谨慎选择。

（三）橡胶材料

橡胶密封条在给排水系统中承担密封作用，需要具有良好的耐酸碱性。常见的橡胶材料如丁苯橡胶和氯丁橡胶在中性或微酸碱环境中表现出色。

（四）玻璃钢

玻璃钢因其在生产过程中使用树脂基质，具有良好的耐腐蚀性。它在酸碱环境和盐雾中都能表现出较好的稳定性，通常适用于一些腐蚀性较强的环境。

（五）砂浆

砂浆作为建筑密封和连接的重要材料，要求具有一定的耐化学性，以防止水分中的化学物质侵蚀。通常通过掺入特殊的添加剂来提高其抗渗透性和抗化学侵蚀性。

材料的化学稳定性是建筑给排水与消防工程中不可忽视的重要因素。在选择材料时，需要充分考虑工作环境中可能存在的化学介质，以确保系统在长期运行中不受腐蚀和损坏。同时，定期的检测和维护也是确保系统稳定性的重要手段。

三、材料的燃烧性与阻燃性

（一）金属材料

1. 不锈钢

不锈钢是一种不燃的材料。在正常空气条件下，不锈钢不会燃烧，也不支持火焰的传播。这使得不锈钢在建筑中的使用具有天然的防火性能。

2. 铸铁

铸铁在正常空气条件下是不燃的。然而，在极高温度下，铸铁可能会发生氧化，产生铁氧化物，这并非是真正的燃烧，但可能会引起一些火灾安全的问题。

（二）塑料材料

1.PVC（聚氯乙烯）

PVC在火灾条件下会燃烧，并释放出有毒的气体，如氯化氢。因此，对于PVC材料，阻燃设计是非常关键的。但阻燃剂的添加可以有效减缓PVC的燃烧速度，并减少有毒气体的释放。

2.PE（聚乙烯）

聚乙烯是一种可燃材料，且在火灾中燃烧产生大量浓烟。为提高其阻燃性能，可以采用在生产过程中添加阻燃剂的方式，以减缓其燃烧速度，降低烟雾密度。

（三）橡胶材料

橡胶密封条通常在火灾中表现为不易燃烧的特性。然而，一些低质量或添加了大量填充剂的橡胶密封条可能在明火作用下产生燃烧。

（四）玻璃钢

玻璃钢在正常的火灾条件下是不燃的。其基本成分是玻璃纤维和树脂，这使得玻璃钢具有出色的阻燃性能，所以不会在火灾中加剧火势。

（五）砂浆

砂浆是一种无机非金属材料，并不会燃烧。然而，由于其中的一些成分，如聚合物改性材料，可能在火灾中产生燃烧。因此，在使用砂浆时，需要根据具体的工程需求选择合适的阻燃材料。

在建筑给排水与消防工程中，选择具有良好燃烧性和阻燃性能的材料是确保建筑火灾安全的基础。通过合理的设计和添加阻燃剂，可以有效提高材料的阻燃性，并减缓火势的发展，保障人员的生命安全。在材料的使用和维护过程中，定期检查和更新防火措施是确保系统持续安全运行的关键。

四、材料的强度与耐压能力

（一）金属材料

1. 不锈钢

（1）强度特性

不锈钢具有优异的强度特性，能够承受较大的荷载和压力。其高抗拉强度和抗压能力使其在给排水系统中广泛应用，特别是在需要抵御腐蚀和高压环境中。

（2）耐压能力

不锈钢管道在一定范围内具有良好的耐压能力，适用于高压给水系统和消防管道。因此在设计时需要根据具体工程要求和压力等级选择合适的不锈钢材料。

2.铸铁

（1）强度特性

铸铁具有较高的强度，尤其是耐拉强度较大。这使得铸铁在排水系统中能够承受一定的荷载和外部压力。

（2）耐压能力

铸铁排水管道具有良好的耐压能力，适用于城市排水系统和雨水管道。在设计中需要考虑到土壤负荷和交通荷载等因素。

（二）塑料材料

1.PVC（聚氯乙烯）

（1）强度特性

PVC在强度方面表现出色，具有较高的耐拉和抗压强度，通常适用于建筑给水系统。

（2）耐压能力

PVC排水管在正常使用范围内能够满足排水系统的耐压需求。但在设计时需注意选择适当的管道直径和壁厚，以确保系统的安全运行。

2.PE（聚乙烯）

（1）强度特性

聚乙烯具有较高的抗拉和抗压强度，所以在给水系统中也有一定的应用。

（2）耐压能力

聚乙烯排水管道在正常条件下具有较好的耐压性能，但在一些特殊环境下，如高温或化学腐蚀环境，需要特别考虑其耐压能力。

（三）玻璃钢

1.强度特性

玻璃钢具有优异的强度，既具备了玻璃纤维的高强度又有树脂的良好黏结性能。

2.耐压能力

玻璃钢在一些特殊场合，如化工排水系统，具备较好的耐压性能。在设计时需要根据具体工程条件和要求进行选择。

（四）橡胶材料

1. 强度特性

橡胶密封条主要用于提供密封性能，并不具备承载荷载的强度。

2. 耐压能力

橡胶密封条在排水系统中的耐压能力相对较低，其主要作用是确保接口的密封性。

第七章 运维与维护

第一节 设备维护计划

一、设备维护的基本原则

（一）定期检查与保养

1. 设备定期巡检

建议对建筑给排水系统中的关键设备进行定期巡检，以发现潜在问题并及时处理。巡检内容应包括设备的运行状态、连接件的紧固情况、传感器的灵敏度等。

2. 定期保养计划

制订定期保养计划，根据设备的使用频率和工作环境，合理安排清洁、润滑、更换易损件等维护工作，以确保设备能够长时间高效运转。

（二）及时修复与更换

1. 设备故障的及时修复

一旦发现设备出现故障，应当及时进行修复，以防止故障进一步扩大，造成设备无法正常运行，从而影响整个给排水系统的运行。

2. 合理更换老化设备

对于已经运行多年且存在老化迹象的设备，应根据其寿命和技术状态及时进行更换，以提高系统的整体可靠性，避免因老旧设备带来的潜在风险。

（三）数据监测与分析

1. 传感器数据监测

充分利用现代传感技术，对建筑给排水系统中的关键参数进行实时监测。通过数据采集与分析，可以提前发现异常情况，从而实现预警与智能化维护。

2. 远程监控系统

建立远程监控系统，使运维人员可以随时随地监测系统运行状况。远程监控可以帮助人们及时发现问题，减少人为巡检频率，提高运维效率。

（四）培训与人员素质提升

1. 运维人员培训

确保运维人员具备良好的专业知识和操作技能，能够独立完成设备的日常维护和故障处理。定期对员工进行培训，使其保持对新技术、新设备的敏感性。

2. 设备操作手册编制

制定详尽的设备操作手册，包括设备的结构、工作原理、维护方法等内容，以便运维人员在实际操作中能够依据手册进行正确的维护和修复。

（五）环保与可持续维护

1. 环保维护材料选择

在维护过程中应选择环保、无害的清洁剂和润滑油，以减少对环境的污染，符合建筑给排水系统的可持续性要求。

2. 能源效益优化

通过合理的设备维护，可以保持设备的高效运转，减少能源的浪费。例如，及时更换老化密封件，可以保障泵的高效运行，降低能耗。

建筑给排水系统的设备维护是系统运行的关键保障，符合经济、可持续、高效的维护原则将有助于系统的长期稳定运行。通过合理的巡检、保养、修复和数据监测，建筑给排水系统可以更好地发挥其设计初衷，为用户提供安全、舒适的使用环境。

二、维护计划的制订与调整

（一）维护计划的制订

1. 系统设备分类与评估

在制订维护计划之前，需要对建筑给排水系统中的各类设备进行分类和评估。对设备的运行状态、寿命、关键性进行全面了解，以便有针对性地安排维护工作。

2. 维护级别划分

将系统设备划分为不同的维护级别，根据设备的重要性、运行频率等因素确定不同级别的维护措施。对于关键设备，要实施更为频繁和深入的维护工作。

3.维护周期的设定

根据设备的特性和使用环境，设定不同设备的维护周期。对于易损耗部件，可能需要更短的维护周期，而对于一些稳定性较高的设备，可以延长维护周期，降低运维成本。

4.人员配备与培训

制订维护计划时，要充分考虑运维人员的配备和培训问题。确保有足够的人员进行维护工作，同时提高他们的技能水平，使其能够胜任各类维护任务。

5.预算与资源投入

在制订维护计划时，要明确维护所需的预算和资源投入。合理分配资源，确保维护工作的顺利进行。同时，也要考虑未来可能的维护需求，以防止因为预算不足而影响维护效果。

（二）维护计划的调整与优化

1.维护数据分析

定期对维护数据进行分析，了解系统设备的维护情况。通过数据分析，可以及时发现设备的故障模式和规律，为优化维护计划提供科学依据。

2.用户反馈与需求变化

及时获取用户的反馈意见，了解用户对系统设备运行的满意度和需求变化。可根据用户的实际使用情况，调整维护计划，更好地满足用户的需求。

3.新技术的引入

随着科技的不断发展，新的维护技术和工具不断涌现。及时引入新技术，更新维护手段，能够提高维护效率和质量。例如，远程监测、智能化维护等新技术的引入可以提高维护的智能化水平。

4.设备更新与替换

根据设备的实际运行状况和技术更新的需要，及时进行设备的更新与替换。新一代设备可能拥有更高的效率和更低的维护成本，有助于提升整体系统的性能。

5.环境变化与法规更新

考虑到环境变化和法规的更新，及时调整维护计划以符合新的环保标准和法规要求。保持与时俱进，使系统在不同的环境和法规要求下都能正常运行。

通过科学合理的维护计划制订与调整，可以最大限度地延长建筑给排水系统设备的使用寿命，从而提高系统的稳定性和可靠性。维护计划的优化还能够提高运维效率，降低运维成本，也更符合建筑给排水系统设计的经济、可持续、高效等原则。

三、定期检查与保养流程

（一）定期检查流程

1. 设备清单确认

在进行定期检查前，首先要对建筑给排水系统中的所有设备进行清单确认。明确系统中包括哪些设备，并记录设备的基本信息，包括型号、安装位置、启用时间等。

2. 设备运行状态评估

对每个设备进行详细的运行状态评估，包括设备的启停情况、运行噪声、振动等。通过运行状态评估，可以初步判断设备是否存在异常情况。

3. 液位检测与水流量测量

对于涉及水的设备，需要进行液位检测和水流量测量。通过监测水位和水流量，可以判断系统的供水和排水情况是否正常，是否存在漏水或堵塞等问题。

4. 泄漏检查

定期进行泄漏检查，特别是在管道连接处和设备接口附近。通过目视检查和使用专业工具进行泄漏检测，能够及时发现并处理潜在的漏水问题。

5. 清理与排污

对系统中的污物、沉淀物进行清理，以确保排水通畅。清理过程中应注意使用环保型清洗剂，以减少对环境的影响。

6. 电气设备检查

对系统中的电气设备进行检查，包括电机、电缆、开关等。以确保电气设备运行稳定，减少因电气故障导致的系统问题。

（二）保养流程

1. 润滑与更换耗损部件

定期对系统中的润滑部件进行检查和添加润滑油，可确保设备运行时的摩擦力最小。同时，及时更换耗损严重的部件，能够提高系统的可靠性。

2. 传动系统检查

对系统中的传动系统进行检查，包括皮带、链条、齿轮等。及时调整传动系统的张紧度，防止因传动系统故障导致的设备运行异常。

3. 阀门与控制系统保养

对系统中的阀门和控制系统进行定期保养，确保阀门的灵活性和控制系统的准确性。调整阀门的密封性能，检查控制系统的仪表和传感器。

4. 清洁水箱和水垢处理

对于水箱，需要定期清洁水箱内的沉淀物和杂质。对于存在水垢的设备，应进行专业的清洗和处理，防止水垢对设备性能的影响。

5. 系统性能优化

在保养过程中，根据设备的实际运行情况，适时进行系统性能的优化。例如，调整系统的工作参数，提高系统的效率，从而降低能耗。

6. 防腐防锈处理

对系统中的金属部件进行防腐防锈处理，延长设备的使用寿命。采用符合环保标准的防腐防锈涂料，减少对环境的污染。

（三）技术升级与改造

在定期检查和保养过程中，如果发现某些设备存在性能不佳、能效较低等问题，可以考虑进行技术升级与改造。采用先进的技术和设备，能够提高系统的整体性能，使其更符合可持续性要求。

定期检查与保养是建筑给排水系统维护的重要手段，通过科学的流程和方法，可以确保系统的正常运行，提高系统的可靠性和稳定性。在检查和保养的过程中，注意环保、节能、可持续的原则，符合建筑给排水系统设计的整体理念。

四、突发故障的应急维修

（一）故障分类

1. 设备故障

设备故障包括水泵、阀门、管道、传感器等设备的损坏或异常。这类故障可能导致系统无法正常运行，需迅速处理。

2. 管道堵塞

管道堵塞是建筑给排水系统中较为常见的问题，主要由污物、沉淀物等引起。堵塞会影响水流通畅，甚至导致设备损坏。

3. 漏水问题

漏水问题可能由管道连接不密封、阀门老化、管道腐蚀等原因引起。需要及时处理漏水问题，防止水损扩大。

4. 电气故障

涉及电气设备的故障，如电机故障、电缆断裂等，可能导致设备无法启动或运行不稳定。

5. 控制系统异常

控制系统异常可能导致设备误操作、无法正常控制，甚至影响整个给排水系统的运行。

（二）应急维修流程

1. 故障排查与定位

一旦发现系统故障，首要任务是迅速进行排查与定位。通过设备运行状态、报警信息等进行初步判断，再迅速找出故障发生的位置和原因。

2. 安全措施

在进行应急维修前，确保进行必要的安全措施。切勿忽视电气设备的安全隐患，以确保人员在安全的工作环境中操作。

3. 维修材料准备

根据故障的具体情况，准备好可能需要用到的维修工具、备品备件等，以确保维修过程中不会因为材料不足而耽误时间。

4. 紧急维修操作

根据故障的性质，进行紧急维修操作。对于设备故障，可能需要更换损坏部件；对于管道堵塞，采取疏通措施；对于漏水问题，及时封堵漏点；对于电气故障，进行电气设备检修等。

5. 系统恢复与测试

在完成维修后，对系统进行恢复和测试。确保维修操作的有效性，检查系统是否正常运行，并逐步将系统恢复到正常工作状态。

6. 故障记录与分析

完成维修后，对故障进行详细的记录，包括故障发生时间、维修过程、使用的材料等。通过故障记录进行分析，找出故障的根本原因，为今后的预防提供参考。

（三）常见故障处理方法

1. 水泵故障

故障现象：水泵异响或无法启动。

处理方法：检查电源是否正常，查看水泵是否有异物阻塞，检查电机是否受损，必要时更换损坏零件。

2. 管道堵塞

故障现象：排水缓慢或停滞。

处理方法：使用管道疏通工具，如管道疏通剂、管道清洁器等，将堵塞物清除。

3.漏水问题

故障现象：发现管道或连接处有水渗漏。

处理方法：确定漏水位置，进行紧急封堵，必要时更换漏点附近的管道或连接件。

4.电气故障

故障现象：电机无法启动或运行异常。

处理方法：检查电源是否正常，检查电机是否受潮，查看电缆是否断裂，必要时更换受损部分。

5.控制系统异常

故障现象：控制系统无法正常操作。

处理方法：检查控制系统的接线是否松动，查看控制器是否显示异常信息，进行系统复位或重启，必要时替换故障设备。

突发故障的应急维修是建筑给排水系统管理的一项重要工作，需要具备快速响应、有效处置的能力。合理的故障分类、应急维修流程和处理方法，可以最大限度地降低故障对系统的影响，以确保系统长期稳定运行。同时，定期的检查与维护也是预防突发故障的有效手段，对于系统的可持续性运行具有重要意义。

五、设备寿命评估与更新规划

（一）设备寿命评估

1.方法与指标

设备寿命评估的方法主要包括定期检查、性能监测和技术评估。在评估中，可以使用一些指标来衡量设备的状况，如设备的工作效率、能耗情况、损耗率等。通过这些指标的综合分析，可以对设备的寿命进行初步评估。

2.寿命预测模型

建筑给排水系统中的设备寿命预测模型有助于更科学地评估设备的寿命。这些模型可以考虑设备的使用频率、工作环境、材料特性等因素，从而更准确地预测设备的寿命。在评估中，可以借助专业软件进行模拟和分析，以提高评估的准确性。

3.数据记录与分析

建立设备运行数据的记录系统，包括设备的安装日期、维护记录、故障修复情况等。通过对这些数据的分析，及时发现设备可能存在的问题，并提前采取措施进行预防性维护，延长设备的使用寿命。

（二）更新规划的重要性

1. 提升系统性能

设备更新可以采用新技术、新材料，提升系统整体性能。新一代的设备通常具有更高的效率、更低的能耗，所以采用更新的设备能够更好地适应建筑给排水系统的需求。

2. 降低维护成本

老化的设备通常需要更频繁的维护，而新设备在一段时间内通常具有较低的维护成本。通过及时更新设备，可以降低维护和修复的支出，从而提高系统的经济性。

3. 提高安全性

老化设备存在更多的安全隐患，可能导致系统故障、漏水等问题。通过设备更新，可以提高系统的安全性，从而减少潜在的安全风险。

4. 适应新的需求

建筑给排水系统的需求可能随着时间推移而发生变化。通过设备的及时更新，可以更好地适应新的建筑设计、水质标准、环保法规等方面的变化。

（三）设备更新的步骤

1. 制订更新计划

在设备寿命评估的基础上，制订设备更新计划。该计划应包括设备更新的时间节点、更新的具体内容、更新后的性能要求等信息。

2. 选择适当的设备

在更新时，需要选择适应建筑给排水系统需求的新设备。选择的设备应考虑到性能、能效、可维护性等方面的因素，以确保设备的全面升级。

3. 定期检查与监测

设备更新后，需要建立定期检查与监测机制。通过定期的检查，可以及时发现并解决新设备可能存在的问题，以确保其正常运行。

4. 培训与维护

在设备更新完成后，对相关工作人员进行培训，使其充分了解新设备的操作和维护要点。建立健全的维护体系，确保设备的长期稳定运行。

设备寿命评估与更新规划是建筑给排水系统管理中的重要环节，它关乎到系统的长期稳定运行和性能提升。通过科学的评估手段和合理的更新规划，可以使建筑给排水系统更好地适应不断变化的需求，提高系统的可持续性。同时，合理的设备更新也将为建筑节能减排、提高安全性等方面带来积极的社会效益。

第二节 紧急维修程序

一、突发事件的应急响应

（一）应急响应体系的建立

1. 应急响应团队

在建筑给排水系统管理中，建立一个专业的应急响应团队至关重要。该团队应包括给排水系统工程师、维护人员、安全专家等多个领域的专业人员。团队成员还需定期接受应急培训，以确保在突发事件发生时能够迅速、有效地响应。

2. 应急响应计划

制订详细的应急响应计划是建立一个高效的应急响应体系的基础。计划中应包括突发事件的分类、各类事件的处理流程、团队成员的职责分工、设备的应急使用方法等内容。这有助于在紧急情况下能够迅速、有序地做出反应。

3. 资源准备

建筑给排水系统的应急响应还需要充足的资源准备。包括但不限于备用设备、紧急修复工具、备用电源、应急材料等。这些资源的储备可以大大提高在突发事件中的反应速度和处理能力。

（二）突发事件的分类

1. 水质突变事件

水质突变事件可能导致供水中出现有害物质或微生物超标，对人体健康构成威胁。在这种情况下，应急响应团队需要迅速采取措施，及时停止供水、检测水质、清洗系统，并向居民提供安全用水建议。

2. 排水系统故障

排水系统故障可能导致建筑内部或周边地区的水患。在这种情况下，应急响应团队需要立即前往现场，并及时封堵漏点、疏通管道、进行泵站调控等，以减轻水患影响。

3. 设备故障与火灾

设备故障或火灾可能对给排水系统造成直接损害。应急响应团队需要迅速切断故障设备、启动备用系统以及进行紧急修复，并协助消防人员进行火灾扑救。

（三）应急响应步骤

1. 事件评估

当突发事件发生时，首要任务是对事件进行快速准确的评估。这包括事件的性质、影响范围、可能的后果等。通过评估，可以快速确定应急响应的紧急性和优先级。

2. 人员安全保障

在任何应急情况下，人员的安全都是首要考虑的问题。应急响应团队需要在确保自身安全的同时，采取必要的防护措施，并对可能受到影响的居民进行安全撤离或保护。

3. 设备隔离与控制

根据事件的性质，及时隔离受损设备、关闭相关管道，以防止事态扩大。同时，启动备用设备，确保建筑给排水系统的基本运行。

4. 现场修复与清理

针对不同类型的事件，进行现场紧急修复与清理工作。这可能包括设备更换、管道疏通、水质处理等步骤，以迅速恢复系统正常运行。

5. 事后总结与改进

每次突发事件发生后，应急响应团队都需要进行事后总结，分析事件处理的得失与不足，并找出改进的空间。这有助于提升应急响应水平，增强系统抗灾能力。

建筑给排水系统的应急响应是系统安全运行的重要保障。通过建立健全的应急响应体系、定期演练、提高团队应对能力，可以最大限度地减轻突发事件可能带来的损失，确保建筑系统的安全稳定运行。

二、紧急维修团队组织

（一）组建与人员配备

1. 紧急维修团队的组建

在建筑给排水系统中，紧急维修团队是应对各种设备故障和突发问题的第一响应力量。团队的组建应该考虑到不同类型的紧急情况，包括但不限于管道泄漏、设备故障、阻塞等。

2. 人员配备

紧急维修团队的人员组成应包括给排水系统工程师、维修技术人员、电工、管道工等多个专业领域的人员，以确保可以全面、快速地应对各类紧急情况。

（二）岗位职责与培训

1. 岗位职责明确

不同岗位的人员在紧急维修团队中应有明确的职责分工。例如，给排水系统工程师负责技术指导与决策，维修技术人员执行具体的维修任务，电工负责电气设备的检修与维修等。

2. 岗位培训与技能提升

紧急维修团队成员应定期接受相关培训，以保持专业知识和技能的更新。培训内容可以涵盖最新的维修工具使用方法、应急处理流程、安全操作规范等，确保团队在紧急情况下能够高效、安全地工作。

（三）装备与工具准备

1. 必备维修工具

紧急维修团队需要配备一系列必备的维修工具，包括但不限于扳手、管钳、检漏工具、电动工具等。这些工具的准备可以大大提高团队在现场维修中的工作效率。

2. 应急设备备品

除了常规维修工具外，还应准备一些应急物品，如防护装备、急救箱、备用灯具等，以应对在紧急情况下可能发生的意外事件。

（四）沟通与协作机制

1. 内部沟通机制

建立紧急维修团队内部的高效沟通机制，以确保信息能够及时、准确地传达给每个团队成员。这可以通过手机通信、无线对讲机等方式实现。

2. 外部协作机制

与其他相关部门或服务商建立协作机制，以便在需要外部支持时能够迅速调动资源，共同应对更复杂的紧急情况。

（五）演练与经验总结

1. 定期演练

紧急维修团队应定期组织应急演练，通过模拟真实紧急情况，可以提高团队成员的应急处理能力，还能磨炼团队的默契配合。

2. 事后总结

每次实际应急维修后，进行事后总结是团队不断提升的关键。总结中可以包括应对情况的评估、团队协作的效果、问题与不足的发现等，为以后的紧急维修提供经验借鉴。

　　紧急维修团队的组织与管理是建筑给排水系统中不可或缺的一部分。通过科学的组建、培训与装备准备，可以有效提高团队的紧急响应能力，还能确保建筑系统在突发情况下能够迅速、有序地恢复正常运行。

三、紧急维修设备与工具准备

（一）多功能维修工具的选择与使用

1.电动螺丝刀

电动螺丝刀是紧急维修中常用的工具之一，特别是在需要快速拆卸或安装设备部件时。因此需要选择具有不同规格、可更换头部的电动螺丝刀，以适应不同型号的螺丝。

2.无损检测工具

无损检测工具如超声波检测仪、红外线测温仪等可以帮助维修人员迅速定位设备的问题，而无需拆卸设备就能识别潜在的故障。

（二）管道维修工具的选用

1.管道修补材料

准备各种管道修补材料，包括快干胶、密封胶带、管夹等，以应对管道漏水、破裂等紧急情况。

2.排水设备维护工具

对于排水设备，应备有专业的疏通工具，如管道疏通器、马桶橡皮榔头等，以应对排水管道阻塞等问题。

（三）安全防护装备的配备

1.个人防护用具

保障维修人员的人身安全至关重要。因此需提供必要的个人防护用具，如安全帽、防护手套、防护鞋等，以确保维修人员在处理紧急情况时能够在安全的环境中工作。

2.急救设备

在紧急维修现场需设置急救箱，其应包含基本的急救药品和急救工具，以应对维修人员在操作过程中可能发生的轻微伤害或突发状况。

（四）紧急维修车辆与设备

1.维修车辆的装备

为维修团队配备专用的紧急维修车辆，车辆内应携带常用的工具和备品，以便能快速到达现场并进行紧急处理。

2.移动维修设备

随着技术的发展，一些轻便、移动式的维修设备，如手持式检测仪器、紧凑型电动工具等的应用越来越广泛，它们可以提高维修效率，而且特别适用于狭小空间或高层建筑的紧急维修工作。

（五）特殊环境下的工具准备

1.防爆工具

对于一些特殊场所，如油气管道、化工厂房等，应备有防爆工具，以确保维修过程中不引发火灾或爆炸。

2.高空作业工具

如果维修工作需要在高空进行，应备有符合安全标准的高空安全工具，如安全带、高空作业平台等。

（六）预防性维护工具的使用

1.检测仪器

定期使用检测仪器对给排水系统进行预防性维护，及时发现潜在问题并进行修复，以减少紧急维修的发生频率。

2.远程监控设备

在一些先进的建筑给排水系统中，可以考虑使用远程监控设备，通过实时监测系统运行状态，能够及时发现异常并进行远程调整，从而降低了紧急维修的可能性。

通过合理的设备准备和维护原则，可以确保建筑给排水系统在面对突发事件时能够迅速、高效地应对，并最大限度地减少损失。

四、通信与协调机制

（一）实时通信系统的建立

1.无线通信设备

在建筑给排水设计中，建立实时通信系统是确保紧急情况下信息传递迅速的重要手段。无线通信设备如对讲机、移动通信设备等，应得到妥善的配置和维护。

2. 通信网络的覆盖

确保建筑内外的通信网络覆盖完善，包括通信基站、无线网络覆盖等，以保障各维修人员在不同区域都能够顺畅通信。

（二）紧急响应团队的协同机制

1. 紧急响应流程

明确紧急响应团队的协同机制，并建立详细的紧急响应流程，其中应包括信息传递、人员调配、设备调度等，以确保在紧急情况下能够有序应对。

2. 紧急响应指挥中心

设立紧急响应指挥中心，负责协调各方资源、监控紧急维修过程，并及时做出决策。指挥中心应配备专业人员，并确保其能够熟练操作通信设备，还能够高效协调各方工作。

（三）数据共享与信息传递

1. 数据共享平台

建立数据共享平台，将建筑给排水系统的相关信息、图纸、设备档案等上传至平台，方便维修人员在紧急情况下能够及时获取必要的信息。

2. 实时监测与报警系统

整合实时监测与报警系统，将设备运行状态、异常报警等信息传输至监控中心，并通过通信系统及时通知相关人员，提高问题发现和解决的速度。

（四）维修人员培训与演练

1. 紧急维修演练能够在协同工作中确保高效沟通。

（五）紧急通信设备的备份与维护

1. 设备备份

对于通信设备，设置备用设备，以备主要设备发生故障时能够迅速切换至备用设备，保障通信畅通。

2. 定期维护

定期对通信设备进行维护，包括检查电池状态、设备连接情况、信号强度等，确保设备在需要时能够正常工作。

（六）应急通信技术的创新应用

1. 人工智能辅助

利用人工智能技术，开发通信设备智能辅助功能，提高通信效率，减少人为操作失误。

2. 实时定位系统

整合实时定位系统，了解维修人员在建筑内的实时位置，提高人员调度的精确性。

通过以上通信与协调机制的建立，建筑给排水系统的紧急维修能够更加迅速、高效地响应，并最大限度地减少故障对建筑的影响。在现代建筑中，通信与协调机制的健全是建筑安全与可维护性的关键一环。

五、突发故障事后的记录与分析

（一）事故记录的建立

1. 详细记录事发时间与地点

在记录突发故障时，首先要确切地记录事发的具体时间和地点，以便更好地追溯和分析事故原因。

2. 事故现象的详细描述

对于事故现象，进行精准的描述，包括涉及的设备、管道、水源等元素，并确保记录全面翔实。

3. 现场照片的拍摄

记录事故现场的照片，包括事故点、相关设备、管道布局等，为后续分析提供直观的依据。

（二）事故原因的分析

1. 根本原因分析

深入挖掘事故的根本原因，其可能涉及到设计缺陷、材料问题、施工质量等方面，以便今后的设计和施工中能够避免类似问题。

2. 直接原因分析

分析导致事故的直接原因，例如设备故障、管道堵塞等，其有助于制订紧急处理方案和相应的维修计划。

3. 人为因素的分析

考虑到可能存在的人为因素，包括维护不当、操作错误等，以规范相关操作和提高人员培训水平。

（三）故障处理与修复记录

1. 紧急维修措施

详细记录采取的紧急维修措施，包括具体操作步骤、使用的工具与材料，确保事故得到及时有效的应对。

2. 修复过程的记录

对于更长期的修复过程，需记录每一步的具体操作、更换的部件、所用的材料等，以备将来的维护工作。

（四）故障处理效果的评估

1. 故障解决的效果

评估采取的紧急维修措施和长期修复是否能够有效解决问题，是否对建筑的正常运行产生了积极的影响。

2. 维修成本的分析

对维修所需的成本进行详细的分析，包括人力、材料、设备等方面，以便为今后的预算提供参考。

（五）事故记录的存档与管理

1. 存档的方式

将事故记录以电子或纸质的形式存档，并确保记录的完整性和可检索性。

2. 事故管理系统的建立

建立事故管理系统，以方便将来的事故分析与总结，进而形成更为完善的维护体系。

通过对突发故障事后的记录与分析，可以不断优化建筑给排水系统的设计和维护方案，提高系统的可维护性和稳定性，确保建筑运行的长期安全。

第三节　维护人员培训

一、维护人员的培训计划

在建筑给排水设计中，维护人员的培训至关重要。一支训练有素的维护团队能够有效地保障建筑系统的长期运行和安全性。本文将深入探讨维护人员培训计划的制订、内容安排以及培训效果的评估等方面，旨在为建筑给排水设计提供全面而系统的支持。

（一）培训计划制订

1. 培训目标的明确

确定维护人员培训的具体目标，包括技术水平的提升、安全操作规范的掌握、团队协作能力的培养等方面。

2. 参训人员的确定

明确参与培训的维护人员，并根据其职责和工作经验的不同制定相应的培训内容和深度。

3. 培训计划的时间安排

合理安排培训时间，既要保证培训的全面性，又要考虑到维护人员的实际工作需求。

4. 培训形式的选择

结合培训内容和参训人员的特点，选择合适的培训形式，包括课堂培训、实际操作、案例分析等。

（二）培训内容的安排

1. 给排水系统的基础知识

为维护人员提供给排水系统的基础知识，包括系统组成、工作原理、常见问题及解决方法等。

2. 设备操作与维护

详细介绍建筑给排水系统中所涉及的设备，包括管道、阀门、泵等的操作方法和日常维护保养技巧。

3. 安全操作规程

强调维护人员在工作中的安全意识，包括紧急故障处理、防护措施、急救知识等方面的培训。

4. 新技术与新设备的学习

及时更新培训内容，使维护人员了解最新的给排水技术和设备，以提高适应新技术的能力。

（三）培训方法与手段

1. 模拟实训

通过模拟实训，让维护人员亲自操作设备，以此熟悉实际工作流程，从而提高实际操作能力。

2. 远程培训

利用现代化技术手段，可通过远程教育平台进行培训，以方便维护人员随时随地学习。

3. 实际案例分析

通过实际案例，深入分析给排水系统发生故障的原因和解决方法能够培养维护人员的问题解决能力。

（四）培训效果的评估

1. 知识测试

定期进行培训内容的知识测试，以此可以检查维护人员对于给排水系统相关知识的掌握情况。

2. 操作技能评估

通过实际操作考核，评估维护人员在设备操作与维护方面的技能水平。

3. 培训后的综合评估

培训结束后，要及时开展综合评估，了解培训效果，发现问题并及时调整培训计划。

建筑给排水系统的维护人员培训计划是保障系统长期稳定运行的基础，通过全面系统的培训，可以提升维护人员的技能水平，降低维护成本，确保系统的安全性和可靠性。在培训过程中，需根据实际情况灵活调整，不断改进培训方式和手段，以适应不断变化的技术和设备。

二、培训内容与方式

（一）培训内容的深入

1. 给排水系统原理与构成

维护人员应深入了解给排水系统的原理，包括水流动力学、压力控制、排水系统的结构和组成等，以便更好地理解系统运行的基本规律。

2. 操作与维护流程

详细介绍每个设备的操作流程和维护步骤，包括管道清理、阀门操作、泵的维护等，以确保维护人员对每个环节都有清晰的了解。

3. 现场实操与案例分析

通过实地操作和实际案例分析，培训维护人员在实际工作中灵活应对各种问题的能力，提高他们的解决问题的实际经验。

4. 新技术与设备更新

随着科技的发展，给排水系统的新技术和新设备不断涌现。培训内容应包括对新技术的介绍，以及对新设备的操作与维护方法，以确保维护人员与时俱进。

（二）培训方式的创新

1. 虚拟现实（VR）技术应用

引入虚拟现实技术，通过虚拟仿真操作，使维护人员能在虚拟环境中进行设备操作和故障处理，从而提高实际操作能力。

2. 互动式培训课程

采用互动式培训课程，包括小组讨论、问题解答环节，以促使维护人员更积极地参与，并加深对培训内容的理解。

3. 在线学习平台

建立在线学习平台，提供丰富多样的学习资源，包括视频教程、文档资料等，其可以方便维护人员灵活学习，随时随地都能获取培训信息。

4. 知识竞赛与奖励机制

设立知识竞赛，通过竞赛形式检验维护人员对培训内容的掌握程度，同时设置奖励机制，激发其学习兴趣。

（三）实战演练与培训场地建设

1. 模拟建筑场景

在培训场地搭建模拟建筑场景，进行实战演练，使维护人员在真实环境中操作设备，增强其实际应对问题的能力。

2. 系统故障排除演练

定期进行系统故障排除演练，模拟各类可能出现的问题，其能够帮助维护人员迅速准确地定位和解决故障。

3. 定期实地考察

组织维护人员定期进行实地考察，深入了解各类建筑的给排水系统，提高其对复杂环境下操作的适应能力。

（四）结合实际案例进行培训

1. 复杂工程案例分析

通过分析复杂建筑工程中的给排水系统案例，让维护人员了解解决实际问题的方法和技巧。

2.成功维护经验分享

邀请有丰富经验的维护人员分享成功的维护经验，以此激发团队学习的热情，同时促进经验传承。

（五）定期评估与调整

1.维护人员绩效评估

建立定期的绩效评估机制，对维护人员的学习成果和实际操作能力进行评估，可及时发现问题并进行纠正。

2.培训计划调整

根据维护人员的反馈和实际工作中的问题，及时对培训计划进行调整和优化，确保培训的实效性。

通过深入而创新的培训内容和方式，可使建筑给排水系统的维护人员能够在日常工作中胜任各种复杂任务，提高系统的可用性和可维护性。这不仅有助于保障建筑物的正常运行，也为建筑给排水设计的可持续性提供了坚实的保障。

三、安全意识与技能培训

（一）安全意识的重要性

1.工作场所安全意识

建筑给排水系统维护人员首先应具备工作场所安全意识，了解工作场所的潜在危险因素同时还要学会预防意外事件的发生。

2.紧急情况处理意识

培训内容应涵盖在紧急情况下的迅速反应和处理能力，包括火灾、泄漏等突发事件的应对策略，以确保在危急时刻能够迅速有效地采取行动。

3.个人保护装备的正确使用

维护人员需要了解并熟练使用个人保护装备，包括头盔、防护眼镜、手套等，以确保在操作过程中保障自身的安全。

（二）安全技能培训

1.紧急停机与应急排水

培训维护人员迅速判断系统故障的紧急停机技能，以及在排水系统发生异常时的应急排水技能，确保设备和系统的安全运行。

2. 操作设备的安全技能

培训应涵盖操作设备的基本安全技能，包括正确启动、停止设备，调整设备参数等，以减少人为操作引起的事故。

3. 爆炸、中毒等紧急情况处理技能

维护人员需接受处理爆炸、中毒等紧急情况的培训，还要充分了解使用灭火器材、呼吸器材等设备的技能，以提高在紧急情况下的应对能力。

（三）安全管理与监测

1. 安全管理制度的建立

建立给排水系统安全管理制度，明确责任分工，规范操作流程，确保每位维护人员在操作中都有明确的指导和规范。

2. 定期安全培训

制订安全培训计划，定期对维护人员进行安全培训，更新安全知识，提高安全意识，确保维护人员对新的安全技能和操作规程的熟悉程度。

3. 安全监测与反馈机制

建立安全监测与反馈机制，通过设备监测系统、安全检查等手段对给排水系统进行实时监测，如发现潜在风险并及时采取措施进行纠正。

（四）环境保护与安全培训

1. 水质监测与处理

维护人员应接受水质监测与处理的培训，应充分了解如何监测水质，并采取合适的方法处理废水，确保排放水质符合环保标准。

2. 废弃物处理与回收

培训内容应包括废弃物的正确处理与回收利用，维护人员应学会分类、储存和处理废弃物，以降低对环境的负面影响。

（五）安全意识培训的形式

1. 定期会议与讲座

组织定期的安全会议与讲座，邀请专业人士就安全知识进行深入讲解，提高维护人员对安全问题的认知。

2. 模拟演练与实际操作

通过模拟演练和实际操作，让维护人员在真实场景中学习安全技能，培养应对紧急情况的能力。

3.多媒体教学与在线学习

利用多媒体教学手段和在线学习平台，为学生提供生动直观的教学内容，方便维护人员随时随地学习安全知识。

（六）安全培训效果评估

建立安全培训效果评估机制，通过考核、练习、实际操作等方式对维护人员的安全培训效果进行评估，及时发现问题并进行调整。

安全意识与技能培训是建筑给排水系统维护人员不可或缺的一部分，通过全面系统的培训，不仅可以提高维护人员的工作水平，降低事故发生的概率，还能够更好地保障建筑物的安全运行。建筑给排水系统维护人员在安全方面的素养将成为保障建筑设施正常运转的重要保障。

四、新技术与设备的培训

（一）新技术与设备的介绍

1.智能监测与控制系统

（1）工作原理

智能监测与控制系统通过传感器、数据采集模块和控制单元，可以实时监测给排水系统的运行状态。通过自动控制提高系统的效率，可以减少能源浪费。

（2）应用领域

介绍智能监测与控制系统在建筑给排水系统中的应用，包括智能泵站、智能阀门等设备的控制与优化。

2.无人机技术在巡检中的应用

（1）遥感技术

无人机配备高分辨率相机和传感器，其能够迅速而准确地获取建筑给排水系统的巡检数据。

（2）巡检流程

介绍无人机在建筑给排水系统中的巡检流程，包括路径规划、数据采集、故障诊断等。

3.虚拟现实（VR）与增强现实（AR）技术在培训中的应用

（1）培训模拟

利用虚拟现实技术建立给排水系统的虚拟模型，提供实际操作的模拟环境，帮助维护人员进行培训。

（2）实际操作演练

通过增强现实技术，将培训内容叠加在实际设备上，使维护人员可以在实地进行操作演练。

（二）培训内容与方式

1.理论知识培训

（1）新技术原理

深入介绍新技术的原理，包括智能监测与控制系统的工作机制、无人机技术的遥感应用原理等。

（2）应用案例

通过实际应用案例，展示新技术在建筑给排水系统中的成功应用，以激发维护人员学习兴趣。

2.操作技能培训

（1）实地操作

针对新设备的操作，进行实地演练，培养维护人员熟练的操作技能。

（2）虚拟仿真

利用虚拟仿真技术，进行设备操作的虚拟实践，以此提高维护人员对新设备的操作熟练度。

3.现场体验培训

（1）建筑给排水系统现场

组织维护人员参观实际建筑的给排水系统，加深对系统结构的理解。

（2）设备展示与体验

在培训中安排设备展示与体验环节，让维护人员近距离了解新技术设备的性能与特点。

4.培训评估与认证

建立新技术与设备培训的评估机制，通过理论考核、操作实践等方式对维护人员的培训效果进行评估，为合格者颁发相应的认证，并确保其具备运用新技术的能力。

新技术与设备培训是建筑给排水系统维护人员保持竞争力的关键环节。通过不断更新培训内容、采用多元化的培训方式，可以使维护人员紧跟科技潮流，更好地适应建筑给排水系统的现代化发展。这不仅有助于提高系统的效率，还能够提升维护人员的职业素养，为建筑物的稳定运行提供坚实的技术支持。

五、维护团队的绩效评估

（一）绩效评估的重要性

1.为何进行绩效评估

（1）确保系统稳定运行

通过对维护团队的工作进行绩效评估，可以及时发现系统存在的问题，然后提前预防潜在故障，确保系统的稳定运行。

（2）优化资源分配

绩效评估可以帮助管理层更好地了解团队成员的工作能力与特长，并能够有针对性地优化资源分配，提高整体维护效率。

（3）激励团队士气

公正合理的绩效评估是激发团队成员积极性、提高工作士气的重要手段，其有助于形成良好的工作氛围。

2.绩效评估的对象

（1）团队整体

对整个维护团队的工作进行评估，了解整体运行状况，为整体管理提供参考依据。

（2）个体成员

对团队中每个成员的工作表现进行评估，其可以帮助个体发现不足之处，制订个人成长计划。

（二）绩效评估指标的设定与运用

1.工作效率

（1）维修响应时间

评估团队对于设备故障的响应速度要有严格的要求，确保在出现问题时能够及时有效地进行维修。

（2）维修工作量

衡量团队成员完成的维修工作量，从而了解各成员的工作能力。

2.故障预防与改进

（1）设备维护计划执行情况

评估团队对设备维护计划的执行情况，确保预防性维护工作的有效开展。

（2）故障分析与改进报告

通过分析设备故障的原因，提出改进建议，评估团队对系统改进的贡献度。

3. 安全与培训

（1）安全记录

评估团队在维护过程中的安全记录，确保工作过程中不发生安全事故。

（2）培训参与与效果

衡量团队成员参与培训的积极性与培训效果，保障团队具备应对新技术的能力。

4. 评估结果的管理与培训

1. 结果反馈

对绩效评估结果进行及时而有效的反馈，向团队成员明确工作表现，并指出改进的方向。

2. 个体发展规划

基于绩效评估结果，制订个体成员的职业发展规划，并为其提供个性化的培训与发展机会。

3. 团队培训

针对团队整体存在的不足，需要制订相应的培训计划，以提高整体水平。

维护团队的绩效评估是建筑给排水系统运行保障的关键环节。通过科学合理的评估机制，可以不断提高团队的整体素质，并保障系统的长期稳定运行，从而为建筑给排水系统的可持续性发展贡献力量。

第八章 可持续性设计

第一节 可持续性原则

一、可持续性的定义与目标

在建筑给排水设计中，可持续性是指设计和实施系统时同时考虑到社会、经济和环境方面的需求，以确保系统在长期内能够满足当前的需求，同时还不损害未来的资源和环境。可持续性的目标是通过采用先进的技术、科学的设计理念和合理的资源利用，促使建筑给排水系统在生命周期内实现经济、社会和环境的协调发展。以下将深入探讨可持续性的定义、目标以及在建筑给排水设计中的体现。

（一）可持续性的定义

1. 社会层面

在社会层面，可持续性体现为满足用户的需求、提高居住舒适度，并促使社区的健康发展。社会责任意味着给排水系统应当为所有用户提供公平、可靠、高效的服务，同时还考虑到不同群体的需求，确保服务的平等性。

2. 经济层面

在经济层面，可持续性要求建筑给排水系统的设计和运行成本是可承受的，并能够为社会经济的可持续发展作出贡献。通过合理利用资源、提高系统效率，建筑给排水系统可以在长期内降低运营成本，从而实现经济效益。

3. 环境层面

在环境层面，可持续性涉及到降低对自然资源的依赖，减少能源消耗，降低排放物的产生。环保意识需要贯穿建筑给排水系统的整个生命周期，从材料选择、施工、使用到废弃，都应该考虑减少对环境的影响。

（二）可持续性的目标

1. 资源有效利用

可持续性的首要目标之一就是最大限度地利用有限的资源。在建筑给排水设计中，可以通过选择可再生能源、采用节水设备、并推广水资源的循环利用，以实现资源的有效利用。

2. 节能减排

减少能源消耗和排放是可持续性的重要目标。建筑给排水系统可以通过采用高效的设备、智能化的控制系统以及优化设计来降低能源消耗，以减少对环境的负担。

3. 社会公平

可持续性的社会层面目标是确保建筑给排水服务的公平性。这意味着在系统设计和管理中要考虑到不同用户群体的需求，从而避免资源分配的不平等现象，提高社会整体的可持续性。

4. 系统弹性

可持续性的目标之一是增强系统的弹性，使其能够适应不同的环境条件和需求变化。在建筑给排水设计中，可以通过采用模块化设计、引入新技术以及灵活的运维管理，提高系统的应对能力。

（三）在建筑给排水设计中的体现

1. 水资源循环利用

在建筑给排水设计中，可持续性的体现之一是水资源的循环利用。采用雨水收集系统、灰水回收系统等技术，将用水过程中产生的废水进行处理再利用，以此减少对自来水的依赖，从而降低对水资源的压力。

2. 高效设备选择

可持续性要求选择高效的给排水设备。例如，采用低流量的水龙头、节水型厕所等设备，通过科技手段提高设备的效率，减少不必要的水资源浪费。

3. 智能监控与管理

引入智能监控与管理系统是可持续性的重要体现之一。通过实时监测建筑给排水系统的运行状态，采用智能化的控制手段，可以更精准地调节系统的运行，提高能源利用效率，降低维护成本。

4. 材料选择与生命周期考虑

在建筑给排水系统的材料选择上，可持续性要求考虑到材料的环境友好性、可再生性以及生命周期分析。选择对环境影响较小、寿命较长的材料，可降低资源消耗，延长系统的使用寿命。

通过以上方式，建筑给排水设计在可持续性方面的体现不仅能够满足当前的需求，更能够为未来的发展提供可持续的支持。

二、环境、社会、经济的协调发展

（一）环境的协调发展

1.节水设计

在建筑给排水设计中，采用节水设计是实现环境可持续性的关键一环。通过选择高效节水设备，如低流量水龙头、节水型厕所等，可以最大限度地减少对淡水资源的需求，从而降低水资源的紧张程度。

2.水资源循环利用

环境协调发展的另一方面是实现水资源的循环利用。通过建立雨水收集系统、灰水回收系统，可将用过的水资源进行处理再利用，不仅减少了对自来水的需求，还降低了排放对环境的影响。

3.绿色景观设计

在建筑给排水设计中融入绿色景观设计，如绿化屋顶、雨水花园等，有助于改善城市生态环境，提升空气质量，增加植被覆盖对雨水的过滤作用，可以降低城市热岛效应，为周围环境创造更好的生态条件。

4.节能减排

环境协调发展还需要关注能源的使用与排放。采用高效的设备，如能源回收系统、太阳能热水器等，有助于减少对非可再生能源的依赖，从而降低系统的能耗，减少环境负担。

（二）社会的协调发展

1.公平服务

在建筑给排水设计中，社会的协调发展要求系统能够为所有用户提供公平、可靠、高效的服务。这包括考虑到不同社会群体的需求，确保服务的均等性，避免因建筑给排水系统的不平等使用而造成社会不公平。

2.安全性与可靠性

社会协调发展也意味着给排水系统要具备足够的安全性和可靠性。即确保系统在使用中不发生故障，减少对用户的安全风险，提高系统的可靠性，这是社会关注的一个重要方面。

3.社区参与

在建筑给排水设计的过程中，社区的参与是不可或缺的一环。通过与社区居民沟通、了解其需求，可以更好地满足当地的实际情况，提高系统的适应性，推动社会的可持续发展。

（三）经济的协调发展

1. 投资与回报平衡

在建筑给排水设计中，经济的协调发展需要平衡投资与回报。虽然采用一些先进技术和设备可能需要较大的初期投资，但通过长期的运营和维护，这些投资可以带来更大的回报，从而减少系统的生命周期成本。

2. 经济效益

考虑到建筑给排水系统的长期使用，系统的经济效益至关重要。选择经济效益较高的设备和技术，可以提高系统的整体运行效率，减少维护和运营成本，对经济的可持续发展也具有积极作用。

3. 就业与产业发展

建筑给排水设计的实施不仅直接影响系统运行，还涉及到相关产业的发展。通过采用先进的技术，推动相关产业的创新和发展，有助于增加就业机会，还可以促进经济的协调发展。

在建筑给排水设计中，实现环境、社会和经济的协调发展是一项综合性并且系统性的任务。通过节水设计、水资源循环利用、绿色景观设计、节能减排等手段，可以更好地平衡各方面的需求，为建筑给排水系统的可持续发展奠定坚实基础。这不仅有助于提高系统的效率和可靠性，还能够推动相关产业的发展，促进社会的可持续进步。

三、建筑的生命周期考虑

（一）设计阶段

1. 可持续性设计

在设计阶段，建筑给排水系统的可持续性设计是需要考虑的因素。这包括选择环保、耐用且易于维护的材料，采用先进的节水和节能技术，以及确保系统的灵活性，以适应未来可能的变化。

2. 模拟与优化

通过建筑信息模型（BIM）等工具，在设计阶段进行模拟和优化，可以更好地了解建筑给排水系统的性能。这有助于预测系统在不同条件下的运行情况，优化管道布局、设备选择和管径尺寸，以提高系统的效率。

3. 可拆卸性考虑

在设计阶段考虑建筑构件的可拆卸性，特别是涉及给排水系统的管道和设备。这有助于未来的维护和升级，还可以减少拆卸时对环境的影响，并提高材料的回收利用率。

（二）建设阶段

1. 施工过程的环境影响

在建设阶段，要考虑施工过程对环境的影响。减少废弃物的产生、采用低碳施工方法和优化物流管理，有助于降低施工过程对周围环境的影响。

2. 质量控制

保证施工过程中的质量控制是关键，特别是在给排水系统的安装中。合格的施工工艺和质量控制将直接影响系统的长期性能和维护成本。

（三）运营与维护阶段

1. 系统监测与远程控制

利用先进的监测技术和远程控制系统，对建筑给排水系统的运行状况进行实时监测。这有助于及时发现问题，提高系统的可靠性，并降低维护成本。

2. 定期维护与保养

建筑给排水系统需要定期的维护与保养，以确保设备的正常运行。定期的检查、清理和更换工作有助于延长设备的寿命，还能减少系统的故障率。

3. 系统性能优化

根据实际使用情况，定期对系统进行性能评估，及时采取措施优化系统。这可能包括更新设备、改进管道布局或引入新的技术，以适应建筑使用需求的变化。

（四）拆除与回收阶段

1. 材料回收与再利用

在建筑的拆除阶段，考虑对给排水系统中的材料进行回收与再利用。通过有序拆解，将可回收的材料分开处理，有助于减少废弃物的产生，从而提高资源利用效率。

2. 环境影响评估

在拆除阶段进行环境影响评估，确保拆除过程对周围环境的影响最小化。这包括合理处理废弃物、防止污染和保护周围的自然生态系统。

综合考虑建筑的整个生命周期是实现建筑给排水系统可持续性的重要步骤。通过在设计、建设、运营、维护和拆除各个阶段采取综合性的策略，可以最大限度地减少资源浪费，提高系统的效率和可靠性，实现对环境和社会的最大利益。建筑给排水系统的可持续性设计应该贯穿始终，成为建筑行业追求可持续发展的重要组成部分。

四、未来建筑可持续性趋势

（一）智能化与数字化

1.智能化给排水系统

未来，建筑给排水系统将更加智能化，会更多地利用先进的传感技术、自动控制系统和人工智能算法。智能水表、自动调节水压的管道系统以及智能化的排水设备将成为主流，其可以实现对水资源的更加精细化管理。

2.数字化建筑信息模型（BIM）

BIM技术在建筑设计中的应用将更加广泛。通过BIM，设计师可以在建筑生命周期的每个阶段更好地规划和管理给排水系统，从而提高系统的效率和可持续性。

（二）节水与再生水利用

1.先进的节水技术

未来建筑给排水设计将更加注重水资源的节约利用。先进的节水设备、高效的排水系统以及雨水收集利用系统将得到更广泛的应用，以减少对地下水和自然水体的依赖。

2.再生水的应用

再生水的利用将成为常态。通过采用先进的水处理技术，再生水可以用于冲洗、灌溉和其他非饮用水的需求，从而减少对新鲜水资源的需求。

（三）可再生能源的整合

1.可再生能源在水泵系统中的应用

未来建筑给排水系统将更加注重能源的可再生性。太阳能、风能等可再生能源将被整合到水泵系统中，以减少系统的能耗和对传统能源的依赖。

2.能源回收与利用

通过热能回收和其他技术手段，建筑给排水系统将尝试最大限度地回收和利用能量。例如，废水中的热能可以被回收用于供暖，从而实现能源的高效利用。

（四）环境适应性与抗灾性设计

1.极端天气条件下的排水系统设计

考虑到气候变化，未来建筑给排水系统将更加关注环境的适应性。系统设计时则需要考虑到极端天气条件，包括暴雨、干旱等，以确保系统在各种环境下的可靠性。

2. 防灾抗灾排水设计

建筑给排水系统将更注重防灾抗灾设计，特别是在地震、洪水等自然灾害频发的地区。采用抗震设备、智能监测系统等手段，能够提高系统的抗灾性。

（五）生态建筑与绿色基础设施

1. 绿色屋顶和墙体

未来建筑给排水系统将更多地与生态建筑相结合。绿色屋顶和墙体的设计将有助于雨水的自然吸收和减缓雨水流入排水系统的速度。

2. 自然湿地和生态池

建筑给排水系统可能会更多地采用自然湿地和生态池来处理污水，通过植物的自然过滤和微生物的降解作用，来实现水质的净化。

（六）社会参与与教育

1. 公众参与与教育

未来建筑给排水系统将更加强调公众的参与和对水资源可持续利用的教育。通过社会宣传、教育活动，培养公众的环保意识，以推动可持续水资源利用的实践。

2. 智能监测与信息共享

建筑给排水系统将通过智能监测设备与公众进行信息共享，能够使居民更好地了解自身用水情况，激发其对节水的积极性。

未来建筑给排水设计的可持续性发展将是一个综合性的过程，需要各方共同努力。通过技术创新、社会参与和环境保护的有机结合，建筑给排水系统将更好地适应未来社会的需求，从而实现更高水平的可持续性。

五、设计中的创新与可持续性

（一）水资源管理的智能化

未来的建筑给排水设计将通过智能技术实现更加精细的水资源管理。引入先进的传感器和监测系统，建筑就可以实时监测水质、水量、水压等参数，通过数据分析提供更准确的用水预测和优化的水资源利用方案。

（二）绿色技术的应用

1. 植物屋顶和墙体

绿色屋顶和墙体设计是一项创新的可持续实践。通过在建筑上方和侧面引入植物，不仅可以实现雨水的自然吸收和净化，还能有效减缓雨水流入排水系统的速度，从而减轻排水系统的负担。

2. 生态湿地处理

在排水系统中引入生态湿地作为一种创新的处理手段，即通过湿地植物和微生物的协同作用，实现对污水的自然净化。这不仅有助于提高水质，还能降低处理过程的能耗。

（三）高效节能的排水系统

1. 高效水泵技术

引入高效水泵技术，通过先进的流体力学设计和变频调速技术，能够提高水泵系统的效率，降低能耗。

2. 储能与能量回收

探索排水系统中的能量回收技术，例如废水中的热能回收可用作供暖或其他用途，实现能源的可再生和高效利用。

（四）灵活可调的排水设计

1. 可调节排水系统

设计中引入可调节的排水系统，可以根据不同的需求和天气条件调整排水速度和排水量，提高系统的适应性和效率。

2. 多功能水体设计

设计中将水体设计成多功能的空间，如人工湖泊、雨水花园等，既美化了建筑环境，又提供了雨水的蓄存和净化功能。

（五）社区参与与教育

1. 社区水资源教育

通过建立水资源教育项目，向社区居民普及水资源知识，提高他们对水资源的认知，同时鼓励居民积极参与水资源管理。

2. 水资源智能监测

通过社区水资源智能监测系统，让居民了解自己的用水情况，激发其对节水的积极性，从而实现社区水资源的可持续利用。

（六）可再生能源整合

1. 太阳能和风能利用

将太阳能和风能等可再生能源整合到建筑给排水系统中，例如利用太阳能驱动水泵，或者通过风能发电为系统提供电力，以此来降低对传统能源的依赖。

2. 生物能源利用

考虑利用生物质能源，将有机废弃物转化为能源，为建筑给排水系统提供可再生的能源来源。

未来建筑给排水设计的创新与可持续性是一个多方面、多层次的综合工程。通过科技创新、社区参与和可再生能源的整合，建筑给排水系统将更好地适应未来的需求，从而实现更高水平的可持续性发展。在设计中融入创新理念，促进可持续水资源管理的实践，是建筑行业迈向更绿色、更环保的未来的关键一步。

第二节　水资源可持续利用

一、雨水收集与利用

（一）雨水收集系统的构成

1. 屋面雨水收集

在建筑设计中，通过设计合理的屋面形状和材料实现对雨水的高效收集。特殊设计的屋檐和屋顶坡度可以引导雨水集中流入收集系统。

2. 地面雨水收集

除了屋面，地面也可以成为雨水收集的一部分。透水铺装和排水系统的设计可以使地面雨水迅速渗透到地下，进而收集和储存。

3. 雨水收集设备

引入高效的雨水收集设备，如雨水斗、雨水算子等，通过这些设备可以有效去除雨水中的杂质，以确保收集到质量较高的雨水。

（二）雨水利用系统设计

1. 家庭生活用水

通过对雨水进行预处理和净化，可以将其用于家庭生活中的洗手、洗衣、冲厕等用水需求。这样不仅减轻了自来水的使用，还能够在一定程度上缓解城市用水压力。

2. 绿化灌溉

将收集到的雨水用于植物绿化灌溉，不仅能够提供植物所需的水分，还有助于降低城市绿地的养护成本。

3. 工业生产用水

对于一些对水质要求不是特别高的工业生产环节，可以通过雨水收集系统提供部分生产用水，达到节水和环保的目的。

（三）雨水收集与利用的优势

1. 资源可再生利用

雨水是一种可再生的自然资源，通过收集与利用，不仅能够更好地利用这一资源，还能够减缓对地下水和自来水的开采压力。

2. 减轻城市排水系统负担

合理利用雨水可以减少雨季时期城市排水系统的负担，从而降低城市内涝的风险。通过分散式雨水收集系统，可以更好地管理和控制雨水的流向。

3. 降低能耗与运维成本

相比于集中处理和输送自来水，利用雨水更为节能，其降低了用水系统的运行成本。此外，分布式的雨水收集系统维护起来相对简单，降低了运维成本。

（四）技术创新与未来发展趋势

1. 智能化雨水管理系统

结合智能感知技术和互联网技术，建立智能雨水管理系统，通过实时监测降雨情况、系统运行状态，可以实现对雨水收集和利用的智能化控制。

2. 高效雨水净化技术

引入先进的雨水净化技术，例如生物过滤、光催化等，可以提高雨水的净化效果，确保利用的雨水水质达到国家卫生标准。

3. 雨水社区共建

在小区或社区层面推动雨水收集与利用，形成雨水资源共建共享的理念，通过社区层面的管理，更好地实现雨水的综合利用效益。

雨水收集与利用在建筑给排水设计中发挥着重要作用。通过构建高效的雨水收集系统、科学合理的利用方案以及引入新技术，可以更好地实现对雨水资源的可持续利用，为城市水资源管理和生态环境保护作出积极贡献。未来，随着科技的不断发展和社会对可持续性发展的不断追求，雨水收集与利用将迎来更广阔的发展空间。

二、中水回收与再利用

（一）中水回收系统的组成

1. 生活污水处理

通过生活污水处理设备，如生物反应器、膜分离等，对居民生活污水进行处理，去除有害物质，使其达到再利用标准。

2. 工业废水处理

对工业废水进行分级处理，根据不同工业过程的水质特点采用不同的处理工艺，以确保处理后的水质符合再利用要求。

3. 中水储存设施

设计中水储存设施，包括地下水库、中水池等，用于存储处理后的中水，以应对不同用水峰值和时段的需求。

（二）中水再利用的应用领域

1. 景观灌溉

利用处理后的中水进行绿地和景观灌溉，不仅可以满足植物的生长需求，还有助于城市绿化和景观提升。

2. 工业生产用水

对于一些工业生产环节，尤其是不要求高纯度水质的领域，中水则可以作为替代水源，从而降低用水成本。

3. 建筑冷却系统

将处理后的中水用于建筑冷却系统，其可以替代传统的自来水，进而实现节水和能源的双重节约。

（三）中水回收与再利用的优势

1. 节水与资源再利用

中水回收利用可以有效减少自来水的使用，实现水资源的再生利用，是一种节水的环保措施。

2. 降低污水排放压力

通过中水回收系统，减少了对污水处理厂的负荷，降低了城市的污水排放压力，有助于改善水环境。

3. 降低供水和排水基础设施投资

中水回收系统可以减少对供水和排水基础设施的需求,因此就降低了相关基础设施建设和运维的投资成本。

(四)技术创新与未来发展趋势

1. 中水处理技术创新

引入更先进、更高效的中水处理技术,如膜技术、高级氧化技术等,提高中水处理效率和水质。

2. 智能化中水管理系统

建立智能中水管理系统,通过传感器和远程监测技术,实现对中水质量、储存量、用水需求等数据的实时监测和管理。

3. 中水循环经济模式

推动中水的循环经济模式,鼓励在中水回收利用过程中产生的污泥、气体等资源的再利用,实现中水资源的最大价值化。

中水回收与再利用是建筑给排水设计中一项重要的技术与管理手段。通过科学合理地设计中水回收系统,可以实现对生活污水和工业废水的高效处理,将其转化为可再利用的水资源,能够为城市水资源管理和可持续发展提供有力支持。未来,随着科技的不断进步和社会对水资源可持续利用的需求不断增加,中水回收与再利用将在建筑领域发挥更为重要的作用。

三、水资源管理与保护

(一)水资源管理的重要性

1. 可持续水资源利用

水资源是有限的,建筑给排水设计应当注重可持续水资源的合理利用,可通过科技手段实现更加高效的供水与排水系统。

2. 预防水资源过度开采

在建筑过程中,应避免对地下水资源的过度开采,其可通过科学调查和勘测,合理规划建筑用水需求,减少对地下水的不可逆损耗。

3. 水资源与生态平衡

水资源管理要考虑到生态平衡,避免因为大规模水资源开发与利用而对周边生态环境造成破坏。建筑设计应与周边自然环境相协调。

（二）水资源保护的措施

1. 污水处理与再利用

建筑给排水设计应充分考虑污水的处理与再利用，可采用先进的污水处理技术，将符合标准的水资源重新投入利用，从而实现资源的闭环利用。

2. 雨水收集系统

设计建筑雨水收集系统，将雨水纳入建筑水循环系统，用于绿化灌溉、冲洗，甚至是生活用水，降低对自来水的依赖。

3. 定量用水管控

通过智能水表、用水监控系统等技术手段，对建筑用水进行定量管控，合理规划和分配水资源，减少浪费。

（三）环保材料的选择

1. 绿色屋顶与透水铺装

在建筑设计中采用绿色屋顶和透水铺装，有助于降低雨水径流，提高雨水的渗透利用率，从而减轻城市内涝问题。

2. 低水耗设备

选用低水耗的建筑设备，如低水耗厕具、节水淋浴头等，降低建筑日常用水需求，提高用水效率。

（四）社会参与与教育

1. 建筑水资源教育

通过建筑水资源教育，引导公众树立节水意识，推动社会参与，从而促进整个社会在水资源管理与保护方面的积极参与。

2. 建筑水资源管理团队

建立专业的建筑水资源管理团队，负责制定、执行水资源管理策略，以保障建筑用水的高效管理和合理利用。

（五）未来水资源管理的发展趋势

1. 智能化水资源管理

未来建筑水资源管理将更加智能化，引入先进的传感器技术、大数据分析等手段，可以实现对水资源的实时监测、分析和管理。

2. 新型水资源开发技术

随着科技的不断进步，新型水资源开发技术如海水淡化、大气水收集等将成为未来建筑水资源管理的重要发展方向。

水资源管理与保护是建筑给排水设计中不可或缺的环节。通过合理规划、科学技术的应用以及社会的广泛参与，建筑行业可以在保障用水需求的同时，最大限度地减少对有限水资源的依赖，从而实现可持续发展的目标。未来，建筑水资源管理将更加智能、绿色，为全球水资源可持续利用贡献力量。

四、可持续水资源利用的技术

（一）先进的雨水收集系统

1. 技术原理

通过建筑设计中的雨水收集系统，将屋顶、道路等表面的雨水引导至专门设计的储水设施中，实现雨水的收集和储存。

2. 技术优势

资源再利用：收集的雨水可以被用于植物灌溉、冲洗，甚至是建筑内的非饮用水的需求，从而降低自来水的使用量。

降低雨水径流：减缓雨水的径流速度，防止城市内涝，并有助于保护自然水体免受过度排放的雨水污染。

环保减排：减少对地方水资源的依赖，降低能源消耗和二氧化碳排放，符合可持续发展理念。

（二）污水处理与再利用技术

1. 技术原理

采用先进的污水处理技术，对生活污水和工业污水进行处理，使其达到再利用标准，经处理过的水可以应用于浇灌、冷却水等领域。

2. 技术优势

水资源闭环：将污水经过处理后重新注入建筑系统，形成水资源的闭环，减少自来水的使用。

减轻对自然水体的影响：有效减少污水排放到自然水体的数量，降低水体污染风险。

可持续发展：污水再利用技术符合可持续发展的理念，最大化地发挥水资源的效益。

（三）智能化用水管理系统

1. 技术原理

通过智能传感器、监测设备和自动化控制系统，可以对建筑内外的用水进行实时监测、分析和调整，从而实现用水的智能化管理。

2. 技术优势

精准用水：通过实时数据监测，系统可以精确控制建筑各部分的用水量，避免产生浪费。

预测性维护：可通过数据分析预测设备可能出现的问题，实现对设备的精准维护，提高系统可靠性。

用户参与：将用水数据反馈给用户，引导用户形成良好的用水习惯，推动社会广泛参与水资源管理。

（四）高效节水设备的应用

1. 技术原理

选用低水耗的设备，如节水淋浴头、低流量马桶等，以减少建筑内的用水需求。

2. 技术优势

降低用水成本：节水设备的应用可以有效降低建筑的用水成本，提高经济效益。

环保：减少自来水的使用量，有助于保护自然水体，并降低供水压力。

政策符合：在一些地区，使用高效节水设备可能符合当地政府的节水政策，有可能获得相关奖励或减免。

（五）大气水收集技术

1. 技术原理

通过大气中的湿度，使用大气水收集设备将湿气转化为液态水。

2. 技术优势

独立水源：适用于一些干旱地区或缺水地区，能够提供独立的水源。

可再生能源：结合可再生能源，如太阳能或风能，可使大气水收集技术更加环保和可持续。

协助应对气候变化：在气候变化导致水资源供应不稳定的情况下，大气水收集技术可以为建筑提供备用水源。

可持续水资源利用技术的不断发展将为建筑给排水设计提供更多选择。通过综合应用上述技术，建筑行业可以在保障用水需求的同时，更加智能、高效地利用水资源，为可持续发展贡献力量。

五、水资源可持续利用的社会影响

水资源可持续利用不仅在建筑给排水设计中发挥着关键作用，还对社会产生深远的影响。通过合理的水资源管理和创新的设计理念，建筑给排水系统可以在社会层面推动可持续发展，降低对自然水体的依赖，并改善水资源利用效率，从而促进社会的经济、环境和社会可持续性。以下是水资源可持续利用在社会层面的主要影响：

（一）提升社会水资源管理水平

1. 教育与认知

水资源可持续利用的理念将逐渐渗透到社会各个层面，包括政府、企业和居民。通过相关教育和宣传活动，社会将对水资源的稀缺性和重要性有更深刻的认识，并最终形成理性用水的社会风气。

2. 政策支持

社会的认知升级将推动政府出台更加严格和科学的水资源管理政策。政府可能会加大对可持续水资源利用技术的支持力度，通过财政、税收等手段引导企业和个人采取更加环保和可持续的水资源管理方式。

（二）促进节水产业发展

1. 创新技术应用

水资源可持续利用的需求将推动相关技术的不断创新。节水设备、智能用水系统等技术将逐步成熟，并形成独立的产业链，促进整个节水产业的发展。

2. 就业机会

随着可持续水资源利用技术的发展，将催生一批专业人才，其主要从事相关研发、设计、施工、运维等工作。这将为社会创造更多的就业机会，提升劳动力的整体素质。

（三）改善城市生态环境

1. 减缓城市化对水资源的压力

水资源可持续利用技术的应用有助于减缓城市化过程中对水资源的过度开发。通过雨水收集、污水处理再利用等手段，可以有效减少城市对自然水体的依赖，改善自然水体的水质，缓解水资源供需矛盾。

2. 增加绿色空间

可持续水资源利用技术的应用通常伴随着城市绿化项目。雨水收集系统的建设可以为城市增加绿化面积，提升城市生态环境，改善居民的生活质量。

（四）社会公平与可及性

1. 水资源的公平分配

通过可持续水资源利用技术，可以更加精确地对水资源进行管理和分配，避免出现浪费和滥用。这有助于实现水资源的公平分配，确保每个社区都能够享有足够的用水权益。

2. 提高水资源利用的可及性

在一些水资源匮乏的地区，可持续水资源利用技术的应用可以提高水资源的可及性。居民可以更加方便地获取到清洁的水源，提高生活品质，从而降低水源不足带来的社会问题。

水资源可持续利用的社会影响是多层面的，其涉及到社会的各个方面。通过技术创新、政策引导和社会认知的提升，建筑给排水设计可以在推动水资源可持续利用方面发挥积极的作用，为社会的可持续发展作出贡献。

第三节　节能与减排措施

一、节能技术的创新与应用

（一）智能用水系统

1. 创新技术

智能用水系统整合了传感器、控制器和通信技术，能够实时监测建筑内外的水资源状况。利用先进的水位、压力和流量传感器，系统能够智能地控制给水设备的运行，从而实现精确用水，避免过度消耗水资源。

2. 应用实例

在建筑给水系统中，通过智能用水系统的应用，可以根据实际需求智能调整水泵的运行状态，提高水泵的运行效率。系统还能够对用水设备进行远程监控和故障诊断，有效提高了系统的可靠性和稳定性。

（二）高效排水系统

1. 创新设计

高效排水系统的创新包括采用更为合理的排水管道布局，优化斜度设计，提高排水效率。利用虹吸技术、反向冲洗技术等，实现更为高效的排水过程。

2.应用实践

在建筑排水系统中，采用虹吸技术可以减小管道直径，降低系统阻力，提高排水速度，从而减少用水设备的能耗。反向冲洗技术则能够清理排水管道，防止堵塞，延长排水设备的使用寿命。

（三）雨水收集与利用

1.创新容器设计

雨水收集与利用的创新体现在设计更为高效的雨水收集容器。采用防蚊、自洁、材质轻量化等技术，可以有效提高雨水储存设备的使用寿命和效果。

2.应用案例

通过收集和利用雨水，可以在建筑中实现非常规用水，比如灌溉、冲厕等。采用创新设计的雨水收集容器，不仅能够更有效地收集雨水，还能保持雨水的清洁度，减少水质处理产生的成本。

（四）可再生能源在给排水系统中的应用

1.太阳能热水系统

在给水系统中，太阳能热水系统的创新应用可以通过太阳能集热器将阳光转化为热能，为建筑提供热水。采用更为高效的太阳能集热技术，可提高能源的转化效率。

2.应用实践

太阳能热水系统可以在建筑中替代传统的燃气热水系统，减少对化石燃料的依赖，从而降低温室气体的排放。优化太阳能集热器的设计，使其更能适应不同的气候条件，以提高系统的稳定性和可靠性。

（五）节能材料在给排水系统中的应用

1.纳米技术应用

在给排水系统中，纳米技术的应用可以改善材料的性能，提高管道的耐腐蚀性和抗污染能力。通过纳米材料的防污技术，减少了管道内壁的沉积，保持了水质的清洁度。

2.应用案例

采用纳米技术改良给水管道材料，不仅可以提高材料的机械性能，还能够减小水流阻力，提高给水效率。在排水系统中，通过应用纳米涂层技术，可以防止管道内壁的腐蚀，延长排水管道的使用寿命。

在建筑给排水设计中，节能技术的创新与应用是实现可持续发展的关键一步。通过智能用水系统、高效排水系统、雨水收集与利用、可再生能源应用以及节能材料的选择，建筑给排水系统不仅能够满足基本需求，还能够降低资源消耗，减轻环境负担，为未来可持续建设做出积极贡献。通过不断的技术创新和应用实践，建筑给排水系统将更好地适应社会发展的需求，从而实现绿色、高效、可持续的目标。

二、能源效益评估与监测

（一）能源效益评估方法

1. 能源绩效评估模型

建筑给排水系统的能源绩效评估模型是评价系统效益的重要工具。通过建立合理的数学模型，结合实际监测数据，对系统的能源利用情况进行定量评估。这包括建筑内水的供应、排水系统的运行和能源转化效率等方面。

2. 能源绩效评估标准

能源绩效评估需要依据行业标准和法规进行。即采用国家和地方相关的能源绩效评估标准，再结合建筑给排水系统的特点，制定出适用于该系统的评估指标，然后全面而系统地评价系统的能源性能。

（二）监测技术与手段

1. 传感器技术在给水系统中的应用

通过在给水系统中广泛应用传感器技术，可以实现对水流、水压、水温等参数的实时监测。这些监测数据能够为系统的优化提供可靠依据，减少不必要的能源浪费。

2. 智能水表与用水监控系统

智能水表和用水监控系统的应用可以实现对建筑用水的精细监测。通过远程监控和数据分析，可以识别用水异常情况，提前发现漏水、浪费等问题，从而减少不必要的水资源和能源浪费。

（三）能源效益监测与管理平台

1. 建筑能源管理系统（BEMS）

建筑能源管理系统是一种集成化的平台，通过连接各类能源设备，实现对建筑能源的全面监测和管理。在给排水系统中，BEMS可以对水泵、管道等设备进行实时监控，通过数据分析提供优化建议，降低系统运行的能耗。

2. 数据分析与预测

通过大数据分析技术，结合历史监测数据，可以对建筑给排水系统未来的能源需求进行预测。这有助于建立科学合理的用水计划，提前做好能源调配，降低系统运行的成本。

（四）能源效益监测的意义

1. 资源节约与环保

通过能源效益监测，可以及时发现并解决系统中的能源浪费问题，从而减少对水资源和能源的浪费，实现可持续的资源利用，降低环境负担。

2. 经济效益

有效的能源监测和管理有助于降低建筑运行的能源成本，提高整体的经济效益。合理利用节能技术和有效的监测手段，可以减少系统维护成本，延长设备寿命，并降低综合能耗。

（五）技术创新与未来发展

1. 物联网技术在能源监测中的应用

未来，物联网技术的广泛应用将使得建筑给排水系统的能源监测更为智能化。各类设备将实现互联互通，实时传输数据，通过人工智能的分析，实现对系统的智能优化，进一步提高能源利用效率。

2. 人工智能的应用

人工智能在数据处理和分析方面的优势使其成为能源监测中的重要工具。通过建立人工智能模型，对大量的监测数据进行分析，可以更精准地识别系统中的问题，并提供针对性的解决方案，从而推动系统向更高效的方向发展。

能源效益评估与监测是建筑给排水系统中实现可持续发展的关键一环。通过科学的评估手段和先进的监测技术，建筑给排水系统能够更加高效地利用水资源和能源，还能够降低运行成本，减少环境负担，从而实现经济、社会和环境的可持续协调发展。未来，随着物联网技术和人工智能的不断发展，建筑给排水系统的能源效益监测将更加智能、精准，为建设绿色、智能的建筑环境提供有力支持。

三、减排技术的引入与效果

（一）环保材料的应用

1. 可降解材料在排水系统中的应用

可降解材料的使用可以减少排水系统中对传统塑料材料的依赖，降低对石化资源的需求。这有助于减少制造过程中的碳排放，降低材料的生命周期环境影响。

2.低碳水泥与环保管道材料

在建筑给排水系统中采用低碳水泥和环保管道材料是一种有效的减排措施。这些材料的生产过程相比传统材料更为环保，而且在使用过程中能够保持更好的性能，能有效降低系统的整体碳足迹。

（二）高效设备的选用

1.高效水泵与电机

引入高效水泵和电机是提高给水系统能源利用效率的有效手段。通过采用节能型水泵和电机，可以减少系统运行时的能源消耗，降低系统运行成本。

2.智能控制系统的应用

智能控制系统能够根据实时监测数据及时调整设备运行状态，实现对给排水系统的智能优化。这有助于避免设备过度运转，提高整体效能，从而减少不必要的能源浪费。

（三）智能用水管理

1.水资源监测与用水计划

通过引入水资源监测技术，建立科学合理的用水计划，可以避免过度用水和浪费。合理规划用水时段和流量，以及结合智能控制系统，能够实现对用水过程的有效管理。

2.高效灌溉系统

在园林绿化等领域，采用高效的灌溉系统是减少水资源浪费的重要途径。通过引入滴灌、喷灌等高效灌溉技术，可以在满足植物需水的同时减少不必要的用水量。

（四）回收与再利用

1.雨水收集系统

引入雨水收集系统是一种常见的回收再利用水资源的手段。通过收集屋顶雨水，可以在植物浇灌、冲洗等方面使用，最终达到减轻自来水的负荷，达到节水减排的效果。

2.中水回收与再利用

中水回收技术是对排水进行处理后再利用的一种方式。通过采用中水回收系统，可以将排水中的有效成分提取出来，用于非饮用水场合，如冲厕、洗衣等，实现水资源的多次利用。

（五）节能照明与设备

1.LED照明系统

在建筑内部，采用LED照明系统是一种高效能源利用的方式。相比传统照明设备，

LED 具有更高的光电转换效率和更长的使用寿命，LED 照明的时候有效降低了照明系统的电能消耗。

2.高效空调与通风系统

引入高效空调与通风系统是建筑能源管理的重要组成部分。通过采用先进的节能技术，如变频调速、定时控制等，可以实现对室内环境的精准调控，降低空调和通风系统的能耗。

（六）可持续能源的应用

1.太阳能热水器与光伏发电

在建筑给排水系统中引入太阳能热水器和光伏发电系统是一种绿色能源的利用方式。太阳能热水器可以满足建筑热水的需求，光伏发电系统则能够转化太阳能为电能，为建筑供电。

2.生物质能源利用

通过生物质能源的利用，如生物质颗粒、沼气等，可以替代传统的化石燃料，减少对化石能源的依赖，降低建筑能源的碳排放。

在建筑给排水系统的设计中，引入减排技术是推动可持续发展的关键步骤。通过使用环保材料、高效设备、智能用水管理、回收再利用和可持续能源等手段，建筑给排水系统不仅能够更加高效地利用资源，降低运行成本，还能够减少对环境的负担，实现对可持续发展目标的积极贡献。未来，随着技术的不断创新，建筑给排水系统将更加智能、高效，可为建设绿色、可持续的城市环境提供有力支持。

四、低碳建筑设计原则

（一）能源效益与 passivhaus 标准

1.passivhaus 标准的引入

在低碳建筑设计中，引入 passivhaus 标准是一种有效的方式。passivhaus 是一种源于德国的被动式房屋设计标准，其通过优化建筑外壳，最大限度地减少室内能耗，提高能源利用效率。建筑的朝向、隔热层、通风系统等都被纳入设计考虑，以实现低能耗、高舒适度的目标。

2.能源效益评估与模拟

在设计阶段进行能源效益评估与模拟是低碳建筑设计的重要步骤。通过借助建筑能效模拟软件，设计者可以预测建筑在不同气候条件下的能源消耗情况，然后及时优化设计方案，减少不必要的能源浪费。

（二）绿色材料与可再生能源

1.绿色材料的选择

低碳建筑设计强调使用环保、可回收、无毒的绿色材料。例如，采用可再生资源制成的木材、使用可降解的建筑材料等，此举有助于减少对有限资源的依赖，降低材料生命周期的环境影响。

2.可再生能源的应用

在低碳建筑中，积极采用可再生能源是至关重要的。太阳能光伏系统、风力发电系统、地源热泵等都是常见的可再生能源应用。通过将这些系统纳入建筑设计，可以实现对传统能源的替代，减少碳排放。

（三）智能建筑管理系统

1.智能能耗监测

引入智能建筑管理系统，实现对建筑能耗的实时监测和精准管理。通过传感器、数据分析等技术手段，可以及时发现并解决建筑系统的能耗异常，能有效提高能源利用效率。

2.智能照明与通风系统

采用智能照明与通风系统，通过自动调节光照、温度等参数，使得建筑内部环境始终保持在舒适状态。这有助于避免不必要的能源浪费，提高建筑的能源利用效率。

（四）生态设计与自然通风

1.生态设计原则

在低碳建筑设计中，生态设计原则是一个重要的方向。通过保留原有生态环境、增加绿化覆盖、打造生态屋顶等手段，使建筑融入自然环境，减轻对生态系统的干扰。

2.自然通风与采光

合理设计建筑结构，使得自然通风和采光得以最大程度地利用。通过设计通风口、设置遮阳设施，可以降低对人工能耗的依赖，提高室内环境的舒适度。

（五）废弃物减量与再利用

1.废弃物分类与处理

在建筑施工和运营阶段，通过建立废弃物分类与处理体系，最大限度地减少对环境的负面影响。将废弃物进行分类、回收、再利用，降低资源的消耗。

2.可回收建材的再利用

选择可回收的建筑材料，延长建筑寿命，减少对新材料的需求。同时，在建筑维护过程中，采用可再生、可回收的建材，促进建筑的可持续运营。

（六）社会参与与教育

1. 社区参与与反馈

在低碳建筑设计中，与社区居民保持沟通与合作至关重要。通过开展社区活动、听取反馈意见，可以更好地满足居民需求，提高建筑的整体可持续性。

2. 低碳建筑教育与培训

推动低碳建筑理念的普及，加强从业人员的培训与教育。通过提高从业人员的专业水平，推动低碳建筑设计和施工水平的提升，促进行业的可持续发展。

通过综合应用上述低碳建筑设计原则，可以使建筑在整个生命周期内减少对能源的消耗，降低对环境的影响，最终实现对可持续发展目标的贡献。低碳建筑的理念不仅关乎建筑本身的节能减排，更是推动建筑行业向更加可持续的方向发展的关键一步。

五、可持续建筑的社会效益

（一）社会包容与公平

1. 社会包容性设计

可持续建筑的社会效益之一是通过社会包容性设计，创造一个适用于各种群体的建筑环境。建筑物的设计应该考虑到不同年龄、性别、能力的人的需求，为所有人提供平等的机会和体验。

2. 公平用地利用

在可持续建筑的规划中，要追求公平利用用地，避免将建筑项目集中在某一特定社区或地区。这有助于减小社会不平等现象，从而促进城市和社会的均衡发展。

（二）社区参与与反馈

1. 社区参与决策

可持续建筑注重社区参与，鼓励社区居民在建筑项目的决策中发表意见。通过座谈会、调查等方式，吸纳居民的需求，确保建筑项目符合社区的整体利益。

2. 透明沟通与反馈机制

建立透明的沟通和反馈机制，使社区居民能够及时了解建筑项目的进展，并能够提出建设性的意见。这有助于建立建筑项目与社区之间的信任关系，推动可持续建筑的共同发展。

（三）教育与培训

1.可持续建筑教育

可持续建筑的社会效益之一是通过教育来提高公众对可持续性的认识。开展关于可持续建筑理念的教育活动，以增强公众对环保、节能等方面的理解，促使更多人参与到可持续建筑的推动中来。

2.从业人员培训

培训建筑行业的从业人员，使其具备可持续建筑设计和施工的专业知识。这有助于提高整个建筑行业对可持续发展的认同度，从而推动更多的建筑项目朝着可持续性的方向发展。

（四）社会创新与文化保护

1.社会创新推动

可持续建筑鼓励社会创新，包括利用新技术、新材料、新工艺等手段，以促进建筑行业的创新发展。这有助于激发城市的活力，提高城市的综合竞争力。

2.文化保护与传承

在可持续建筑的设计中，要考虑到当地文化的传承与保护。通过融入当地特色，保留历史建筑，使建筑更好地融入当地社会，增强社区认同感。

（五）公共健康与福祉

1.绿色空间与健康

通过增加绿色空间、设置休闲区域等手段，可有助于提高居民的生活质量和幸福感。绿色环境与健康之间存在着紧密的联系，其有助于缓解城市压力，促进身心健康。

2.社会福祉设施的规划

在可持续建筑规划中，要合理设置社会福祉设施，包括医疗、教育、文化等公共服务设施。这有助于提高社区的整体素质，并满足居民对各类服务的需求。

可持续建筑的社会效益不仅体现在建筑物本身对环境和资源的友好利用，更在于其对社会的积极影响。通过社会包容、社区参与、教育培训等方式，可持续建筑致力于创造更加公正、平等、健康的社会环境，为未来城市的发展奠定可持续基础。

第四节 绿色屋顶与雨水收集

一、绿色屋顶的生态价值

（一）绿色屋顶的定义与分类

1.定义

绿色屋顶是一种在建筑屋顶上覆盖有植被的生态系统，其可以分为 extensive 绿色屋顶和 intensive 绿色屋顶。Extensive 绿色屋顶通常采用轻型植被，如地衣和多肉植物，而 intensive 绿色屋顶则包括更多的植物种类，甚至可以种植小型树木。

2.分类

绿色屋顶可以按照覆盖范围和植被种类划分为不同的类型，如全覆盖型、局部覆盖型、草本植被型和灌木树木型等。而且每种类型都有其独特的生态价值和适用场景。

（二）绿色屋顶的生态效益

1.生态系统服务

绿色屋顶作为一种人工生态系统，能够提供多种生态系统服务，如水文调节、生物多样性维护、气候调节等。这些服务有助于改善城市环境，并有效减缓气候变化对城市的影响。

2.水文调节

绿色屋顶能够吸收和储存雨水，可减缓雨水径流，起到雨水滞留和减缓洪峰的作用。这对于城市的水资源管理和防洪减灾具有重要意义。

（三）绿色屋顶的植被选择

1.适应性强的植被

绿色屋顶上的植被应选择适应性强、抗逆性强的植物，如耐旱、耐寒的植物。这有助于确保绿色屋顶在各种气候条件下都能保持良好的生态功能。

2.本地植被的优先选择

选择本地植被有助于保持和增加区域的生物多样性，并更好地适应当地气候和土壤条件。同时，本地植被的引入也有助于提高绿色屋顶的生存率和生态效益。

（四）绿色屋顶的建造与维护

1. 建造过程

绿色屋顶的建造需要考虑屋顶结构、植被选择、生土的铺设等因素。合理的设计和施工过程可以确保绿色屋顶的长期稳定性和生态效益。

2. 维护管理

定期的维护是保持绿色屋顶效益的关键。其包括植物修剪、生土的补充、排水系统的清理等工作，这些都对绿色屋顶的健康发挥着重要作用。

（五）绿色屋顶的社会价值

1. 提升居民生活质量

绿色屋顶能够改善城市的景观，提升居民的生活质量。居民可以在绿色屋顶上散步、休憩，感受大自然的美好，减轻都市生活带来的压力。

2. 社区互动空间

将绿色屋顶设计成社区互动的空间，其可以促进居民之间的交流与合作。举办社区活动、小型集会等，使绿色屋顶成为社区的活力中心。

绿色屋顶不仅是建筑给排水设计的一部分，更是城市可持续发展的生态亮点。通过合理规划、科学建设和有效管理，绿色屋顶将为城市带来丰富的生态和社会价值，并有助于构建宜居、健康、可持续的城市环境。

二、绿色屋顶的设计与施工

（一）绿色屋顶设计的基本原则

1. 生态适性原则

绿色屋顶的设计应充分考虑当地气候、降水情况、植被适应性等因素，应优先选择适合本地生态环境的植被类型，以提高生态系统的稳定性。

2. 结构适应性原则

设计时应考虑建筑结构的承载能力，合理确定绿色屋顶的荷载，选择轻型植被和轻质生土，以确保屋顶承重系统不受过大影响。

3. 水文适应性原则

设计时需考虑绿色屋顶的排水系统，确保雨水能够迅速、有效地排出，防止积水和渗漏问题，维护屋顶结构的健康。

（二）绿色屋顶设计的具体步骤

1.方案规划

在设计初期，需要进行详细的调研和分析，确定绿色屋顶的类型、植被种类、覆盖范围等，并综合考虑建筑用途、气候特征等因素，然后再制订设计方案。

2.结构设计

设计师需根据建筑结构的特点和承载能力，确定绿色屋顶的结构形式，包括荷载分布、承重系统、防水层、生土层等，确保结构的稳定性。

3.植被选择

根据绿色屋顶的用途和生态功能，选择适应性强、抗逆性好的植被，还需考虑植被的生长高度、根系特性，以及植被的整体美观性。

4.排水系统设计

设计合理的排水系统，包括雨水收集、蓄水层、排水层等，确保雨水能够迅速、有效地排出，防止出现积水现象。

5.养护考虑

在设计阶段就需要考虑到绿色屋顶的养护问题，运用方便维护的设计元素，使居民或专业维护人员能够轻松进行植被的修剪、病虫害的防治等工作。

（三）绿色屋顶施工的注意事项

1.施工前的准备

在正式施工前，需要对建筑结构进行详细的检查和评估，确保屋顶结构能够承受绿色屋顶的重量，同时准备好所需的材料和设备。

2.防水层施工

在施工中，防水层的施工是至关重要的一步。选择高质量的防水材料，确保屋顶不受雨水侵袭，避免渗漏问题。

3.生土的铺设

生土的选择应当符合植被的生长需求，施工时需要均匀覆盖在屋顶表面，并注意与防水层的密切结合，防止土壤渗漏。

4.植被的种植

根据设计方案，有序地进行植被的种植工作，保证每一种植物都能够生根发芽，最终形成绿意盎然的屋顶景观。

5.排水系统的安装

安装排水系统时，要确保管道布局合理，排水畅通，防止积水现象的发生，提高绿色屋顶的使用寿命。

（四）绿色屋顶的可持续性管理

1.定期检查与维护

绿色屋顶在投入使用后，需要定期进行检查与维护，及时发现并解决植被问题、排水问题等，确保系统的正常运行。

2.植被更新与修剪

根据植被的生长状况，及时进行修剪和更新工作，保持植被的健康生长，以避免过度拥挤和影响屋顶美观。

3.灌溉与施肥

定期进行灌溉和施肥，确保植被得到充足的水分和养分，增强绿色屋顶的生态效益。

4.废弃物处理

绿色屋顶的废弃物，包括枯萎的植物、杂草等，需要妥善处理，避免对周边环境造成不利影响。

5.绿色屋顶的更新改造

随着科技的发展和社会需求的变化，定期对绿色屋顶进行更新改造，引入更先进的设计理念和技术，以提高绿色屋顶的可持续性。

绿色屋顶的设计与施工是一项综合性的工程，需要考虑生态、结构、水文等多个因素。合理的设计方案和施工步骤不仅能提高屋顶的可持续性，还能为建筑给排水系统注入新的生命和活力。在未来的建筑设计中，绿色屋顶将成为不可或缺的一部分，为城市环境和居民生活带来更多的益处。

三、雨水收集系统的规划

（一）规划前的综合考虑

1.环境特征与降水状况

在进行雨水收集系统规划时，首先需要全面考虑所在地区的环境特征，包括气候、地形、降水量等。通过对降水状况的深入分析，可以确定系统的设计容量和运行策略。

2.建筑类型与用途

不同类型和用途的建筑对雨水的需求和利用方式有所不同。规划过程中需要充分考虑建筑的实际情况，确定雨水的利用方式，包括灌溉、景观水体、冲洗等。

3.地下水位及土壤渗透性

了解所在地区的地下水位和土壤渗透性，有助于确定雨水收集系统的地下储水容量和排水方式。这对于防止积水和地下水资源的合理利用至关重要。

（二）雨水收集系统的设计要素

1. 收集表面的选择

确定需要收集雨水的表面，包括屋顶、道路、庭院等。不同的表面材料和类型对雨水的收集效果都有所影响，需要根据实际情况进行选择。

2. 设计合理的雨水收集区域

通过合理规划雨水收集区域，确保系统能够充分利用可收集的表面，并最大限度地捕捉雨水。合理的区域设计有助于提高雨水的收集效率。

3. 容量与需求的匹配

系统的容量应与实际需求相匹配，可根据建筑用途和雨水利用方式确定系统的设计容量。这有助于避免系统容量不足或浪费的问题。

4. 雨水质量的考虑

在规划阶段需要考虑雨水的质量，特别是屋顶表面的污染物可能影响雨水的品质。所以要选择合适的过滤和净化设备，以确保收集到的雨水达到相应的水质标准。

（三）系统的分布与布局

1. 管网布局

合理的管网布局是雨水收集系统设计的关键。需要考虑雨水的流向、汇水点的设置等因素，确定管道的走向和连接方式，以确保雨水能够迅速而有效地流入集水点。

2. 雨水收集设备的设置

在建筑中设置雨水收集设备，包括雨水口、沉砂池、过滤器等。这些设备的设置需要符合实际需求和水质要求，以确保雨水在流入集水系统之前得到充分的净化。

3. 储水设施的位置

确定储水设施的位置，考虑到雨水的流动路径、建筑结构和实际用途。储水设施可以设置在地下或建筑物附近的地面上，以节省空间并方便利用。

（四）系统运行与维护

1. 运行策略的确定

规划雨水收集系统的运行策略，包括何时进行雨水的收集、储水和利用。根据降水情况和用水需求，制订科学合理的运行计划。

2. 系统的监测与维护

建立系统的监测与维护机制，定期检查设备的运行状态、管道的畅通情况以及雨水的质量。及时发现问题并进行维修，确保系统长期稳定运行。

3. 雨水的合理利用

规划雨水的合理利用方式，包括灌溉植物、冲洗卫生设备等。通过科学合理的利用，能够最大限度地减少对自来水的依赖，从而实现可持续水资源利用的目标。

（五）社会参与与宣传

1. 居民参与

鼓励居民参与雨水收集系统的建设与使用，提高他们的环保意识，培养他们水资源节约的习惯。

2. 宣传与教育

通过多种渠道进行雨水收集系统的宣传与教育，向社会大众普及雨水收集的意义、方法和效益，推动社会对可持续水资源利用的认知。

3. 政策支持

争取政府的政策支持，通过建立相关法规和标准，能够更好地推动雨水收集系统在建筑中的广泛应用。政策的支持对于系统的推广和普及具有重要意义。

雨水收集系统的规划是一项复杂而细致的工作，需要综合考虑各种因素，以确保系统在设计阶段就能够充分发挥其效益。科学合理的规划不仅可以为建筑提供可再生的水资源，还能够在一定程度上缓解城市雨洪问题，实现雨水的合理利用。在未来的建筑设计中，雨水收集系统将成为可持续发展的重要组成部分，为建筑给排水系统注入新的活力。

四、雨水的储存与利用

（一）储存设施的选择与设计

1. 储水设备的类型

雨水储存设备包括地下水箱、地表水体（如蓄水池）、雨水桶等。在选择设备类型时，需要考虑建筑结构、空间限制以及储水需求，以确保系统高效运行。

2. 设备容量的确定

储水设备的容量应根据建筑的用水需求和降水状况进行合理设计。考虑到雨水的季节性差异，因此容量的确定需充分考虑系统的安全储水量，以确保在枯水期间依然有足够的水量可供使用。

3. 防渗透与防蒸发措施

针对地下水箱，要采取有效的防渗透措施，避免地下水位对水箱造成不必要的影响。同时，可考虑设置覆盖物或使用遮阳网等方式减少水体蒸发，提高储水效率。

（二）雨水利用系统设计

1.制订雨水利用方案

根据建筑的实际用水需求，制订高效可行的雨水利用方案。考虑到不同用途的水质标准，可以分别设计灌溉系统、冲洗系统等，确保雨水得到有效利用。

2.制定水质处理策略

对于不同用途的雨水，需要采用相应的水质处理措施，如过滤、消毒等。制定科学合理的水质处理策略，才能确保利用的雨水达到相应的卫生标准。

3.灌溉系统的规划

雨水用于植物灌溉是一种理想的利用方式。在系统设计中，要考虑植物的水需求、灌溉方式的选择，以确保雨水能够最大程度地满足植物的生长需求。

4.冲洗系统的设计

雨水可用于建筑内部的冲洗系统，如卫生间冲水、地面清洁等。在设计中要考虑不同设备的水质要求，确保冲洗系统的正常运行。

（三）安全与卫生考虑

1.安全隐患的排除

储水设施和利用系统的设计应排除一切可能导致安全隐患的因素，如设备腐蚀、漏水等问题，以确保储水和利用的安全性。

2.定期清洗与维护

建立定期清洗和维护机制，确保储水设备和利用系统的长期稳定运行。定期检查过滤设备、管道以及灌溉设备，清除杂质和污垢，以保障系统的正常使用。

3.健康与卫生监测

定期对储存的雨水进行水质监测，以确保水质符合相关卫生标准。对于灌溉水源，要注意植物的健康状况，及时调整灌溉方案，防止因雨水质量问题导致植物生长异常。

（四）社会参与与教育

1.居民参与

鼓励居民参与雨水的储存与利用，提高他们对可持续水资源利用的认知。居民的参与不仅能够减轻建筑系统的负担，还有助于形成更广泛的社会共识。

2.教育宣传

通过多种途径进行雨水储存与利用的宣传与教育，向社会大众普及雨水的可持续利用方式，提高公众的环保意识。

3. 社区合作

促进社区合作，建立共享雨水资源的机制。在社区内建立统一管理的雨水利用系统，充分发挥社区规模效益，推动可持续水资源利用理念的传播。

雨水的储存与利用是建筑给排水系统中的重要组成部分，通过科学合理的设计与规划，不仅可以为建筑提供可再生的水资源，还有助于减缓城市雨洪问题，实现雨水的合理利用。在未来的建筑设计中，雨水的储存与利用将成为可持续发展的关键环节，还可为建筑行业的可持续发展贡献力量。

五、绿色屋顶与雨水收集的经济效益

（一）绿色屋顶的经济效益

1. 节能与降温效果

绿色屋顶通过植被的蒸腾作用和日照调节，可有效降低建筑物的能耗。其可减少夏季空调的使用，提高冬季保温效果，降低室内温度波动，从而降低能源费用。

2. 延长屋顶寿命

绿色屋顶的植被层可以有效隔绝紫外线的照射，从而降低屋顶温度，减缓屋顶材料的老化速度，延长屋顶的使用寿命。这大大降低了维护和修复的成本，提高了建筑的经济可持续性。

3. 提升房地产价值

拥有绿色屋顶的建筑在市场上更具吸引力，因为它们体现了业主对环保和可持续发展的承诺。这可能使房地产价值提升，为房主创造更大的经济回报。

4. 减少雨洪管理成本

绿色屋顶可以减少雨水径流，降低雨洪管理的成本。减少城市的雨水径流量有助于降低污水处理费用，从而在长期内为城市带来经济效益。

（二）雨水收集的经济效益

1. 降低自来水使用费用

通过收集和利用雨水供应一些非饮用水的需求，如冲洗卫生间、浇灌植物等，可以有效降低建筑的自来水使用费用，为业主创造直接经济效益。

2. 减轻雨水排放处理压力

雨水收集系统可以减少雨水直接排放至下水道的数量，降低城市雨水排放处理的成本。这种雨水管理方式有助于减轻城市基础设施负担，为城市节约资金。

3. 制定雨水市场的潜在机会

雨水收集技术的应用为一些创新性企业提供了商机。例如，开发高效的雨水收集设备、提供雨水管理咨询服务等，都可能成为新的经济增长点。

4. 提高建筑可持续性认证

拥有雨水收集系统的建筑在可持续性认证中可能获得更高的评分，这有助于提高建筑的市场竞争力，并为业主创造间接的经济效益。

（三）综合考虑与投资回报分析

1. 综合效益的考虑

在设计建筑给排水系统时，需要全面考虑绿色屋顶与雨水收集系统的综合效益。其包括能源节省、维护成本降低、房地产价值提升、城市基础设施负担减轻等方面，以实现最大程度的经济效益。

2. 投资回报分析

进行投资回报分析是判断绿色屋顶与雨水收集系统是否经济可行的重要步骤。考虑建设、运营和维护的各项成本，以及从节约能源、减少维护费用等方面带来的经济效益，从而为业主提供科学合理的建议。

绿色屋顶与雨水收集系统不仅对环境友好，还在经济层面带来了诸多好处。通过合理设计与有效运营，这些系统可以成为建筑给排水系统中的经济支柱，从而为业主和社会创造更多的经济价值。

参考文献

[1] 张瑞，毛同雷，姜华作.建筑给排水工程设计与施工管理研究 [M].长春：吉林科学技术出版社,2022.

[2] 王智忠.建筑给排水及暖通施工图设计常见错误解析 [M].合肥：安徽科学技术出版社,2022.

[3] 孙明，王建华，黄静.建筑给排水工程技术 [M].长春：吉林科学技术出版社,2020.

[4] 张胜峰.建筑给排水工程施工 [M].北京：中国水利水电出版社,2020.08.

[5] 杨红海，卜洁莹，寇春刚.建筑给排水工程设计与施工管理 [M].哈尔滨：哈尔滨地图出版社,2019.08.

[6] 吕诗静，姜世坤，郝霞光.建筑给排水 [M].延吉：延边大学出版社,2018.08.

[7] 吴喜军，彭敏.建筑给排水工程技术 [M].长春：吉林大学出版社,2018.05.

[8] 田耐.建筑给排水工程技术 [M].天津：天津科学技术出版社,2018.03.

[9] 伍培，李仕友.建筑给排水与消防工程 [M].武汉：华中科技大学出版社,2017.

[10] 吴文伯.建筑工程给排水消防水系统设计研究 [J].低碳世界,2023(10)：94-96.

[11] 武晓东.高层建筑给排水工程消防设计存在的问题及措施 [J].建材与装饰,2022(34)：69-71.

[12] 孙丰苓.建筑工程的消防给排水设计探讨 [J].中国房地产业,2019(14)：84.

[13] 陈建勋.谈高层建筑给排水及消防管道工程的设计构建 [J].建筑与装饰,2020(36)：9.

[14] 冯洁琼.高层建筑消防给排水工程设计的分析 [J].环球市场,2020(13)：354.

[15] 高原.建筑工程消防给排水的设计要点 [J].居业,2017(10)：73，75.

[16] 王姝.论建筑工程消防给排水的设计要点 [J].中国房地产业,2018(14)：82.

[17] 孙波.谈高层建筑给排水及消防管道工程的设计构建 [J].城镇建设,2021(17)：315.

[18] 赵毅.高层建筑工程给排水消防设计研究 [J].建筑工程技术与设计,2021(15)：544.

[19] 苏东赞.土木工程建筑给排水消防设计方法 [J].建筑工程技术与设

计 ,2021(20)：530.

[20] 何丽丽 . 试论高层建筑给排水及消防管道工程的设计构建 [J]. 建筑工程技术与设计 ,2021(9)：2125.

[21] 试论高层建筑给排水及消防管道工程的设计构建 [J]. 建筑工程技术与设计 ,2021(18).

[22] 邓杰 , 张艳焕 . 建筑工程消防给排水的设计要点 [J]. 门窗 ,2019(22)：168.

[23] 王垒 . 高层建筑工程给排水及消防设计分析 [J]. 高铁速递 ,2021(6)：85.

[24] 孙丰苓 . 建筑工程的消防给排水设计探讨 [J]. 中国房地产业 ,2019(7).